国家级实验教学示范中心联席会
计算机学科组规划教材

Python程序设计

微课视频版

王煜林 王金恒 刘卓华 尹 菡 主编

清华大学出版社
北京

内 容 简 介

本书通过案例、课业任务、项目等形式全面介绍了 Python 语言的相关知识点。全书共 11 章,主要讲解 Python 语言、开发环境、语法、基本数据类型、程序控制结构、组合数据类型、函数和模块、面向对象和异常处理、文件和数据组织、内置标准库以及第三方库等,最后介绍了一个人工智能相关的语音处理项目。每章都有大量的案例,并设置了课业任务,做到从案例到任务,到最后的项目,层层递进,环环相扣,帮助读者消化知识,提高学习兴趣。

本书可作为高等学校程序设计语言教材,也可作为程序设计爱好者的参考书。

图书在版编目(CIP)数据

Python 程序设计:微课视频版/王煜林等主编. —北京:清华大学出版社,2023.5(2025.2 重印)

国家级实验教学示范中心联席会计算机学科组规划教材

ISBN 978-7-302-62945-0

Ⅰ.①P⋯ Ⅱ.①王⋯ Ⅲ.①软件工具－程序设计－高等学校－教材 Ⅳ.①TP311.561

中国国家版本馆 CIP 数据核字(2023)第 036090 号

策划编辑:魏江江
责任编辑:王冰飞 吴彤云
封面设计:刘 键
责任校对:时翠兰
责任印制:宋 林

出版发行:清华大学出版社
       网   址:https://www.tup.com.cn,https://www.wqxuetang.com
       地   址:北京清华大学学研大厦 A 座   邮   编:100084
       社 总 机:010-83470000   邮   购:010-62786544
       投稿与读者服务:010-62776969,c-service@tup.tsinghua.edu.cn
       质量反馈:010-62772015,zhiliang@tup.tsinghua.edu.cn
       课件下载:https://www.tup.com.cn,010-83470236
印 装 者:河北鹏润印刷有限公司
经   销:全国新华书店
开   本:185mm×260mm   印   张:17.25   字   数:429 千字
版   次:2023 年 5 月第 1 版   印   次:2025 年 2 月第 7 次印刷
印   数:17001～20000
定   价:49.80 元

产品编号:099694-01

　　党的二十大报告中指出：教育、科技、人才是全面建设社会主义现代化国家的基础性、战略性支撑。必须坚持科技是第一生产力、人才是第一资源、创新是第一动力,深入实施科教兴国战略、人才强国战略、创新驱动发展战略,这三大战略共同服务于创新型国家的建设。高等教育与经济社会发展紧密相连,对促进就业创业、助力经济社会发展、增进人民福祉具有重要意义。

　　Python 语言是最接近人工智能的语言。随着近年人工智能、云计算、大数据等产业的发展,Python 语言逐渐成为市场占有率最高的语言。Python 是一门高级编程语言,它具有简单易学、开源免费、移植性与扩展性强、支持大量的库等特点,得到广大编程者的青睐,被广泛应用在各行各业,从简单的文本处理、Web 网站开发、网络爬虫、游戏开发、自动化运维到大数据处理、智能机器人、航天航空等领域,都是 Python 语言的主阵地。就目前来看,这些行业的前景也非常好。大家如果想在这些行业取得长足发展,就需要把 Python 语言学好、学精、学透。

　　本书主要介绍了 Python 语言的语法、开发环境、基本数据类型、程序控制结构、组合数据类型、函数和模块、面向对象和异常处理、文件和数据组织、内置标准库以及第三方库等。本书内容经过精心编排与组织,适合编程初学者阅读,能让读者在最短时间内掌握 Python 语言编程的基本技能,为进一步学习人工智能、云计算、大数据技术等知识打下基础。

　　本书作者长期从事 Python 程序设计语言教学工作,积累了丰富的教学和实践经验。本书具有以下 5 个特点。

1. 项目引领

　　本书在第 10 章与第 11 章分别通过人工智能相关项目,如爬取股票行情数据、爬取日线行情数据和智能语音识别与翻译平台等,引领读者学习 Python 语言,使初学者能循序渐进掌握知识点,后期还可以轻松实践人工智能相关的项目。

2. 任务驱动

　　本书每章都有相关的课业任务,通过课业任务巩固知识点。每完成一章知识点的学习,就可以完成这一章的课业任务。课业任务完成了,学习的成就感和积极性就得到了提高。

3. 案例强化

　　本书案例丰富,几乎每个理论都配有一个案例。每章都有数十个案例帮助读者消化、理解相关的知识点。

4. 资源丰富

　　为便于教学,本书提供丰富的配套资源,包括教学大纲、教学课件、电子教案、程序源码、习题答案、实验报告、在线作业、教学进度表和 240 分钟的微课视频。

资源下载提示

课件等资源：扫描封底的"课件下载"二维码,在公众号"书圈"下载。

素材(源码)等资源：扫描目录上方的二维码下载。

在线作业：扫描封底的作业系统二维码,登录网站在线做题及查看答案。

视频等资源：扫描封底的文泉云盘防盗码,再扫描书中相应章节的二维码,可以在线学习。

5．科教融合

本书得到了广东省 2021 年度普通高校认定科研项目"人工智能技术在网络入侵防御体系中的应用研究"(2021KTSCX159)和 2022 年度省级大学生创新创业训练计划项目"基于机器学习的金融数据分析挖掘及应用"(S202212668008)的支持,部分案例为项目的核心功能。

本书由广州理工学院王煜林、王金恒老师,广东机电职业技术学院刘卓华老师,私立华联学院尹菡老师带领广州理工学院天网工作室团队一起完成。全书共 11 章,其中,第 1 章由王煜林、冯烨昊共同编写;第 2～4 章由王煜林、胡丽颖共同编写;第 6～8 章由王金恒、林业坤共同编写;第 5 章、第 9 章、第 11 章由刘卓华、尹菡、黄海林共同编写;第 10 章由尹菡、曾志豪共同编写。

广州理工学院计算机科学与工程学院原峰山院长,天网工作室成员曾志豪、黄夏明对本书进行了审稿,在此表示感谢!

由于作者水平有限,书中难免出现疏漏之处,恳请广大读者批评、指正。

王煜林

2023 年 3 月

目 录

源码下载

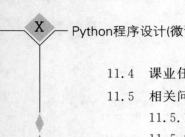

## 第1章

初识Python

近年来,人工智能、云计算、大数据、Web 开发、自动化运维等领域的发展都离不开 Python 编程语言,Python 已经渗透到绝大多数专业与领域。Python 编程语言语法简洁,功能强大,可扩展性强,易于学习,经过多年的发展,Python 编程语言在各大编程语言排行榜上名列前茅。本章将通过丰富的代码应用案例介绍 Python 的发展史,以及 Python 环境安装与配置,并通过 6 个综合课业任务对环境的安装与配置进行实例演示。

【教学目标】

- 了解 Python 的发展史
- 了解 Python 的特点
- 了解 Python 的用途
- 掌握 Python 的下载与安装过程
- 掌握 Python 程序运行方式
- 熟悉 Python 的运行环境
- 能够独立完成 Python 的下载与安装
- 通过完成课业任务,学会如何分析问题从而解决问题
- 在实操的过程中提高动手操作能力

【课业任务】

王小明想使用 Django＋百度翻译应用程序接口(Application Programming Interface, API)开发一个智能语音识别与翻译平台,Django 是一个开放源代码的 Web 应用框架,由 Python 语言写成。王小明开始 Python 学习,为开发智能语音识别与翻译平台做准备,在真正学习 Python 之前,需要了解 Python 的概况以及部署 Python 的开发环境,现通过 6 个课业任务来完成。

课业任务 1.1　下载与安装 Python 解释器
课业任务 1.2　完成 Python 解释器的验证
课业任务 1.3　下载与安装 PyCharm 社区版
课业任务 1.4　在 PyCharm 中配置 Python 解释器
课业任务 1.5　通过两种方式卸载 Python 解释器
课业任务 1.6　通过两种方式卸载 PyCharm 社区版

1.1　Python 概述

1.1.1　Python 的发展

Python 的创始人是荷兰人 Guido van Rossum。1989 年圣诞节期间,在阿姆斯特丹, Guido van Rossum 为了打发圣诞节的无趣,决心开发一个新的脚本解释程序作为 ABC 语言的一种继承,之所以选 Python(大蟒蛇)作为程序的名字,是因为他是 20 世纪 70 年代英国六人喜剧团体 Monty Python 创作的电视喜剧片《蒙提 · 派森的飞行马戏团》(*Monty Python and the Flying Circus*)的爱好者。

1991 年,Python 第 1 个公开发行版本发行,它是一种面向对象的解释型计算机程序设计语言,使用 C 语言实现,并且能够调用 C 语言的库文件。从一出生,Python 已经具有了类、函数、异常处理,包含表和字典在内的核心数据类型,以及模块为基础的拓展系统。

随后,Python 拓展到研究所之外。Python 将许多机器层面的细节隐藏,交给编译器处理,并凸显出逻辑层面的编程思考。Python 程序员可以花更多的时间用于思考程序的逻辑,而不是具体的实现细节,这一特征吸引了广大的程序员,Python 开始流行。

2022 年 8 月,TIOBE 程序设计语言排行榜中,Python 高居榜首,如图 1.1 所示(数据来源于 TIOBE 官网 www.tiobe.com)。

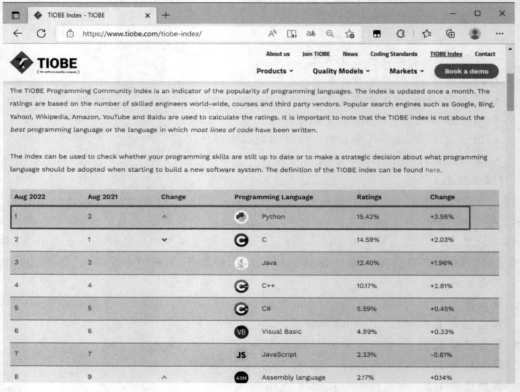

图 1.1　TIOBE 程序设计语言排行榜

1.1.2　Python 的特点

Python 简单易学,可移植,既支持面向过程编程,也支持面向对象编程,可以直接从源代码运行程序,是免费、开源的软件之一。

1. 简单易学,用途广泛

Python 的设计哲学是优雅、明确、简单。Python 极其容易上手,因为 Python 有极其简单的语法,使用户能够专注于解决问题,而不是去搞明白语言本身。

2. 免费、开源

Python 是自由/开放源码软件(Free/Libre and Open Source Software,FLOSS)之一。使用者可以自由地发布这个软件的副本,阅读它的源代码,对它做改动,把它的一部分用于新的自由软件中,无须支付任何费用,也不用担心版权问题。

3. 高级解释性语言

Python 语言是一门高级编程语言,程序员在用 Python 语言编写程序时,无须考虑内存一类的底层细节。Python 解释器把源代码转换为字节码的中间形式,然后再把它翻译成计算机使用的机器语言并运行,这使得 Python 程序的使用更加简单,也更加易于移植。

4. 可移植性

由于 Python 的开源本质,它已经被移植在许多平台上。Python 可在 Linux、Windows、FreeBSD、Macintosh、Solaris、OS/2、Amiga、AROS、AS/400 等平台上运行。

5. 面向对象

Python 既支持面向过程编程,也支持面向对象编程。在面向过程的语言(如 C、FORTRAN 等)中,程序是由过程或仅仅是可重用代码的函数构建起来的。在面向对象的语言(如 C++、Java 等)中,程序是由数据和功能组合而成的对象构建起来的。Python 以一种强大且简单的方式实现面向对象编程。

6. 可扩展性

Python 提供丰富的 API、模块和工具,如果需要一段关键代码运行得更快或希望某些算法不公开,可以将部分程序用 C 或 C++语言编写,然后在 Python 程序中调用它们。

7. 可嵌入性

Python 程序可以将 Python 嵌入 C/C++/MATLAB 程序,从而向程序用户提供脚本功能。

8. 丰富的库

Python 具有丰富强大的标准库,它可以帮助处理各种工作,包括正则表达式、文档生成、线程、数据库、网页浏览器、文件传输协议(File Transfer Protocol,FTP)、电子邮件、WAV 文件、密码系统、图形用户界面(Graphical User Interface,GUI)等。除了标准库以外,还有许多其他高质量第三方库,如 wxPython、Twisted 和 Python 图像库等。

9. 规范的代码

Python 采用强制缩进的方式,使代码具有极佳的可读性。

1.1.3 Python 的版本

当前有两个不同的 Python 版本,分别是 Python 2. x 和 Python 3. x。为了不引入过多的累赘,Python 3.0 在设计时并没有考虑向下兼容,导致许多用早期 Python 版本设计的程序都无法在 Python 3.0 上正常运行,Python 2.7 是 Python 2.x 的最后一个版本。

2020 年,Python 官方停止对 Python 2.7 的支持,从而使开发人员有充裕的时间过渡到 Python 3.x。

历年来 Python 发行的版本号如表 1.1 所示。

表 1.1　Python 的版本

版本号	年　份
0.9.0~1.2	1991—1995 年
1.3~1.5.2	1995—1999 年
1.6、2.0	2000 年
1.6.1、2.0.1、2.1、2.1.1	2001 年
2.1.2、2.1.3	2002 年
2.2~2.7	2001 年至今
3.x	2008 年至今

说明：本书使用的是 Python 3.7 版本。

1.1.4　Python 3 与 Python 2 的区别

Python 2 在 2020 年停止维护,但企业很多代码都是用 Python 2 写的,因此企业需要花时间从 Python 2 过渡到 Python 3,Python 2 与 Python 3 的区别主要体现在以下方面。

1. print 方法

Python 2 使用 print 方法,既可以使用小括号的方式,也可以使用一个空格分隔打印内容,代码如下。

```
>>> print 'helloworld'
helloworld
```

Python 3 使用 print 方法,必须要用小括号包含打印内容,代码如下。

```
>>> print('helloworld')
helloworld
```

2. 编码

Python 2 中使用 ASCII 编码,需要更改字符集(在文件开头加入 #coding＝utf-8,等号两边不要空格)才能正常支持中文。

Python 3 中使用 Unicode(UTF-8)编码,支持中文标识符。

3. 除法运算

Python 2 中的除法运算为传统除法,"/"除法规则是整除,结果为整数,把小数部分完全忽略掉。要想真除,需要将整数转换为浮点数再计算,结果才为浮点数。

Python 3 中的除法运算为真除法,"/"对于整数之间的相除,结果也会是浮点数。

4. 数据类型

Python 2 中整数类型有长整型和整型。

Python 3 中只有整型,范围是无限大。

5．字符串

Python 2 中 Unicode 表示字符串序列，str 表示字节序列。

Python 3 中 str 表示字符串序列，byte 表示字节序列。

6．range/xrange 方法

Python 2 中的 xrange 方法不会在内存中立即创建值，而是边循环边创建；range 方法会在内存中立即创建所有值。

Python 3 中只有 range 方法，相当于 Python 2 中的 xrange 方法。range 方法不会在内存中立即创建值，而是边循环边创建。

7．map 方法

Python 2 中的 map 方法返回列表，直接创建值，可以通过索引取值。

Python 3 中的 map 方法返回迭代器，不直接创建值，边循环边创建。

8．字典的 keys/values/items 方法

Python 2 中的字典的 keys/values/items 方法返回列表，通过索引可以取值。

Python 3 中的字典的 keys/values/items 方法返回迭代器，只能通过循环取值，不能通过索引取值。

说明：全面了解 Python 3 与 Python 2 的差异，可参阅 *What's New in Python 3.0*（https://docs.python.org/3/whatsnew/3.0.html）。

1.1.5　Python 的用途

Python 的用途包括人工智能、大数据处理、网络爬虫、云计算、Web 开发、自动化运维、系统编程、图形处理、数学处理、文本处理、数据库编程、网络编程、多媒体应用（如游戏开发）等，下面介绍主要的几种用途。

1．人工智能

Python 之所以这么火，主要是借助于人工智能（Artificial Intelligence，AI）的发展。因为 Python 有很多库很方便做人工智能，如 NumPy、SciPy 用于数值计算，sklearn 用于机器学习，PyBrain 用于神经网络，Matplotlib 用于数据可视化。Python 在人工智能领域内的数据挖掘、机器学习、神经网络、深度学习等方面都是主流的编程语言，得到广泛的支持和应用。

2．大数据处理

随着近几年大数据的兴起，Python 也得到了前所未有的爆发。Python 借助第三方大数据处理框架可以很容易地开发出大数据处理平台。目前，Python 是金融分析、量化交易领域中使用最多的语言之一。

3．网络爬虫

网络爬虫（也称为 Spider）始于也发展于百度、谷歌。针对网络爬虫，Python 也提供了非常多的模块，如比较简单的 urllib、lxml、requests、bs4 等，比较成熟的 Scrapy 爬虫框架，都可以快速地爬取网页数据并进行清洗，因此在爬虫这方面，Python 也有着非常重要的应用。

4. 云计算

Python 可以广泛地在科学计算领域发挥独特的作用。Python 通过强大的支持模块可以在计算大型数据、矢量分析、神经网络等方面高效率地完成工作,尤其是在教育科研方面,可以发挥出独特的优势。美国国家航空航天局(National Aeronautics and Space Administration,NASA)从 1997 年就开始大量使用 Python 进行各种复杂的科学运算,现在终于发明了一套云计算软件,即 OpenStack(开放协议栈),并且对外开放。

5. Web 开发

Python 的诞生比 Web 还要早,由于 Python 是一种解释型的脚本语言,开发效率高,所以非常适用于 Web 开发。许多知名的互联网企业将 Python 作为主要开发语言,如豆瓣、知乎、美团、饿了么、搜狐、Google、YouTube、Meta(原 Facebook)等。

6. 自动化运维

Python 对于服务器运维也有十分重要的作用。由于目前几乎所有 Linux 发行版中都自带了 Python 解释器,使用 Python 脚本进行批量化的文件部署和运行调整都成为 Linux 服务器上很不错的选择。

7. 游戏开发

很多游戏使用 C++语言编写图形显示等高性能模块,而使用 Python 或 Lua 语言编写游戏的逻辑。与 Python 相比,Lua 语言的功能更简单,体积更小;而 Python 则支持更多的特性和数据类型。例如,知名游戏《文明 6》就是用 Python 编写的。另外,Python 可以直接调用 OpenGL 实现三维绘制,这是高性能游戏引擎的技术基础。事实上,有很多 Python 语言实现的游戏引擎,如 pygame、pyglet 和 Cocos2D 等。

1.2　Python 开发环境

1.2.1　Python 的下载和安装

要进行 Python 的开发,首先需要安装 Python 解释器。因为 Python 是解释型语言,所以需要一个解释器才能运行我们写的代码。安装 Python,实际上就是安装 Python 解释器。安装步骤详见本章课业任务 1.1(下载与安装 Python 解释器)。

1.2.2　Python 编程工具介绍

为了提高开发效率,通常需要使用相应的开发工具。进行 Python 开发,除了可以使用 Python 自带的 IDLE 外,还可以使用其他常用的第三方开发工具,如 PyCharm、VS Code 等。

1. IDLE

IDLE 是开发 Python 程序的基本集成开发环境(Integrated Development Environment,IDE),具备基本 IDE 的功能。当安装好 Python 以后,IDLE 就会自动安装,不需要另外安装。同时,使用 Eclipse 这个强大的框架式 IDLE 也可以非常方便地调试 Python 程序。IDLE 基本功能有语法高亮、段落缩进、基本文本编辑、Tab 键控制、调试程序等。

2. PyCharm

PyCharm 是由 JetBrains 打造的一款 Python IDE,带有一整套可以帮助用户在使用

Python 语言开发时提高其效率的工具,如调试、语法高亮、工程管理、代码跳转、智能提示、自动完成、单元测试、版本控制。此外,PyCharm 还提供了一些很好的功能用于 Django 开发,同时支持 Google App Engine 和 IronPython。

3. VS Code

Visual Studio Code(简称 VS Code)是一款免费、开源的现代化轻量级代码编辑器,支持几乎所有主流的开发语言的语法高亮、智能代码补全、自定义热键、括号匹配、代码片段、代码对比 Diff、Git 等特性,支持插件扩展,并针对网页开发和云端应用开发做了优化。软件跨平台支持 Windows、macOS 和 Linux。

1.3 Python 程序运行

1.3.1 Python 程序的运行方式

Python 程序有两种运行方式:程序文件运行和交互式运行。程序文件是包含一系列 Python 语句的源代码文件,文件扩展名通常为.py。在 DOS 窗口中,可使用 python.exe 执行 Python 程序文件。

1. DOS 窗口

1)交互模式

案例 1.1 在 DOS 窗口中运行 Python 语句。

在"开始"菜单中选择"运行"(快捷键为 Win+R),输入 cmd 命令,进入 DOS 窗口,在 DOS 窗口中输入 python,进入 Python 运行环境,输入 print('helloworld')语句并运行,如图 1.2 所示。

图 1.2 在 DOS 窗口中运行 Python 程序

2)程序文件下运行

案例 1.2 创建一个 Python 的源文件并在 DOS 窗口中运行。

(1)在 C:\Users\lenovo 路径下创建一个"脚本 1.py"文件,如图 1.3 所示。

(2)在"脚本 1.py"文件中输入以下代码。

图 1.3 创建"脚本 1.py"文件

```
print('helloworld')          # 输出 helloworld
```

(3)进入 DOS 窗口,使用 python.exe 执行 C:\Users\lenovo 路径下的 Python 源文件,如图 1.4 所示。

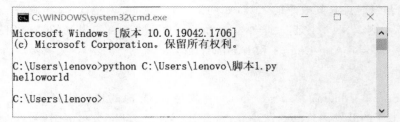

图 1.4　在 DOS 窗口中运行 py 程序

2. IDLE

1）交互模式

案例 1.3　在 IDLE 中运行 Python 程序。

单击"开始"菜单→Python 3.7→IDLE(Python 3.7 64-bit)，运行 IDLE，和 DOS 窗口一样，在 Python 自带的 IDLE 中，可以输入 Python 语句并执行，如图 1.5 所示。

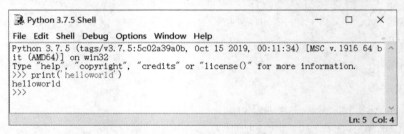

图 1.5　在 IDLE 中运行 Python 程序

2）程序文件下运行

案例 1.4　在 IDLE 中创建 py 文件并运行。

（1）进入 IDLE 编辑环境，执行 File→New File 菜单命令，打开一个空白的源代码编辑窗口，如图 1.6 所示。

（2）输入 print('helloworld')并保存程序代码于 C:\Users\lenovo 路径，命名为"脚本2.py"，如图 1.7 所示。

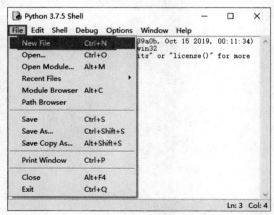

图 1.6　在 IDLE 中创建新文件

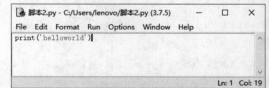

图 1.7　写入程序并保存

（3）执行 Run→Run Module(或按 F5 快捷键)菜单命令运行程序，如图 1.8 所示。运行结果如图 1.9 所示。

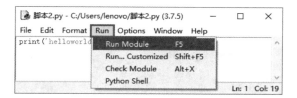

图 1.8 在 IDLE 中运行程序

图 1.9 IDLE 运行 py 程序结果

1.3.2 Python 程序的可执行文件

将 Python 程序打包为一个独立的可执行程序,即冻结二进制文件(Frozen Binary)。冻结二进制文件是将 Python 程序的字节码、解释器以及任何程序所需的 Python 支持文件等捆绑到一起,形成一个单独的文件包。在 Windows 系统中,冻结二进制文件是一个 exe 文件,运行 exe 文件即可启动 Python 程序,也不需要安装 Python 环境。常用的第三方冻结二进制文件生成工具有 py2exe(Windows 使用)和 pyinstaller(Linux、UNIX 使用)。

1.4 课业任务

课业任务 1.1 下载与安装 Python 解释器

【能力测试点】

Python 解释器的下载与安装以及环境变量的配置。

【任务实现步骤】

(1) 任务需求:下载 Python 3.7.5 并安装,再手动配置环境变量。在百度中搜索Python,单击搜索结果中的 Welcome to Python.org 链接,如图 1.10 所示。

扫一扫

视频讲解

图 1.10 Python 官网

(2) 在 Python 官网中,单击 Downloads 菜单,在弹出的下拉菜单中选择与用户计算机相对应的操作系统,本任务中选择 Windows,如图 1.11 所示。

(3) 找到要安装的版本,本任务中安装的是 3.7.5 版本,单击 Download Windows x86-64 executable installer,选择 64 位完整的离线安装包进行下载,如图 1.12 所示。

(4) 下载完成后,会出现如图 1.13 所示的图标,即 Python 3.7.5 安装包。

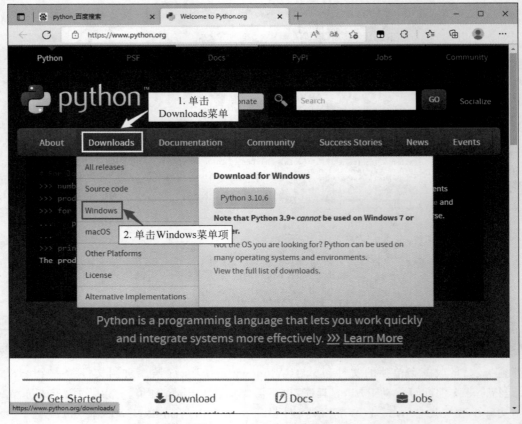

图 1.11 Python 下载界面

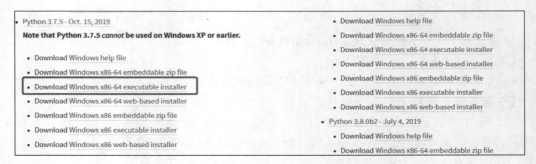

图 1.12 选择 Python 3.7.5 版本的离线安装包

图 1.13 Python 3.7.5
安装包

（5）双击打开安装包,选择 Customize installation,进行个性化安装。可以勾选 Add Python 3.7 to PATH 复选框,也可后续添加,本任务中不进行勾选,如图 1.14 所示。

（6）进入 Optional Features 页面,勾选全部复选框,单击 Next 按钮,如图 1.15 所示。

（7）在 Advanced Options 页面中勾选 Install for all users 复选框,单击 Browse 按钮选择安装路径,单击 Install 按钮开始安装,可以勾选 Add Python to environment variables 复选框,也可后续添加,如图 1.16 所示。

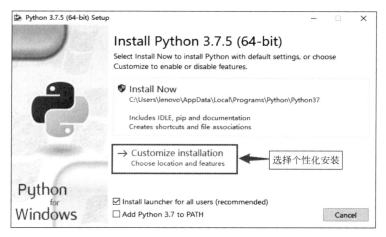

图 1.14　Python 安装向导

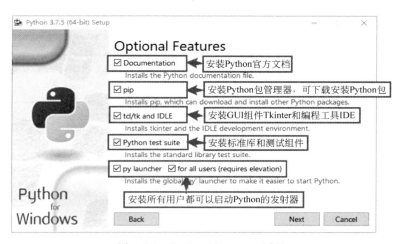

图 1.15　Optional Features 页面

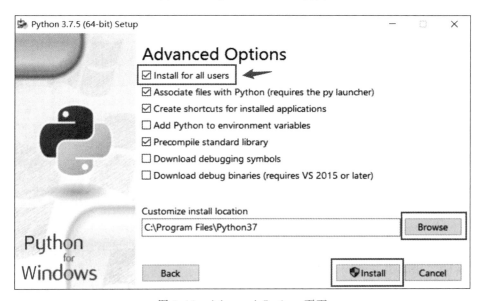

图 1.16　Advanced Options 页面

（8）在 Setup was successful 页面中单击 Disable path length limit，解除系统对路径长度的限制，如图 1.17 所示。

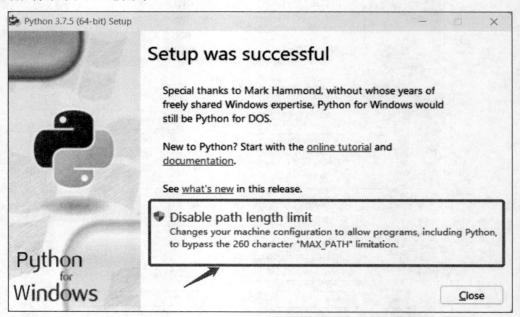

图 1.17　解除系统对路径长度的限制

（9）单击 Close 按钮，完成安装，如图 1.18 所示。

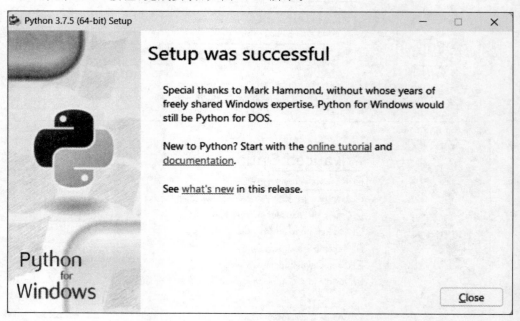

图 1.18　Python 安装完成

（10）在使用 Python 前，需要先配置环境变量，右击"此电脑"图标，在弹出的快捷菜单中选择"属性"，如图 1.19 所示。

（11）单击"高级系统设置"选项，弹出"系统属性"对话框，单击"环境变量"按钮，再单击

"确定"按钮,如图 1.20 所示。

图 1.19　计算机属性

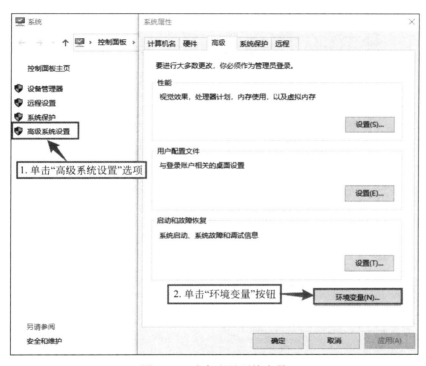

图 1.20　准备配置环境变量

(12) 双击"系统变量"列表中的 Path 选项,再单击"确定"按钮,如图 1.21 所示。

(13) 单击"新建"按钮,添加 Python 路径 C:\Program Files\Python 37 和 pip 路径 C:\Program Files\Python 37\Scripts,此处路径与安装 Python 时的路径对应,再单击"确定"按钮,即完成环境变量的配置,如图 1.22 所示。

课业任务 1.2　完成 Python 解释器的验证

【能力测试点】

验证 Python 是否安装成功。

【任务实现步骤】

(1) 任务需求:完成 Python 安装成功后的验证。在"开始"菜单中单击"运行"(或按 Win+R 快捷键),输入 cmd 命令,然后按 Enter 键,进入 DOS 窗口,如图 1.23 所示。

扫一扫

视频讲解

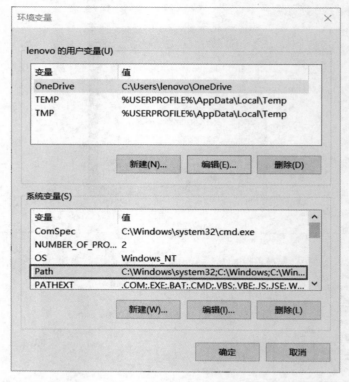

图 1.21   双击 Path 选项

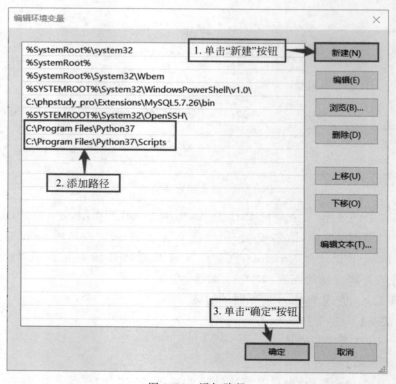

图 1.22   添加路径

图 1.23 进入 DOS 窗口

（2）在 DOS 窗口中分别输入 python -V 和 python，出现如图 1.24 所示的信息，说明 Python 已安装成功。

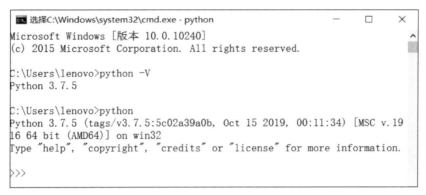

图 1.24 验证 Python 是否安装成功

课业任务 1.3 下载与安装 PyCharm 社区版

【能力测试点】

PyCharm 社区版的下载与安装。

【任务实现步骤】

（1）任务需求：下载 PyCharm 2022 社区版并安装。在百度中输入 PyCharm，单击如图 1.25 所示的链接进入 PyCharm 官网。

图 1.25 PyCharm 官网

扫一扫

视频讲解

（2）找到 Community 社区版，单击 Download 按钮，开始下载 PyCharm 社区版，如图 1.26 所示。

（3）下载完成后，会出现如图 1.27 所示的图标，即 PyCharm 社区版安装包。

（4）双击打开安装包，进入欢迎界面，单击 Next 按钮进入下一步，如图 1.28 所示。

（5）进入 Choose Install Location 页面，单击 Browse 按钮，选择安装路径，然后单击 Next 按钮，进入下一步，如图 1.29 所示。

（6）进入 Installation Options 页面，勾选全部复选框，然后单击 Next 按钮，进入下一步，如图 1.30 所示。

图 1.26　下载 PyCharm 社区版

图 1.27　PyCharm 图标

图 1.28　PyCharm 欢迎界面

（7）进入 Choose Start Menu Folder 页面，默认为 JetBrains 文件夹，单击 Install 按钮，进行安装，如图 1.31 所示。

（8）进入 Completing PyCharm CommunityEdition Setup 页面，单击 I want to manual reboot later 单选按钮，单击 Finish 按钮完成安装，如图 1.32 所示。

课业任务 1.4　在 PyCharm 中配置 Python 解释器

【能力测试点】

配置 Python 解释器。

扫一扫

视频讲解

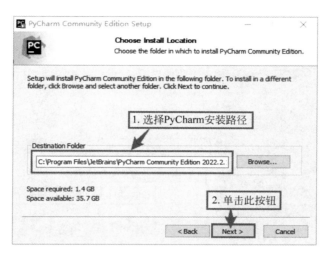

图 1.29 选择安装路径

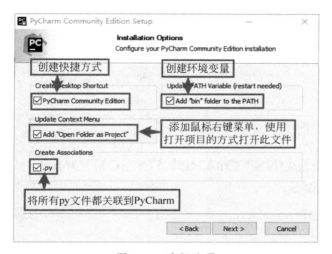

图 1.30 高级选项

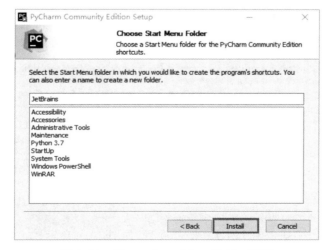

图 1.31 Choose Start Menu Folder 页面

图 1.32　PyCharm 安装完成

图 1.33　PyCharm
图标

【任务实现步骤】

（1）任务需求：在 PyCharm 中配置 Python 解释器。双击如图 1.33 所示图标运行 PyCharm 社区版。

（2）进入程序首页后，勾选协议许可复选框，单击 Continue 按钮，如图 1.34 所示。

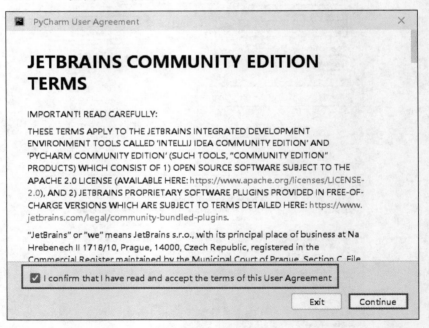

图 1.34　确认条款

（3）进入 DATA SHARING 页面，数据信息收集，选择不发送，单击 Don't Send 按钮，启动 PyCharm，如图 1.35 所示。

（4）单击 New Project 按钮，创建一个新项目，如图 1.36 所示。

（5）进入项目设置，在 New Project 对话框的 Location 文本框中输入项目存储路径，单击 Previously configured interpreter 单选按钮，接着在 Add Interpreter 下拉列表中选择

Add Local Interpreter...选项,再单击 Create 按钮,如图 1.37 所示。

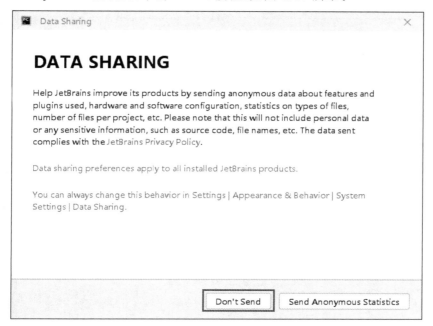

图 1.35 数据信息收集

图 1.36 创建新项目

(6) 选择已安装好的 Python 3.7.5 解释器的路径,再单击 OK 按钮,如图 1.38 所示。

(7) 如图 1.39 所示,即说明 Python 解释器配置完成,单击 Create 按钮便可创建项目。

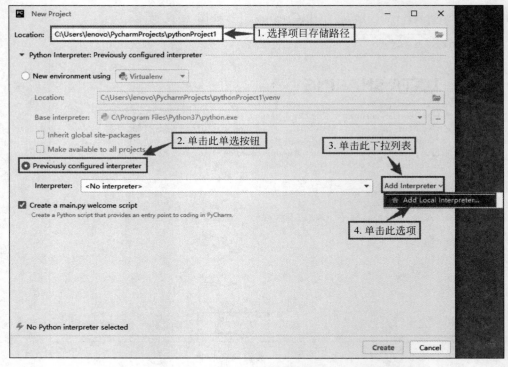

图 1.37　选择项目存储路径并准备配置 Python 解释器

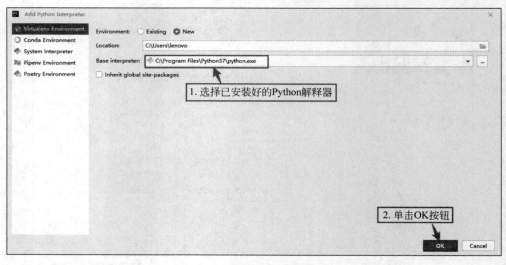

图 1.38　配置 Python 解释器

课业任务 1.5　通过两种方式卸载 Python 解释器

【能力测试点】

分别通过控制面板和安装包的方式卸载 Python 解释器。

1) 通过控制面板方式对 Python 解释器进行卸载

【任务实现步骤】

(1) 任务需求：通过控制面板方式卸载 Python 解释器。单击"开始"菜单→"设置"菜单项，如图 1.40 所示。

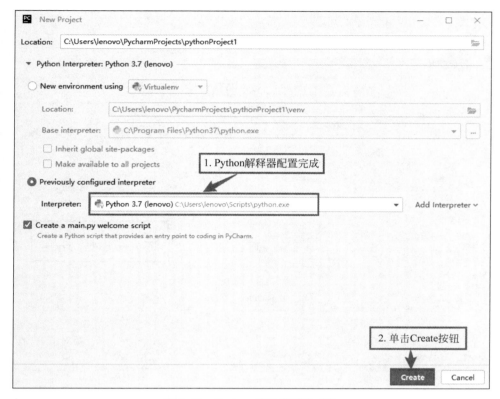

图 1.39 Python 解释器配置成功

（2）单击"应用"选项，如图 1.41 所示。

（3）进入"应用和功能"页面，搜索 Python，将 Python 3.7.5(64-bit)卸载，如图 1.42 所示。

（4）将 Python Launcher 卸载，如图 1.43 所示。

（5）出现如图 1.44 所示的页面，即说明卸载成功。

2）通过安装包方式对 Python 解释器进行卸载

【任务实现步骤】

（1）任务需求：通过安装包的方式卸载 Python 解释器。双击"此电脑"图标进入资源管理器，在右上角的搜索框中输入 Python，搜索到 Python-3.7.5-amd64.exe 安装包，双击运行此安装包，如图 1.45 所示。

图 1.40 单击设置菜单项

（2）单击 Uninstall 选项，进行卸载，如图 1.46 所示。

（3）同样出现如图 1.44 所示的页面，即说明卸载成功。

课业任务 1.6 通过两种方式卸载 PyCharm 社区版

【能力测试点】

分别通过控制面板和安装包提供的卸载功能卸载 PyCharm 社区版。

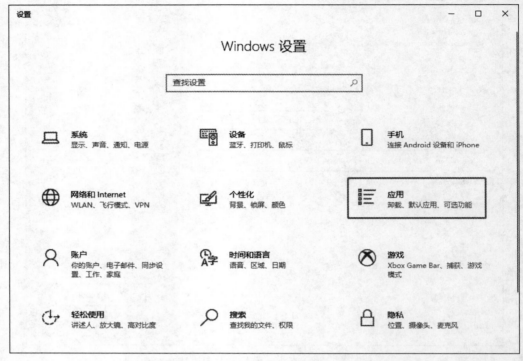

图 1.41　单击"应用"选项

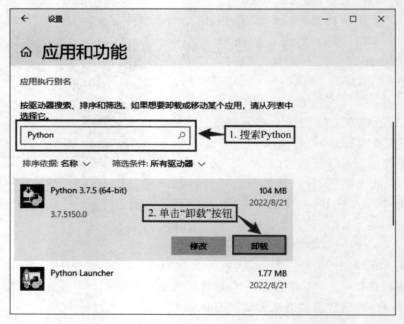

图 1.42　卸载 Python 3.7.5

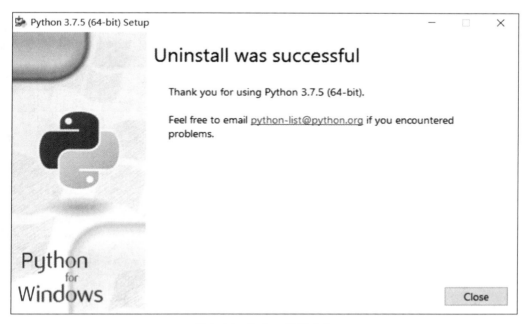

图 1.43 卸载 Python Launcher

图 1.44 Python 卸载成功

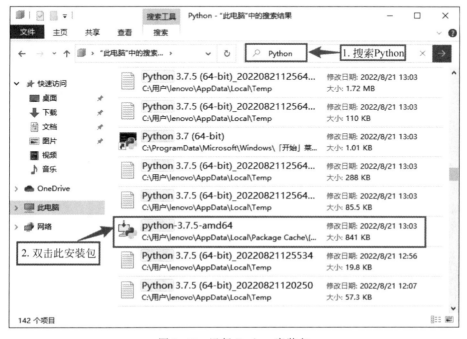

图 1.45 运行 Python 安装包

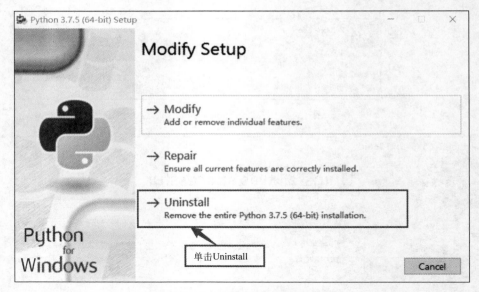

图 1.46　卸载 Python 解释器

1）通过控制面板方式对 PyCharm 社区版进行卸载

【任务实现步骤】

（1）任务需求：通过控制面板方式卸载 PyCharm 社区版。单击"开始"菜单→"设置"菜单项。

（2）单击"应用"选项。

（3）在"应用和功能"页面中，搜索 PyCharm，将 PyCharm Community Edition 2022.2.1 卸载，如图 1.47 所示。

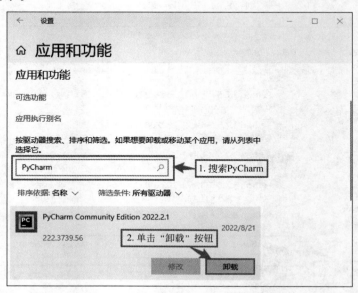

图 1.47　卸载 PyCharm

（4）进入 PyCharm Community Edition Uninstall 对话框，删除缓存和设置，如图 1.48 所示。

（5）出现如图 1.49 所示的页面，即表示 PyCharm 卸载完成，单击 Close 按钮，关闭窗口。

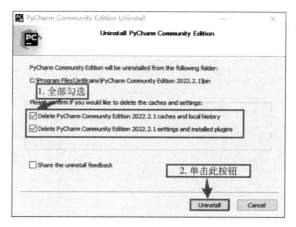

图 1.48 删除缓存和设置

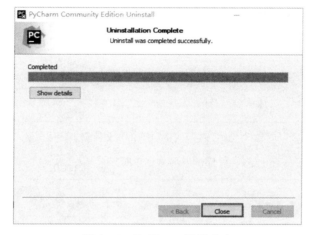

图 1.49 PyCharm 卸载成功

2）通过安装包提供的卸载功能对 PyCharm 社区版进行卸载

【任务实现步骤】

（1）任务需求：通过 Uninstall.exe 程序卸载 PyCharm 社区版。双击"此电脑"图标进入资源管理器，在右上角的搜索框中输入 PyCharm，搜索到 PyCharm Community Edition 2022.2.1 文件夹，双击打开此文件夹，如图 1.50 所示。

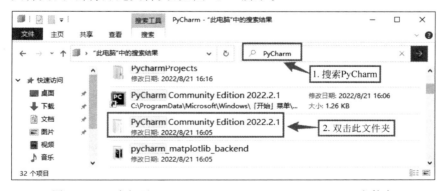

图 1.50 双击打开 PyCharm Community Edition 2022.2.1 文件夹

（2）双击打开 bin 文件夹，如图 1.51 所示。

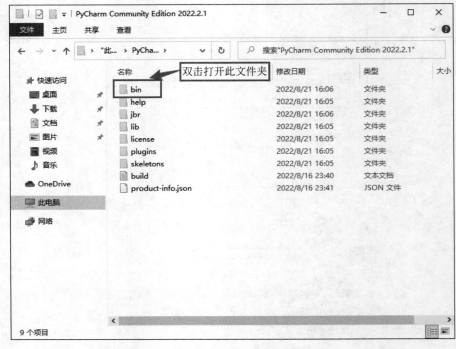

图 1.51　双击打开 bin 文件夹

（3）双击运行 Uninstall.exe 程序，如图 1.52 所示。

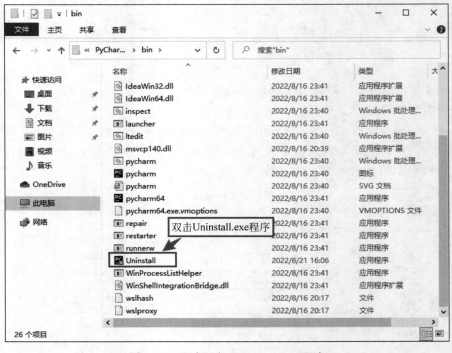

图 1.52　双击运行 Uninstall.exe 程序

（4）进入 PyCharm Community Edition Uninstall 对话框，删除缓存和设置。

（5）PyCharm 卸载完成后，单击 Close 按钮，关闭窗口。

习题 1

1. 选择题

（1）下列 4 个选项中不是 Python 的优点的是（　　　）。

  A．运行速度快   B．简单易学，适用群体广泛

  C．高级解释性语言   D．免费、开源

（2）（多选）Python 程序的运行方式有（　　　）。

  A．程序运行方式   B．交互模式   C．单例模式   D．原型模式

（3）下列叙述中正确的是（　　　）。

  A．Python 3.x 与 Python 2.x 兼容

  B．Python 语句只能以程序方式执行

  C．Python 是解释型语言

  D．Python 语言出现较晚，具有其他高级语言的一切优点

（4）Python 自带的开发环境是（　　　）。

  A．IDLE   B．TensorFlow   C．Anaconda   D．PyCharm

（5）Python 程序文件的扩展名是（　　　）。

  A．.python   B．.pyt   C．.pt   D．.py

2. 填空题

（1）Python 语句既可以采用＿＿＿＿交互式的执行方式，又可以采用＿＿＿＿执行方式。

（2）在 Python 集成开发环境中，可使用快捷键＿＿＿＿运行程序。

（3）Python 安装扩展库常用的是＿＿＿＿工具。

（4）Python 是一种＿＿＿＿、＿＿＿＿、＿＿＿＿的高级动态编程语言。

（5）Python 源代码程序编译后的文件扩展名为＿＿＿＿。

3. 简答题

（1）Python 语言具有哪些优点？

（2）Python 可以应用在哪些领域？

第2章

Python基本语法

本章通过丰富的代码应用案例介绍 Python 语言的基本语法,包括基本语法元素、基本输入和输出、变量与对象等内容,并且通过 6 个综合课业任务对 Python 基本语法进行了实例演示,能够让读者快速熟悉 Python 的基础语法,并有利于培养一种良好的编程习惯。

【教学目标】

- 了解 Python 的基本语法特点
- 掌握 Python 中输入/输出函数的运用
- 理解 Python 中变量与对象之间的关系
- 掌握注释、续行符、保留字、分隔符在 Python 中的灵活应用
- 在实操的过程中,提高动手操作能力

【课业任务】

王小明想使用 Django+百度翻译 API 开发一个智能语音识别与翻译平台,Django 是一个开放源代码的 Web 应用框架,由 Python 写成。在部署完 Python 的开发环境后,需要熟悉 Python 基本语法,现通过 6 个课业任务来完成。

课业任务 2.1 输出一句名言警句

课业任务 2.2 分隔符的使用

课业任务 2.3 变量的共享

课业任务 2.4 续行符的使用

课业任务 2.5 基本输入

课业任务 2.6 给最喜爱的书籍打分

2.1 基本语法特点

2.1.1 缩进

Python 不像其他程序设计语言(如 C 语言或 Java)那样采用大括号({ })分隔代码块,而是采用代码缩进(空格或 Tab 键实现)和冒号(:)区分代码之间的层次。对于类和函数的定义、流程控制语句,以及异常处理语句等,行末的冒号和下一行的缩进表示一个代码块的开始,如果缩进结束,则表示一个代码块的结束。通常情况下都是采用 4 个空格长度作为一个缩进量,而一个 Tab 键表示 4 个空格,以下代码是缩进的正确格式。

```
if x +1 > 0:                    # 如果 x + 1 > 0, 则 y = 5
    y = 5
else:                           # 否则 y = -5
    y = -5
```

Python 对代码的缩进要求非常严格, 如果是同一个级别的代码块, 则缩进量必须相同。如果不采用合理的代码缩进, 将会抛出 SyntaxError 异常, 以下代码是缩进的错误格式。

```
>>> x = 1                       # 给变量 x 赋值为 1
>>> if x > 0:                   # 如果 x > 0, 则 y = 1
...     y = 1
...     print(y)                # print()函数不需要缩进, 否则会报错
    File "<路径>", line 3
        print(y)
        ^
IndentationError: unindent does not match any outer indentation level
```

2.1.2 注释

在 Python 中, 注释就是在代码中添加的标注性的文字, 增强程序的可读性, 以便程序员理解和阅读, 所注释的内容将会被 Python 编译器忽略。

1. 单行注释

单行注释使用 # 作为注释符号, 从符号 # 开始直到换行为止, 单行注释可以放在要注释的代码的前一行, 或者放在要注释的代码的右侧, 以下两种注释格式都是正确的。

格式一:

```
# 输出:我喜欢学习 Python
print('我喜欢学习 Python')
```

格式二:

```
print('我喜欢学习 Python')       # 输出:我喜欢学习 Python
```

2. 多行注释

多行注释使用 3 个单引号或 3 个双引号(' ' '…' ' '或" " "…" " ")作为注释符号, 可以注释多行内容, 以下代码是多行注释的格式。

格式一:

```
' ' '
这是多行注释,使用 3 个单引号
' ' '
```

格式二:

```
" " "
这是多行注释,使用 3 个双引号
" " "
```

说明：在 Python 中，如果多行注释标记(三单引号或三双引号)作为语句的一部分，就不能再将它们视为多行注释的标记，而应看作字符串的标志(与双引号的作用相同)。

3. 中文编码声明注释

中文编码声明注释主要是用来解决 Python 2.x 版本不支持直接书写中文的问题，由于在 Python 3.x 版本中默认采用的文件编码是 UTF-8，所以可以不需要中文编码声明注释。如果不使用默认编码，则需要使用中文编码声明注释，语法格式如下。

格式一：

```
# - * - coding:编码 - * -
```

格式二：

```
# coding:编码
```

语法中的编码，指的是编写程序所用的字符编码类型，如 UTF-8、GBK 编码等。在格式一的语法中，"- * -"并没有实际意义，只是为了美观才加上去的，所以，在格式二中可以直接将前后的"- * -"去掉。

如果指定编码为 UTF-8，则可以使用以下代码进行中文编码声明注释。

```
# coding : gbk
```

或

```
# coding = gbk
```

2.1.3　续行符

Python 中的一条语句占一行，没有语句结束符号，可以使用语句续行符号"\"(符号后面不能有空格和注释)，或者使用括号(包括 "()" "[]"和"{}"等)将一条语句写在多行之中，代码如下。

```
if x < 50 \
    and x > 10:              # 续行符号后不能有空格或注释
    y = x * 2 + 1
else:
    y = 0
```

括号中的内容可以分为多行书写，且括号中的注释、空白和换行符都会被忽略，代码如下。

```
if (x < 50               # 括号中的续行语句的注释
    and x > 10):
    y = x * 2 + 1
else:
    y = 0
```

2.1.4　分隔符号

在 Python 中，在一行代码中编写多条语句时，使用语句分隔符号";"，代码如下。

```
print(10); print(2 + 3)
```

Python 允许将单独的语句或复合语句写在冒号之后,复合语句就是使用语句分隔符号分隔的多条语句,应用代码如下。

```
x = 25
if x < 150 and x > 10 : y = x * 5 - 10; print('10 < x < 150')
else: y = 0; print('x >= 150 或 x <= 10')
```

2.1.5 保留字和关键字

保留字是程序设计语言中保留的单词,以便版本升级更新之后使用。

关键字是程序设计语言中作为命令或常量等的单词。

保留字和关键字不允许作为变量或其他标识符使用,并且是区分字母大小写的,Python 中的保留字和关键字如图 2.1 所示。

```
>>> import keyword
>>> keyword.kwlist
['False', 'None', 'True', 'and', 'as', 'assert', 'async', 'await', 'brea
k', 'class', 'continue', 'def', 'del', 'elif', 'else', 'except', 'finall
y', 'for', 'from', 'global', 'if', 'import', 'in', 'is', 'lambda', 'nonl
ocal', 'not', 'or', 'pass', 'raise', 'return', 'try', 'while', 'with',
'yield']
>>>
```

图 2.1 Python 中的保留字和关键字

2.2 基本输入和输出

2.2.1 基本输入

Python 使用内置函数 input()存入用户输入的信息,Python 在使用变量时不需要提前定义,所以在需要输入信息时只要给定一个变量名即可直接输入,语法格式如下。

```
变量 = input('提示字符串:')
```

如果需要输入整数或小数,则应使用 int()或 float()函数转换数据类型,具体用法如下。

```
a = int(input('提示字符串:'))
```

说明:变量和提示字符串均可省略;函数将用户输入的内容作为字符串返回;指定变量时,变量保存输入的字符串。

下面给出一个基本输入函数的应用。

```
>>> a = input('请输入数据:')          # 将 input()函数结果赋值给变量 a
请输入数据:123,abc
>>> print(a)                          # 输出变量 a
123,abc
```

2.2.2 基本输出

在 Python 3 中使用 print()函数输出数据,语法格式如下。

```
print(输出内容)
```

1. 输出空行

print()函数的所有参数均可省略,无参数时,print()函数输出一个空行,具体语法如下。

```
>>> print()
```

2. 输出一个或多个数据

print()函数可以同时输出一个或多个数据,输出多个数据时,默认使用空格作为输出分隔符。

下面给出一个基本输出函数的应用。

```
>>> print(135)                    # 输出一个数据
135
>>> print(135, 'abc', 'Hello')    # 输出多个数据
135 abc Hello
```

3. 指定输出分隔符

由于 print()函数的默认输出分隔符为空格,可用 sep 参数指定分隔符号,具体语法及应用如下。

```
>>> print(135, 'abc', 'Hello', sep = ' # ')          # 指定用符号#作为输出分隔符
135 # abc # Hello
```

4. 指定输出结尾符号

print()函数默认以换行符号作为输出结尾符号,即在输出所有数据后会换行。若是要在新行中继续输出,可以用 end 参数指定输出结尾符号,具体语法及应用如下。

```
>>> print('price'); print(15)          # 默认输出结尾,两个数据输出在两行
price
15
# 指定下画线为输出结尾,两个数据输出在一行
>>> print('price',end = '_'); print(15)
price_15
```

5. 输出到文件

在 Windows 命令提示符窗口运行 Python 程序或在交互环境中执行命令时,print()函数将数据输出到命令提示符窗口,可用 file 参数指定将数据输出到文件中,具体语法及应用如下。

```
>>> file1 = open(r'D:\data.txt', 'w')          # 打开文件
>>> print(123, 'abc', 'Python', file = file1)  # 用 file 参数指定输出文件,file1
>>> file1.close()                              # 关闭文件
```

2.3 变量和对象

2.3.1 Python 中的变量

因为 Python 将所有数据都作为对象来处理,则赋值语句会在内存中创建对象和变量,

如 x＝2。

Python 在执行该语句时,会按顺序执行 3 个步骤:首先,创建表示整数 2 的对象;其次,检查变量 x 是否存在,若不存在,则创建变量 x;最后,建立变量 x 与整数对象 2 的引用关系。

变量 x 和对象 2 之间的关系图解如图 2.2 所示。

Python 中的变量应用如下。

图 2.2　变量 x 与对象 2 之间的关系图解

```
>>> x = 10            # 第 1 次赋值,创建变量 x,引用对象 10
>>> print(x + 2)      # 变量 x 被对象 10 替代,语句实际为 print(10 + 2)
12
```

在 Python 中使用变量时,必须理解以下几点。

(1)变量在第 1 次赋值时被创建,再次出现时可以直接使用。

(2)变量没有数据类型的概念,数据类型属于对象,它决定了对象在内存中的存储方式。

(3)变量引用对象,在表达式中使用变量时,变量立即被其引用的对象替代,所以变量在使用之前必须为其赋值。

2.3.2　变量命名规则和赋值语句

1. 变量命名规则

命名规则在编写代码中起到很重要的作用,使用命名规则可以更加直观地了解代码所代表的含义,以下为 Python 中常用的一些命名规则。

(1)首字符必须是下画线、英文字母或其他 Unicode 字符,可包含下画线、英文字母、数字或其他 Unicode 字符。

(2)变量名区分大小写。例如,ABc 和 abc 是两个不同的变量。

(3)禁止使用 Python 保留字或关键字。

2. 赋值语句

赋值语句用于将数据赋值给变量,在 Python 中支持多种格式的赋值语句,如简单赋值、序列赋值、多目标赋值和增强赋值等。

(1)简单赋值用于为一个变量赋值,如 x＝1。

(2)序列赋值可以一次性为多个变量赋值。

(3)多目标赋值指用连续的多个等号将同一个数据赋值给多个变量。

(4)增强赋值指将运算符与赋值相结合的赋值语句。

Python 中的增强赋值语句运算符包括＋＝、－＝、*＝、**＝、//＝、&＝、|＝、^＝、>>＝、<<＝、/＝、%＝。

2.3.3　对象的垃圾回收

当对象没有被引用时,其占用的内存空间会自动被回收,又称为自动垃圾回收,Python 为每个对象创建一个计数器,记录对象的引用次数,当计数器为 0 时,对象被删除,其占用的内存被回收,具体语法及应用如下。

```
>>> x = 10                  # 第 1 次赋值,创建变量 x,引用整数对象 10
>>> type(x)                 # 实际执行 type(10),所以输出整数对象 10 的数据类型
< class 'int'>
>>> x = 1.5                 # 使变量 x 引用浮点数对象 1.5,对象 10 被回收
>>> type(x)                 # 实际执行 type(1.5)
< class 'float'>
>>> x = 'abc'               # 使变量 x 引用字符串对象'abc',对象 1.5 被回收
>>> type(x)                 # 实际执行 type('abc')
< class 'str'>
```

Python 自动完成对象的垃圾回收,在编写程序时不需要考虑对象的回收问题。可以使用 del 命令删除变量,释放其占用的内存资源。

2.3.4 变量的共享引用

变量的共享引用是指多个变量引用了同一个对象,具体语法及应用如下。

```
>>> x = 6
>>> y = x                   # 实际执行 y = 6,与变量 x 同时引用整数对象 6
>>> print(x,y)              # 实际执行 print(6,6)
6 6
>>> x = 11                  # 变量 x 引用新的对象 11,这不影响 y 的引用
>>> print(x,y)              # 实际执行 print(11,6)
11 6
```

上述代码中变量的共享引用关系图解如图 2.3 所示。

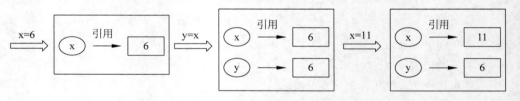

图 2.3 变量的共享引用关系图解(1)

当变量共享引用的对象是列表、字典和类的实例对象时,如果修改了被引用对象的值,那么所有引用该对象的变量将获得改变之后的对象值,示例代码如下。

```
>>> x = [1,3,5]
>>> y = x                   # 使 y 和 x 引用同一个列表对象[1,3,5]
>>> x
[1, 3, 5]
>>> y                       # 输出结果与 x 的输出相同
[1, 3, 5]
>>> x[0] = 10               # 通过变量 x 修改列表对象的第 1 项
>>> x                       # 通过变量 x 输出修改后的列表
[10, 3, 5]
>>> y                       # 通过变量 y 输出修改后的列表
[10, 3, 5]
```

上述代码中变量的共享引用关系图解如图 2.4 所示。

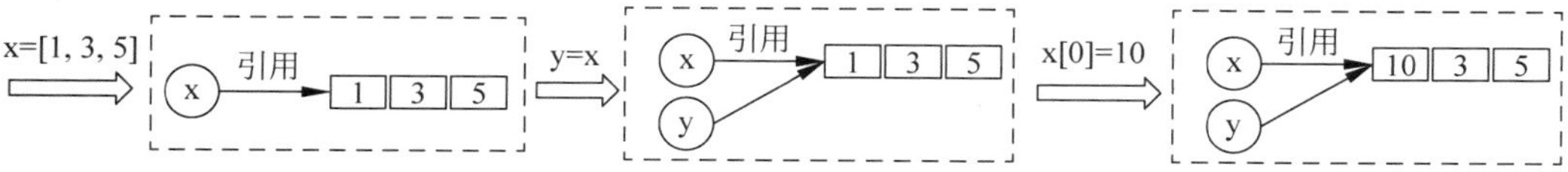

图 2.4　变量的共享引用关系图解(2)

2.4　课业任务

课业任务 2.1　输出一句名言警句
【能力测试点】
新建 Python 文件；print()函数输出数据。
【任务实现步骤】
(1) 打开 PyCharm,新建一个 Python 文件,本课业任务以"任务 2.1"命名,如图 2.5
所示。

图 2.5　将新建 Python 文件并命名为"任务 2.1"

(2) 任务需求：输出一句名言警句"命运掌握在自己手里,命运的好坏由自己去创造。"
首先使用 print()函数输出,接着按要求进行程序编写,代码如下。

```
print('命运掌握在自己手里,命运的好坏由自己去创造。')
```

运行结果如图 2.6 所示。

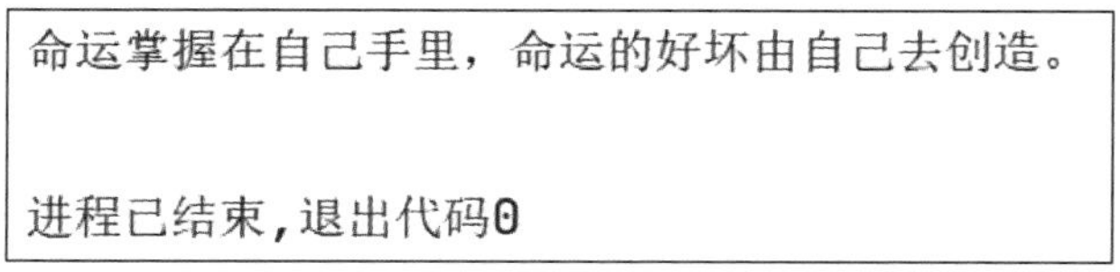

```
命运掌握在自己手里，命运的好坏由自己去创造。

进程已结束,退出代码0
```

图 2.6　课业任务 2.1 运行结果

课业任务 2.2　分隔符的使用
【能力测试点】
新建 Python 文件；分隔符分隔值序列。
【任务实现步骤】
(1) 打开 PyCharm,新建一个 Python 文件,本课业任务以"任务 2.2"命名。
(2) 任务需求：需要输入"知识""就是""力量"3 个字符串,使用分号将多个变量逻辑行
合并成一个物理行,并输出内容。首先创建 3 个对象,分别为 x、y 和 z,接着按要求进行程
序编写,代码如下。

```
x = '知识'; y = '就是'; z = '力量'; print(x,y,z)
```

运行结果如图 2.7 所示。

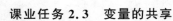

```
知识　就是　力量

进程已结束,退出代码0
```

图 2.7　课业任务 2.2 运行结果

课业任务 2.3　变量的共享

【能力测试点】

新建 Python 文件;类变量之间的变量共享。

【任务实现步骤】

(1) 打开 PyCharm,新建一个 Python 文件,本课业任务以"任务 2.3"命名。

(2) 任务需求:输入变量 a:'你有多努力',以及变量 b:'就有多幸运',再使用变量的共享引用,将变量 c 与 b 共享引用并输出。按要求进行程序编写,代码如下。

```
a = '你有多努力'
b = '就有多幸运'
print(a,b)                # 输出变量(a,b)
c = b
print(a,c)                # 输出变量(a,c)
```

运行结果如图 2.8 所示。

```
你有多努力　就有多幸运
你有多努力　就有多幸运


进程已结束,退出代码0
```

图 2.8　课业任务 2.3 运行结果

课业任务 2.4　续行符的使用

【能力测试点】

新建 Python 文件;使用续行符进行逻辑延续。

【任务实现步骤】

(1) 打开 PyCharm,新建一个 Python 文件,本课业任务以"任务 2.4"命名。

(2) 任务需求:使用续行符(\或())计算 10+2+3。首先创建对象 x 和 y,接着按要求进行程序编写,代码如下。

```
x = 10 + \
    2 + \
    3                     # 使用续行符\,注意\后面不能加注释或空格
print('x 的值为',x)        # 输出 x 的值
y = (                     # 计算 10+2+3
    10 +
    2 +
```

```
    3)                    # 使用续行符()
print('y的值为:',y)       # 输出 y 的值
```

运行结果如图2.9所示。

```
x的值为 15

y的值为:   15


进程已结束,退出代码0
```

图 2.9　课业任务 2.4 运行结果

扫一扫

视频讲解

课业任务 2.5　基本输入

【能力测试点】

新建 Python 文件;实现传参输入;调试运行 Python 文件。

【任务实现步骤】

(1) 打开 PyCharm,新建一个 Python 文件,本课业任务以"任务 2.5"命名。

(2) 任务需求:任意输入 3 个数,按照从小到大的顺序输出。首先创建对象 x、y 和 z,
接着按要求进行程序编写,代码如下。

```
x = int(input('x = '))        # 定义一个整型变量 x,并输入一个值
y = int(input('y = '))        # 定义一个整型变量 y,并输入一个值
z = int(input('z = '))        # 定义一个整型变量 z,并输入一个值
# 如果 x > y,x 和 y 交换顺序
if x > y:
    x,y = y,x
# 如果 x > z,x 和 z 交换顺序
if x > z:
    x,z = z,x
# 如果 y > z,y 和 z 交换顺序
if y > z:
    y,z = z,y
print(x,y,z)
```

运行结果如图2.10所示。

```
x=23
y=11
z=4
按从小到大排序后输出  4 11 23


进程已结束,退出代码0
```

图 2.10　课业任务 2.5 运行结果

扫一扫

视频讲解

课业任务 2.6　给最喜爱的书籍打分

【能力测试点】

新建 Python 文件;变量共享;基本输入;调试运行 Python 文件。

【任务实现步骤】

（1）打开 PyCharm，新建一个 Python 文件，本课业任务以"任务 2.6"命名。

（2）任务需求：输入你最喜爱的书籍，并为其打分（只能输入数字 1～10），输出打分形成的相应数量爱心（♥）的评价。首先创建对象 book 和 num，接着按要求进行程序编写，代码如下。

```python
book = input("请输入您最喜爱的书籍名称:")
num = input("请您为喜爱的书籍打分(只能输入数字1~10):")
print("您对你喜爱的书籍的评价是:", int(num) * "♥")
```

（3）运行程序，输入最喜爱的书籍《麦田里的守望者》，并输入给书籍打的分数（8）。运行结果如图 2.11 所示。

> 请输入您最喜爱的书籍名称： 《麦田里的守望者》
>
> 请您为喜爱的书籍打分（只能输入数字1~10）： 8
>
> 您对你喜爱的书籍的评价是： ♥♥♥♥♥♥♥♥
>
> 进程已结束，退出代码0

图 2.11　课业任务 2.6 运行结果

习题 2

1. 选择题

（1）已知 x=3，那么执行语句 x*=6 之后，x 的值为（　　）。

　　A. 2　　　　　　　　B. 3　　　　　　　　C. 9　　　　　　　　D. 18

（2）Python 3.x 语句 print(1,2,3,sep=':')的输出结果为（　　）。

　　A. 1 2 3　　　　　　B. 123　　　　　　　C. 1:2:3　　　　　　D. 1#2#3

（3）想要输出"I Love Python"，应该使用（　　）函数。

　　A. printf()　　　　　B. print()　　　　　C. println()　　　　　D. Print()

（4）下列语句在 Python 中不正确的是（　　）。

　　A. x=y=z=1　　　　　　　　　　　　　　B. x,y=y,x

　　C. x=(y=z+1)　　　　　　　　　　　　　D. x+=y

（5）Python 语言语句块的标记是（　　）。

　　A. 分号　　　　　　　B. 缩进　　　　　　　C. 逗号　　　　　　　D. /

（6）在 Python 中，语句 print(a,b)的含义是（　　）。

　　A. 打印 a,b　　　　　B. 输出(a,b)　　　　　C. 输出 a,b　　　　　D. 输出 a,b 的值

（7）下列选项中不符合 Python 语言变量命名规则的是（　　）。

　　A. |　　　　　　　　　B. -Al　　　　　　　C. TempStr　　　　　D. 2_1

（8）下列选项中不是 Python 语言保留字的是（　　）。

　　A. while　　　　　　B. pass　　　　　　　C. do　　　　　　　　D. except

2. 填空题

（1）执行语句 x＝(5,) 后 x 的值为＿＿＿＿＿＿。

（2）已知 a＝1,b＝2,执行语句 a,b＝b,a 后,a 的值是＿＿＿＿＿＿。

（3）Python 中常用的输入/输出语句分别是＿＿＿＿＿＿和＿＿＿＿＿＿。

（4）Python 3 默认采用的文件编码是＿＿＿＿＿＿。

（5）Python 语言中有＿＿＿＿＿＿和＿＿＿＿＿＿两种注释。

3. 判断题

（1）已知 x ＝ 'abcd',那么赋值语句 x ＝ 5 是无法正常执行的。（　　　）

（2）在 Python 3.x 中,语句 print([1,3,5])是不能正确执行的。（　　　）

（3）在 Python 中想要输出一行文字,要用 input()函数执行。（　　　）

（4）在 Python 中,可以使用"\\"在代码中添加注释。（　　　）

（5）单行注释可以放在注释代码的前一行,或者是放在要注释代码的右侧。（　　　）

（6）Python 不采用严格的缩进表示程序框架。（　　　）

第3章

基本数据类型

数据类型是每种编程语言必备的属性,只有给数据赋予明确的数据类型,计算机才能对数据进行运算处理。所以,合理运用数据类型就可以大幅度提升代码的执行效率。本章将通过具体案例详细介绍数字类型、数字运算的应用,并介绍字符串类型以及数据类型的判断和操作。本章将通过 6 个综合课业任务对数据类型的基本操作进行实例演示,以便为后续开发智能语音识别与翻译平台提升执行效率。

【教学目标】
- 了解数字类型特点
- 掌握数字运算符的使用
- 掌握 Python 中常见的内置数学函数
- 了解字符串的常量和操作符
- 掌握 Python 中常见的字符串处理函数和处理方法
- 掌握数据类型之间的转换和判断

【课业任务】

王小明想使用 Django+百度翻译 API 开发一个智能语音识别与翻译平台,Django 是一个开放源代码的 Web 应用框架,由 Python 写成。在学习完 Python 基本语法后,需要熟悉 Python 的基本数据类型的使用,现通过 6 个课业任务来完成。

课业任务 3.1 字符串索引的应用
课业任务 3.2 整除运算
课业任务 3.3 求矩形面积
课业任务 3.4 课程等级评定
课业任务 3.5 判断识别字符串
课业任务 3.6 华氏温度转换为摄氏温度

3.1 数字类型

3.1.1 整数类型

整数用来表示整数数值,即没有小数部分的数值,包括正整数、负整数和 0,并且它的位数是任意的。如果要指定一个非常大的整数,只需要写出其所有位数即可(当指定的整数超过计算机自身的计算功能时,会自动转用高精度计算)。整数类型可细分为整型(int)和布尔型(bool)。

整数类型如图 3.1 所示。

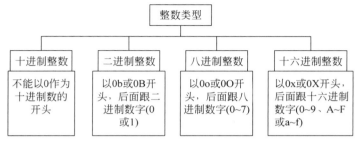

图 3.1 整数类型

Python 3 不再区别整数和长整数,只要计算机内存空间足够,理论上整数可以是无穷大。

案例 3.1 计算 4 的 100 次方和 6 的 100 次方,示例代码如下。

```
x = 4 ** 100          # 计算 4 的 100 次方
y = 6 ** 100          # 计算 6 的 100 次方
print(x)              # 输出 x 的值
print(y)              # 输出 y 的值
```

执行上述代码,结果如图 3.2 所示。

```
1606938044258990275541962092341162602522202993782792835301376
653318623500070906096690267158057820537143710472954871543071966369497141477376

进程已结束,退出代码0
```

图 3.2 案例 3.1 执行结果

如图 3.3 所示,不同进制只是整数的书写形式不同,程序运行时会将整数处理为十进制数。布尔型常量也称为逻辑常量,只有 True 和 False 两个值。

图 3.3 整数和字符串的转换

3.1.2 浮点数类型

浮点数由整数部分和小数部分组成,主要用于处理包括小数的数,浮点数类型的名称为 float。

说明:浮点数取值范围为 $-10^{308} \sim 10^{308}$;与整数不同的是,如果超过浮点数取值范围,则会产生溢出错误(OverflowError);14.5、1.2345、-1.32 等都是合法的浮点数常量,可以使用科学记数法表示,如 2.7e1、$-3.14e2$ 等。

因为计算机硬件特点,浮点数不能执行精确运算。

案例 3.2 浮点数不能执行精确运算的情况,示例代码如下。

```
x = 0.1 + 0.3          # 结果得到想要的 0.4
y = 0.1 + 0.2          # 结果得到 0.30000000000000004
```

```
print(x)                        # 输出 x 的结果
print(y)                        # 输出 y 的结果
```

执行上述代码,结果如图 3.4 所示。

```
0.4
0.30000000000000004

进程已结束,退出代码0
```

图 3.4　案例 3.2 执行结果

说明:对于这种情况,所有语言都存在这个问题,暂时忽略多余的小数位数即可。

3.1.3　复数类型

Python 中的复数(Complex)与数学中的复数的形式完全一致,由实部和虚部组成,并且使用 j 或 J 表示虚部,如 2+5j、2-5J、5j。

可以用 complex()函数创建复数,基本语法格式如下。

```
complex(实部,虚部)
```

案例 3.3　使用 complex()函数创建复数,示例代码如下。

```
x = complex(3,7)                # 创建复数
print(x)                        # 输出已创建好的复数
```

执行上述代码,运行结果如图 3.5 所示。

```
(3+7j)

进程已结束,退出代码0
```

图 3.5　案例 3.3 执行结果

3.1.4　分数类型

分数是 Python 2.6 和 3.0 版本引入的新类型,分数对象明确地拥有一个分子和分母,分子和分母保持最简,使用分数可以避免浮点数的不精确性。

使用 fractions 模块中的 Fraction()函数创建分数,基本语法格式如下。

```
x = Fraction(a,b)
```

案例 3.4　使用 Fraction()函数创建分数,示例代码如下。

```
from fractions import Fraction          # 从模块导入函数
x = Fraction(1,8)                       # 创建分数
print(x)
Fraction(2,6)                           # 创建新的分数
print(x + 2)                            # 计算 1/3 + 2
y = Fraction.from_float(1.5)            # 将浮点数转换为分数
print(y)
```

执行上述代码,运行结果如图 3.6 所示。

```
1/8
17/8
3/2

进程已结束,退出代码0
```

图 3.6　案例 3.4 执行结果

3.2　数字运算

3.2.1　数字运算操作符

Python 的运算符主要包括算术运算符、赋值运算符、比较(关系)运算符、逻辑运算符和位运算符。

算术运算符的相关解释如表 3.1 所示。

表 3.1　算术运算符

运　算　符	说　　明	举　　例
**	幂运算	1 ** 3
~	按位取反	~5
—	负号	—5
*、%、/、//	乘法、求余数、真除法、Floor 除法	1 * 3、3%2、7/2、7//2
+、—	加法、减法	1+2、3—2

赋值运算主要用来为变量等赋值,可以直接把赋值运算符"="右边的值赋给左边的变量,也可以进行运算后再赋值给左边的变量。

赋值运算符的相关解释如表 3.2 所示。

表 3.2　赋值运算符

运　算　符	说　　明	举　　例	展　开　形　式
=	简单的赋值运算	x=y	x=y
+=、—=	加法、减法赋值	x+=y、x—=y	x=x+y、x=x—y
*=、/=	乘法、除法赋值	x * =y、x/=y	x=x * y、x=x/y
%=	取模赋值	x%=y	x=x%y
**=	幂赋值	x **=y	x=x ** y
//=	取整数赋值	x//=y	x=x//y

比较运算符也称为关系运算符,用于对变量或表达式的结果进行大小、真假等比较。

比较运算符的相关解释如表 3.3 所示。

表 3.3　比较运算符

运　算　符	说　　明	举　　例	结　　果
>	大于	'a'>'b'	False
<	小于	140 < 460	True
==	等于	'z'=='z'	True
!=	不等于	'y'!='x'	True

续表

运 算 符	说　明	举　例	结　果
>=	大于或等于	456 >= 412	True
<=	小于或等于	40.31 <= 20.35	False

逻辑运算(也称为布尔运算)指对逻辑值(True 或 False)执行 not、and 或 or 操作。逻辑运算符的相关解释如表 3.4 所示。

表 3.4　逻辑运算符

运算符	说明
not	逻辑非
and	逻辑与
or	逻辑或

在判断 True 或 False 之外的数据是否为逻辑值时,Python 将属于下列情况的值都视为 False,其他则视为 True。

- None;
- 各种数字类型的 0,如 0、0.0、(0+0j)等;
- 空序列,如' '、()、[]等;
- 空映射,如{};
- 当类的实例对象的 __bool__()方法返回 False 或 __len__()方法返回 0 时,实例对象视为 False。

位运算按操作数的二进制位进行操作。

位运算符的相关解释如表 3.5 所示。

表 3.5　位运算符

运　算　符	说　明	举　例
<<	向左移位	5 << 3
>>	向右移位	11 >> 4
&	按位与	5 & 3
^	按位异或	5^3
|	按位或	5|3

案例 3.5　位运算符的用法,示例代码如下。

```
# 按位取反
# 5 的 8 位二进制形式为 00000101,按位取反为 11111010
a = ~5
# 按位与
# 4 的二进制形式为 00000100,5 为 00000101,所以结果为 00000100
b = 4 & 5
# 按位异或
# 结果相同为 0,否则为 1
c = 5 ^ 5
# 按位或
# 按位或在相同位上的数有一个为 1 时结果为 1,否则为 0
d = 4 | 5
# 向左移位
# 向左移动 1 位等同于乘以 2
```

```
e = 1 << 2
# 向右移位
# 向右移动 1 位等同于除以 2
f = 10 >> 2
print(a,b,c,d,e,f)          # 输出 a,b,c,d,e,f 的值
```

执行上述代码,结果如图 3.7 所示。

```
-6 4 0 5 4 2

进程已结束,退出代码0
```

图 3.7　案例 3.5 执行结果

Python 运算符的运算规则是优先级高的运算先执行,优先级低的运算后执行,同一优先级的操作按照从左到右的顺序进行,如表 3.6 所示。

表 3.6　运算符优先顺序

类　型	说　明	优先级
**	幂	高
~、+、-	取反、正号和负号	
~、/、%、//	算术运算符	
+、-	算术运算符	
<<、>>	左移和右移	
&	按位与	
^	按位异或	
|	按位或	
<、<=、>、>=、!=、==	比较运算符	低

3.2.2　数字处理函数

数字处理函数中的常用数学函数如表 3.7 所示。

表 3.7　常用数学函数

类　型	说　明	举　例
abs()	绝对值	abs(-2)
max()、min()	最大值、最小值	max([1,3,5])、min([1,3,5])
len()	序列长度	len('Python')、len([1,3,5])
divmod()	取模	divmod(3,2)
pow()	乘方	pow(2,2)
round()	浮点数	round(2)
sum()	求和	sum(1,2)

案例 3.6　掌握常用的数学函数,示例代码如下。

```
li = [10,2,45,15,6]
print('-10 的绝对值为:', abs(-10))        # 取绝对值
print('取商和余数为:', divmod(3,2))       # 同时取商和余数
print('和为:', sum(li))                   # 求和计算
print('3.1 四舍五入为:', round(3.1))      # 四舍五入
print('3.5 四舍五入为:', round(3.5))      # 四舍五入
print('2 的 5 次方为:', pow(2,5))         # 计算任意 N 次方值
```

```
print('最小值为:', min(li))              # 取最小值
print('最大值为:', max(li))              # 取最大值
print('长度为:', len(li))               # 返回一个对象或一个项目的长度
```

执行上述代码,结果如图 3.8 所示。

```
-10的绝对值为:  10
取商和余数为:  (1, 1)
和为:  78
3.1四舍五入为:  3
3.5四舍五入为:  4
2的5次方为:  32
最小值为:  2
最大值为:  45
长度为:  5


进程已结束,退出代码0
```

图 3.8　案例 3.6 执行结果

数字处理函数中的常用数学常量如表 3.8 所示。

表 3.8　常用数学常量

常量	说　　　明
pi	数学常量 π=3.1415926…,可用精度
e	数学常量 e=2.718281…,可用精度
tau	数学常量 tau=6.283185…,可用精度。tau 是一个等于 2pi 的常量,即圆的周长与其半径之比
inf	浮点正无限(对于负无穷大,请使用 math.inf),等同于 float('inf')的输出
nan	浮点"不是数字"(NaN)值,等同于 float('nan')的输出

案例 3.7　认识 math 模块中的几个数学常量,示例代码如下。

```
import math                           # 导入 math 模块
e_value = math.e                      # 欧拉数(自然数 e = 2.718281828459045)
inf_value = math.inf                  # 正无穷大浮点数
nan_value = math.nan                  # 浮点值
pi_value = math.pi                    # 圆周率
tau_value = math.tau                  # tau 是一个圆周长数,等于2pi

print('e 为:', e_value)              # 输出 e 的值
print('正无穷大浮点数为:', inf_value)  # 输出正无穷大浮点数的值
print('浮点值为:', nan_value)         # 输出浮点数的值
print('圆周率为:', pi_value)          # 输出圆周率的值
print('圆周长为:', tau_value)         # 输出圆周长的值
```

执行上述代码,结果如图 3.9 所示。

```
e为:  2.718281828459045
正无穷大浮点数为:  inf
浮点值为:  nan
圆周率为:  3.141592653589793
圆周长为:  6.283185307179586


进程已结束,退出代码0
```

图 3.9　案例 3.7 执行结果

3.3 字符串类型

3.3.1 字符串常量

Python 字符串常量可用单引号、双引号、3 个单引号或双引号、带 r 或 R 前缀的 raw 字符串、带 u 或 U 前缀的 Unicode 字符串等多种方法表示。

字符串常量的表示方法如下。

```
# 单引号
'a'
'123'
'abc'
# 双引号
"a"
"123"
"abc"
# 3 个单引号或双引号(可以包含多行字符)
'''Python code'''
"""Python string"""
# raw 字符串
r'abc\n123'
R'abc\n123'
# Unicode 字符串(默认字符串,可以省略)
u'asdf'
U'asdf'
```

字符串都是 str 类型的对象,可用内置的 str() 函数创建字符串对象。

案例 3.8 使用 str() 函数创建字符串对象,示例代码如下。

```
x = str(135)          # 用数字创建字符串对象
y = str('abc135')     # 用字符串常量创建字符串对象
print(x)              # 输出字符串:135
print(type(x))        # 判断字符串对象类型
print(y)              # 输出字符串:abc135
```

执行上述代码,结果如图 3.10 所示。

```
135
<class 'str'>
abc135

进程已结束,退出代码0
```

图 3.10 案例 3.8 执行结果

转义字符用于表示不能直接表示的特殊字符,Python 常用转义字符如表 3.9 所示。

表 3.9 转义字符

转义字符	说　　明
\	反斜杠
\'	单引号

续表

转义字符	说　　　明
\"	双引号
\a	响铃符
\b	退格符
\f	换页符
\n	换行符
\r	回车符
\t	水平制表符
\v	垂直制表符
\o	NULL
\ooo	3 位八进制表示的 Unicode 码对应字符
\xhh	两位十进制表示的 Unicode 码对应字符

3.3.2　字符串操作符

字符串是字符的有序集合,下面简单介绍 in 操作符、空格、加号(＋)、星号(＊)、逗号分隔符的使用。

案例 3.9　用 in 操作符判断字符串包含关系,示例代码如下。

```
x = 'Python'          # 创建字符串
print('a' in x)       # 判断字符串中是否包含'a',若包含,则返回 True,否则返回 False
print('thon' in x)    # 判断字符串中是否包含'thon',若包含,则返回 True,否则返回 False
print('1' in x)       # 判断字符串中是否包含'1',若包含,则返回 True,否则返回 False
```

执行上述代码,结果如图 3.11 所示。

```
False
True
False

进程已结束,退出代码0
```

图 3.11　案例 3.9 执行结果

案例 3.10　以空格分隔(或者没有分隔符号)的多个字符串可自动合并,示例代码如下。

```
x = '01''10''11'      # 创建字符串
print(x)              # 字符串自动合并,输出 011011
```

执行上述代码,结果如图 3.12 所示。

```
011011

进程已结束,退出代码0
```

图 3.12　案例 3.10 执行结果

案例 3.11　用加号操作符将多个字符串合并,示例代码如下。

```
x = '11' + '10' + '00'              # 创建字符串
print(x)                            # 多个字符串合并,输出 111000
```

执行上述代码,结果如图 3.13 所示。

```
111000

进程已结束,退出代码0
```

图 3.13 案例 3.11 执行结果

案例 3.12 用星号操作符将字符串复制多次并构成新的字符串,示例代码如下。

```
print('10' * 4)                     # 输出构成新的字符串 10101010
```

执行上述代码,结果如图 3.14 所示。

```
10101010

进程已结束,退出代码0
```

图 3.14 案例 3.12 执行结果

案例 3.13 使用逗号分隔字符时,会创建用字符串组成的元组,示例代码如下。

```
x = 'Hello', 'Python'               # 创建字符串
print(x)                            # 输出字符串
print(type(x))                      # 判断字符串类型
```

执行上述代码,结果如图 3.15 所示。

```
('Hello', 'Python')
<class 'tuple'>

进程已结束,退出代码0
```

图 3.15 案例 3.13 执行结果

3.3.3 字符串的索引

字符串是一个有序的集合,其中的每个字符可通过偏移量进行索引或分片。

字符串中的字符按从左到右的顺序,其偏移量依次为 $0,1,2,\cdots,len-1$(最后一个字符偏移量为字符串长度减 1)。按从右到左的顺序,偏移量取负值,依次为 $-len,-len+1,\cdots,-2,-1$。

索引指通过偏移量定位字符串中的单个字符。

案例 3.14 使用字符串的索引,示例代码如下。

```
x = 'Python'
print('第 1 个字符是:', x[0])        # 索引第 1 个字符
print('最后一个字符是:', x[-1])      # 索引最后一个字符
print('第 4 个字符是:', x[3])        # 索引第 4 个字符
```

执行上述代码,结果如图 3.16 所示。

```
第1个字符是: P
最后一个字符是: n
第4个字符是: h

进程已结束,退出代码0
```

图 3.16　案例 3.14 执行结果

索引可获得指定位置的单个字符,但不能通过索引修改字符串。

案例 3.15 字符串对象不允许被修改,示例代码如下。

```
y = 'Python'
y[0] = 'c'              # 修改字符串中的指定字符,会报错
print(y)               # 输出修改后的字符串
```

执行上述代码,结果如图 3.17 所示。

```
    y[0] = 'c'                  # 修改字符串中的指定字符, 会报错
TypeError: 'str' object does not support item assignment

进程已结束,退出代码1
```

图 3.17　案例 3.15 执行结果

3.3.4　字符串的切片

字符串的切片也称为分片,它使用索引范围从字符串中获得连续的多个字符(即子字符串),字符串切片的基本语法格式如下。

```
x[ start : end ]
```

上述代码返回字符串 x 中从偏移量 start 开始到偏移量 end 前的子字符串;start 和 end 参数均可省略,start 默认为 0,end 默认为字符串长度。

案例 3.16 字符串的切片,示例代码如下。

```
x = 'Python'
print(x[1:4])          # 返回偏移量为 1~3 的字符
print(x[1:])           # 返回偏移量为 1 到末尾的字符
print(x[:4])           # 返回从字符串开头到偏移量为 3 的字符
print(x[:-1])          # 除最后一个字符,其他字符全部返回
print(x[:])            # 返回全部字符
```

执行上述代码,结果如图 3.18 所示。

3.3.5　迭代字符串

字符串是有序的字符集合,可用 for 循环迭代处理字符串。

案例 3.17 迭代字符串,示例代码如下。

```
for a in 'Python':              # 变量 a 依次表示字符串中的每个字符
    print(a)                    # 输出迭代处理后的字符串
```

```
yth
ython
Pyth
Pytho
Python

进程已结束,退出代码0
```

图 3.18 案例 3.16 执行结果

执行上述代码,结果如图 3.19 所示。

```
P
y
t
h
o
n

进程已结束,退出代码0
```

图 3.19 案例 3.17 执行结果

3.3.6 字符串处理函数

字符串长度指字符串中包含的字符个数,可用 len()函数获得字符串长度。

案例 3.18 求字符串长度,示例代码如下。

```
x = 'Python'                # 创建字符串'Python'
print(len(x))               # 输出字符串'Python'的长度
```

执行上述代码,结果如图 3.20 所示。

```
6

进程已结束,退出代码0
```

图 3.20 案例 3.18 执行结果

可用 str()函数将非字符串数据转换为字符串,示例代码如下。

案例 3.19 将非字符串数据转换为字符串,示例代码如下。

```
print(str(10))             # 将整数转换为字符串
print(str(10.2))           # 将浮点数转换为字符串
print(str(2 + 3j))         # 将复数转换为字符串
print(str([10,11,12]))     # 将列表转换为字符串
print(str(False))          # 将布尔常量转换为字符串
```

执行上述代码,结果如图 3.21 所示。

在转换数字时,repr()和 str()函数的效果相同。在处理字符串时,repr()函数会将一对表示字符串常量的单引号添加到转换后的字符串中。

```
10
10.2
(2+3j)
[10, 11, 12]
False


进程已结束,退出代码0
```

图 3.21　案例 3.19 执行结果

案例 3.20　repr()函数的用法,示例代码如下。

```
print(str(123456), repr(123456))        # repr()函数会直接添加到转换之后的字符串
print(str('123456'), repr('123456'))    # repr()函数会将字符串的引号显示出来
print(str("123456"), repr("123456"))    # 若是双引号,也会用单引号显示出来
```

执行上述代码,结果如图 3.22 所示。

```
123456 123456
123456 '123456'
123456 '123456'


进程已结束,退出代码0
```

图 3.22　案例 3.20 执行结果

案例 3.21　ord()函数返回字符的 Unicode 码;chr()函数返回 Unicode 码对应的字符,示例代码如下。

```
print('返回字符 Unicode 码')
print('"A"字符的 Unicode 码为:', ord('A'))
print('"字"字符 Unicode 码为:', ord('字'))
print('将 Unicode 码转换为字符')
print('将 65 转换为字符为:', chr(65))
print('将 23383 转换为字符为:', chr(23383))
```

执行上述代码,结果如图 3.23 所示。

```
返回字符Unicode码
"A"字符的Unicode码为:  65
"字"字符Unicode码为:  23383
将Unicode码转换为字符
将65转换为字符为:  A
将23383转换为字符为:  字
```

图 3.23　案例 3.21 执行结果

3.3.7　字符串处理方法

字符串是 str 类型的对象,字符串处理方法调用格式:字符串.方法()。表 3.10～表 3.19 分别列出了字符串的各种常用方法及说明。

表 3.10　字符串查询

常用方法	说　明
str. find(s)	返回字符串 s 在字符串 str 中的位置索引,没有则返回−1
str. rfind()	类似于 find()函数,不过是从右边开始查找
str. index(s)	和 find()方法一样,但是如果 s 不存在于 str 中,则抛出异常
str. rindex()	类似于 index()函数,不过是从右边开始

表 3.11　字符串大小转换操作

常用方法	说　明
str. upper()	将字符串中所有元素都转换为大写
str. lower()	将字符串中所有元素都转换为小写
str. swapcase()	交换大小写,大写转换为小写,小写转换为大写
str. capitalize()	把字符串的首字母大写
str. title()	将字符串中所有单词的首字母转换为大写,其余均为小写

表 3.12　合并与替换

常用方法	说　明
str. join(sep)	以指定字符串作为分隔符,将 sep 中所有元素合并为一个新的字符串
str. replace(old,new[,max])	把字符串中的 old 替换成 new,如果指定 max,则替换不超过 max 次

表 3.13　字符串对齐

常用方法	说　明
str. center(width[,fillchar])	返回一个指定的宽度 width 居中的字符串,fillchar 为填充的字符,默认为空格
str. ljust(width[,fillchar])	返回一个原字符串左对齐,并使用 fillchar 填充至长度 width 的新字符串,fillchar 默认为空格
str. rjust(width[,fillchar])	返回一个原字符串右对齐,并使用 fillchar(默认空格)填充至长度 width 的新字符串
str. zfill(width)	返回长度为 width 的字符串,原字符串右对齐,前面填充 0

表 3.14　分割字符串

常用方法	说　明
str. split(seq="", num = string. count())	以 seq(默认空格)为分隔符截取字符串,如果 num 有指定值,则仅截取 num+1 个子字符串(只需 num 个 seq 分隔符)
str. rsplit()	与 split()方法类似,不过是从右边开始分割
str. splitlines()	按照行进行分割,得到新的列表
str. partition(str)	找到字符串中第 1 个 str,并以 str 为界,将字符串分割为 3 部分,返回一个新的元组
str. rpartition()	与 partition()方法类似,只不过是反向找

表 3.15　判断字符串

常用方法	说　明
str. isidentifier()	判断字符串是否为合法标识符(字符、数字、下画线)
str. isspace()	如果 str 中只包含空格,则返回 True,否则返回 False
str. isalpha()	如果 str 至少有一个字符并且都是字母则返回 True,否则返回 False
str. isdecimal()	判断字符是否全部由十进制数字组成,不包括中文、罗马字符

续表

常用方法	说　明
str. isdigit()	判断字符串是否只包含数字,不包括中文数字
str. isnumeric()	判断字符串是否全部由数字组成,包括中文数字
str. isalnum()	判断字符串是否由字母和数字组成
str. islower()	判断字符串中的字符是否全部为小写,字符串至少有一个字符
str. supper()	判断字符串中的字符是否全部为大写,字符串至少有一个字符
str. istitle()	判断字符串是否标题化
str. isascii()	如果字符串为空或字符串中的所有字符都是 ASCII 编码,则返回 True,否则返回 False
str. isprintable()	如果所有字符都是可打印的,则返回 True,否则返回 False

表 3.16　去除两端多余字符操作

常用方法	说　明
str. lstrip([Chars])	去掉左边的指定字符(不是字符串),默认为空白字符
str. rstrip([Chars])	去掉右边的指定字符
str. strip([Chars])	去掉左右两边的指定字符

表 3.17　判断开头结尾字符串

常用方法	说　明
str. startswith(strz)	检查字符串是否以 strz 开头,若是,则返回 True
str. endswith(strz)	检查字符串是否以 strz 结尾,若是,则返回 True

表 3.18　字符串计数

常用方法	说　明
str. count(sub[,start,end])	在字符串[start,end]范围内,计算 sub 字符串的个数
len()	len()是内置函数,计算字符串中的字符个数

表 3.19　判断开头结尾字符串

常用方法	说　明
str. encode(encoding='UTF-8', errors = 'strict')	以 encoding 指定的编码格式编码字符串,如果出错,默认抛出 ValueError 异常,除非 errors 指定的是'ignore'或'replace'
bytes. decode()	Python 3 中没有 decode()方法,但可以使用 bytes 对象的 decode()方法解码给定的 bytes 对象,这个 bytes 对象可以由 str.encode()方法编码返回

3.3.8　字符串的格式化

字符串格式化表达式用"%"表示,"%"之前为格式字符串,"%"之后为需要填入格式字符串中的参数,基本语法格式如下。

格式字符串 % (参数 1,参数 2,…)

Python 中常用的字符串格式化表示符如表 3.20 所示。

表 3.20　常用的字符串格式化表示符

表示符	说　明
s	将非 str 类型的对象用 str()函数转换为字符串
r	将非 str 类型的对象用 repr()函数转换为字符串

续表

表示符	说　明
c	参数为单个字符(包括各国文字)或字符的 Unicode 码,将 Unicode 码转换为对应的字符
d、i	参数为数字,转换为带符号的十进制整数
o	参数为数字,转换为带符号的八进制整数
x	参数为数字,转换为带符号的十六进制整数,字母小写
X	参数为数字,转换为带符号的十六进制整数,字母大写
e	将数字转换为科学记数法格式(小写)
E	将数字转换为科学记数法格式(大写)
f、F	将数字转换为十进制浮点数
g	浮点格式,如果指数小于 -4 或不小于精度(默认为 6),则使用小写指数格式,否则使用十进制格式
G	浮点格式,如果指数小于 -4 或不小于精度(默认为 6),则使用大写指数格式,否则使用十进制格式

3.3.9　bytes 字符串

bytes 对象是一个不可变的字节对象序列,是一种特殊的字符串,也称为 bytes 字符串,用前缀 b 表示,示例如下。

```
# 单引号
b'a'
b'111'
b'abc'
# 双引号
b"a"
b"111"
b"abc"
# 3 个单引号或双引号
b'''Python code'''
b"""Python string"""
```

在 bytes 字符串中只能包含 ASCII 字符,使用非 ASCII 字符会报错。

案例 3.22　bytes 字符串,示例代码如下。

```
x = b'字母 anc'                    # 使用非 ASCII 字符
print(x)                          # 输出非 ASCII 字符会报错
```

执行上述代码,结果如图 3.24 所示。

```
    x = b'字母anc'    #使用非ASCII字符
      ^
SyntaxError: bytes can only contain ASCII literal characters.

进程已结束,退出代码1
```

图 3.24　案例 3.22 执行结果

3.4　数据类型操作

3.4.1　类型判断

数据类型的判断,可以用 type()函数查看数据类型。

案例 3.23　type()函数的使用,示例代码如下。

```
x = 111                 ＃ 创建整数类型字符串
y = (111.2)             ＃ 创建浮点数类型字符串
print(type(x))          ＃ 判断 x 的字符串类型
print(type(y))          ＃ 判断 y 的字符串类型
```

执行上述代码,结果如图 3.25 所示。

```
<class 'int'>
<class 'float'>

进程已结束,退出代码0
```

图 3.25　案例 3.23 执行结果

3.4.2　类型转换

可以使用 int()函数将一个字符串按指定进制转换为整数。int()函数基本语法格式如下。

```
int('整数字符串', n)              ＃ n 表示转换进制数
```

案例 3.24　int()函数的使用,示例代码如下。

```
print(int('11001'))             ＃ 默认按十进制转换
print(int('11001',2))           ＃ 按二进制转换
print(int('11001',8))           ＃ 按八进制转换
print(int('1101',10))           ＃ 按十进制转换
```

执行上述代码,结果如图 3.26 所示。

```
11001
25
4609
1101

进程已结束,退出代码0
```

图 3.26　案例 3.24 执行结果

int()函数的第 1 个参数只能是整数字符串,第 1 个字符可以是正/负号,其他字符必须是数字,不能包含小数点或其他符号,否则会报错。

float()函数可将整数和字符串转换为浮点数。

案例 3.25　float()函数的使用,示例代码如下。

```
print(float(15))                ＃ 将整数 15 转换为浮点数
print(float('15'))              ＃ 将整数'15'转换为浮点数
```

```
print(float('+15'))                      # 将整数'+15'转换为浮点数
print(float('-15'))                      # 将整数'-15'转换为浮点数
```

执行上述代码,结果如图 3.27 所示。

```
15.0
15.0
15.0
-15.0

进程已结束,退出代码0
```

图 3.27   案例 3.25 执行结果

内置函数 bin()、oct()和 hex()用于将整数转换为对应进制的字符串。

案例 3.26   内置函数 bin()、oct()和 hex()转换进制,示例代码如下。

```
print(bin(122))                          # 转换为二进制字符串
print(oct(122))                          # 转换为八进制字符串
print(hex(122))                          # 转换为十六进制字符串
```

执行上述代码,结果如图 3.28 所示。

```
0b1111010
0o172
0x7a

进程已结束,退出代码0
```

图 3.28   案例 3.26 执行结果

3.5 课业任务

课业任务 3.1   字符串索引的应用

【能力测试点】

字符串类型中索引的应用。

【任务实现步骤】

(1) 打开 PyCharm,新建一个 Python 文件,本课业任务以"任务 3.1"命名。

(2) 任务需求:对字符串'Python'进行索引。首先创建对象 x,接着按要求进行程序编写,代码如下。

```
x = 'Python'                             # 创建字符串'Python'
for i in range(len(x)):                  # 根据索引遍历字符串的内容
    print(x[i],end = "")                 # i 从 0 开始索引
print()                                  # 默认换行
for i in range(len(x)):                  # 根据索引遍历字符串的内容
    print(x[-(i+1)],end = "")            # -(i+1)是反向索引
```

运行结果如图 3.29 所示。

```
Python
nohtyP
进程已结束,退出代码0
```

图 3.29　课业任务 3.1 运行结果

扫一扫

视频讲解

课业任务 3.2　整除运算

【能力测试点】

整除运算 int()函数的应用;使用 if 语句进行判断。

【任务实现步骤】

(1) 打开 PyCharm,新建一个 Python 文件,本课业任务以"任务 3.2"命名。

(2) 任务需求:输入一个 4 位以上的整数,否则提示输入错误,输出其千位以上的数字。例如,用户输入 1234,则程序输出 1(使用 if 语句进行程序编写)。首先创建对象 x 和 y,接着按要求进行程序编写,代码如下。

```python
x = eval(input('请输入一个 4 位以上的整数: '))
y = int(x / 1000)                    # int()函数进行整除运算
if(x < 999):                         # 如果 x < 999,则输出'输出错误'
    print('输入错误 ')
else:                                # 否则,输出整除结果
    print(y)
```

(3) 运行程序,输入整数 25,输出如图 3.30 所示;输入整数 1212,输出如图 3.31 所示。

```
请输入一个 4 位以上的整数: 25
输入错误

进程已结束,退出代码0
```

图 3.30　课业任务 3.2 运行结果(1)

```
请输入一个 4 位以上的整数: 1212
1

进程已结束,退出代码0
```

图 3.31　课业任务 3.2 运行结果(2)

扫一扫

视频讲解

课业任务 3.3　求矩形面积

【能力测试点】

input()函数、内置函数 map()和运算符的应用。

【任务实现步骤】

(1) 打开 PyCharm,新建一个 Python 文件,本课业任务以"任务 3.3"命名。

(2) 任务需求:输入矩形的长和宽,计算矩形的面积并输出(使用 input()函数实现同步赋值)。首先创建对象 L_W,接着按要求进行程序编写,代码如下。

```python
L_W = input('请输入矩形的长和宽,以空格分开:')
length, width = map(float,L_W.split())    # 使用 map()函数映射出指定的序列
S = length * width                        # 面积 = 长 * 宽
print(" 矩形面积为:",S)                     # 输出计算后的面积
```

(3) 运行程序,输入长和宽分别为 4 和 5,结果如图 3.32 所示。

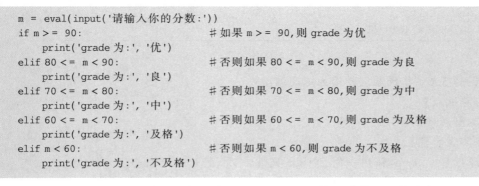

请输入矩形的长和宽,以空格分开: 4 5
矩形面积为: 20.0

进程已结束,退出代码0

图 3.32 课业任务 3.3 运行结果

课业任务 3.4 课程等级评定

【能力测试点】

数字运算操作符和 if 语句的应用。

【任务实现步骤】

(1) 打开 PyCharm,新建一个 Python 文件,本课业任务以"任务 3.4"命名。

(2) 任务需求:将某课程的百分制分数 m 转换为 5 分制(优、良、中、及格、不及格)的评定等级 grade。评定条件:$m \geqslant 90$ 为优,$80 \leqslant m < 90$ 为良,$70 \leqslant m < 80$ 为中,$60 \leqslant m < 70$ 为及格,$m < 60$ 为不及格。首先创建对象 m,接着按要求进行程序编写,代码如下。

```python
m = eval(input('请输入你的分数:'))
if m >= 90:                    #如果 m >= 90,则 grade 为优
    print('grade 为:', '优')
elif 80 <= m < 90:             #否则如果 80 <= m < 90,则 grade 为良
    print('grade 为:', '良')
elif 70 <= m < 80:             #否则如果 70 <= m < 80,则 grade 为中
    print('grade 为:', '中')
elif 60 <= m < 70:             #否则如果 60 <= m < 70,则 grade 为及格
    print('grade 为:', '及格')
elif m < 60:                   #否则如果 m < 60,则 grade 为不及格
    print('grade 为:', '不及格')
```

(3) 运行程序,输入分数 93,输出如图 3.33 所示;输入分数 59,输出如图 3.34 所示。

请输入你的分数: 93
grade 为: 优

进程已结束,退出代码0

图 3.33 课业任务 3.4 运行结果(1)

请输入你的分数: 59
grade 为: 不及格

进程已结束,退出代码0

图 3.34 课业任务 3.4 运行结果(2)

课业任务 3.5 判断识别字符串

【能力测试点】

字符串处理函数的应用。

【任务实现步骤】

(1) 打开 PyCharm,新建一个 Python 文件,本课业任务以"任务 3.5"命名。

(2) 任务需求:变量 x = "Learning Python makes me happy"。判断"e"出现的次数;

判断字符串是否为空；判断字符串是否为大写；判断字符串是否全为数字；将字符串填充到长度为45(使用"＋"进行填充)。首先创建对象x,且赋值为"Learning Python makes me happy",接着按要求进行程序编写,代码如下。

```
x = "Learning Python makes me happy"
print("某个字符串出现次数：x.count('e') = ", x.count('e'))
print("字符串是否都是空格：x.isspace() = ", x.isspace())
print("字符串是否大写：x.isupper() = ", x.isupper())
print("字符串是否全为数字：x.isalnum() = ", x.isalnum())
print("填充＋值：x.rjust(45,"＋") = ", x.rjust(45,"＋"))
```

运行结果如图3.35所示。

```
某个字符串出现次数：    x.count('e') = 3
字符串是否都是空格：x.isspace() = False
字符串是否大写：x.isupper() = False
字符串是否全为数字：x.isalnum() = False
填充+值：x.rjust(45,)=  +++++++++++++++Learning Python makes me happy

进程已结束,退出代码0
```

图3.35　课业任务3.5运行结果

课业任务3.6　华氏温度转换为摄氏温度
【能力测试点】

数据类型转换的应用。

【任务实现步骤】

(1) 打开PyCharm,新建一个Python文件,本课业任务以"任务3.6"命名。

(2) 任务需求：将华氏温度F转换为摄氏温度C,转换公式为$C=(F-32)\times5/9$。首先创建对象F和C,接着按要求进行程序编写,代码如下。

```
# 将华氏温度转换为摄氏温度
F = int(input("请输入华氏摄氏度："))        # 输入华氏温度
C = int((F-32)*5/9)                        # 转换为摄氏温度
print("转换后的摄氏温度为：", C)            # 输出转换后的摄氏温度
```

(3) 运行程序,输入华氏温度为65,结果如图3.36所示。

```
请输入华氏摄氏度：65
转换后的摄氏度为： 18

进程已结束,退出代码0
```

图3.36　课业任务3.6运行结果

习题3

1. 选择题

(1) 下列关于表达式中整型、浮点型、复数型的运算结果类型的说法中正确的是(　　)。

A. 表达式中整型、浮点型、复数型的运算结果是整型

B. 表达式中浮点型、复数型的运算结果是复数型

C. 表达式中整型、浮点型、复数型的运算结果是字符型

D. 表达式中整型、浮点型、复数型的运算结果是浮点型

（2）遍历循环语句 for i in range（n），n 的数据类型是（　　）。

A. 字符串类型　　　　B. 浮点型　　　　C. 整数类型　　　　D. 复数类型

（3）Python 内置函数（　　）可以返回列表、元组、字典、集合、字符串以及 range 对象中的元素个数。

A. max()　　　　　　B. len()　　　　　C. globals()　　　　D. type()

（4）下列关于 Python 复数的说法中错误的是（　　）。

A. 表示复数的语法是 real＋image j

B. 实部和虚部都是浮点数

C. 虚部必须后缀 j，且必须是小写

D. conjugate()方法返回复数的共轭复数

（5）计算机中信息处理和信息存储用（　　）。

A. 二进制代码　　B. 十进制代码　　C. 十六进制代码　　D. ASCII 码

（6）Python 中不支持的数据类型有（　　）。

A. int　　　　　　B. char　　　　　C. list　　　　　　D. float

（7）下列关于字符串的说法中错误的是（　　）。

A. 字符应该视为长度为 1 的字符串

B. 既可以用单引号，也可以用双引号创建字符串

C. 以\0 标志字符串的结束

D. 在三引号字符串中可以包含换行、回车等特殊字符

2. 填空题

（1）表达式 abs(－23)的值为_____。

（2）表达式 3｜5 的值为_____。

（3）表达式 [1，2，3] == [1，3，2] 的值为_____。

（4）Python 内置函数_____用来返回序列中的最小元素。

（5）表达式 'abc1212'.isalnum() 的值为_____。

3. 判断题

（1）在 Python 中 0xa1 是合法的八进制数字表示形式。（　　）

（2）可以使字符串开头首字母大写的字符串函数有 capitalize()和 title()。（　　）

（3）decode()方法是编码，encode()方法是解码，如果字符串是 Unicode 编码，就可以直接编码而不需要解码。（　　）

（4）在 Python 中，字符串没有长度限制。（　　）

（5）Python 中运算符的运算规则是优先级高的运算先执行，优先级低的运算后执行，同级则按从左到右的顺序执行。（　　）

4. 编程题

（1）输入一个 4 位的整数，分别输出其个位、十位、百位、千位。

（2）输入三角形 3 条边的边长，求三角形的面积。

第4章

程序控制结构

做任何事情都需要按照一定的方法和步骤才能完成,这样的方法和步骤就叫程序。计算机完成工作,同样也要按照可以识别的编程语言去编写程序。程序由语句构成,一个程序如果在设计语句时按部就班从头到尾,中间没有转折,其实无法完成太多工作。程序设计过程中难免会遇到转折,这个转折在程序设计中称作流程控制。流程控制语句是用来控制程序中每条语句执行顺序的语句。相较于其他语言,Python 的流程控制比较简单,主要有两大类:循环和条件。本章将通过具体案例详细介绍程序的基本结构,以及分支结构和循环结构的类型和使用方法。本章还将通过 6 个综合课业任务对流程控制语句和程序控制结构进行实例演示,以便后续开发智能语音识别与翻译平台实现更丰富的逻辑以及更强大的功能。

【教学目标】

- 了解程序的基本结构
- 掌握分支结构的类型和使用方法
- 掌握循环结构的类型和使用方法
- 理解程序设计的流程控制语句
- 掌握循环语句的结构特点
- 具备使用循环结构并能够完成简单编程的能力

【课业任务】

王小明想使用 Django＋百度翻译 API 开发一个智能语音识别与翻译平台,Django 是一个开放源代码的 Web 应用框架,由 Python 写成。在学习完 Python 的基本数据类型的应用后,需要了解 Python 如何使用控制结构更改程序的执行顺序以满足多样的功能需求,现通过 6 个课业任务来完成。

课业任务 4.1　判断奇偶数
课业任务 4.2　鸡兔同笼问题
课业任务 4.3　输出美元符号($)阵列
课业任务 4.4　继续嵌套循环
课业任务 4.5　输出 100 以内的素数
课业任务 4.6　求 1－2＋3－4＋5－…＋99

4.1 程序的基本结构

4.1.1 流程控制语句

流程控制语句就是按照一定的步骤实现某些功能的语句,Python 中主要的流程控制语句有选择语句、条件表达式、循环语句、跳转语句、pass 语句。

4.1.2 程序结构

程序结构主要分为 3 种基本结构:顺序结构、分支结构(选择结构)和循环结构。

顺序结构是按照代码的顺序依次执行;选择结构是根据条件表达式的结果选择执行不同的语句,通常由 if 语句实现;循环结构是在一定条件下反复执行某段程序的流程结构。

3 种基本结构的执行流程图如图 4.1 所示。

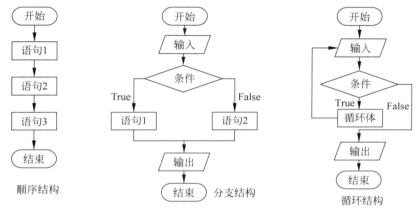

图 4.1 3 种基本结构的执行流程图

前面学习的大部分内容都是按照代码顺序结构依次执行语句,通常程序默认为顺序结构,Python 总是从程序的第 1 条语句开始按顺序依次执行语句。典型的顺序结构如案例 4.1 所示。

案例 4.1 输入两个整数,执行不同的转换方法,示例代码如下。

```
a = eval(input('请输入第 1 个整数:'))        # eval()函数返回表达式计算结果
b = int(input('请输入第 2 个整数:'))         # int()函数将字符串或数字转换为整数
print('float(%s) = ' %a,float(a))           # 将 a 转换为浮点数输出
print('格式化为浮点数:%e,%f'%(a,b))          # %e 为指数(基底写为 e),%f 为浮点型数据
```

执行上述代码,结果如图 4.2 所示。

```
请输入第1个整数:23
请输入第2个整数:33
float(23) =  23.0
格式化为浮点数:2.300000e+01,33.000000

进程已结束,退出代码0
```

图 4.2 案例 4.1 执行结果

4.2 分支结构

4.2.1 单分支结构

单分支结构就是简单的 if 语句,根据语法格式决定执行流程。if 语句结构格式如下。

```
if 条件表达式:
    语句 1
    语句 2
    ...
```

案例 4.2 成绩判断。定义成绩为 93 分,当成绩大于或等于 90 分时,则输出"你考得很好呀,同学",示例代码如下。

```
score = 93                # 定义分数为93
score = int(score)        # 将 score 定义为整型
if score >= 90:           # 如果 score >= 90,则输出"你考得很好呀,同学"
    print("你考得很好呀,同学")
```

执行上述代码,结果如图 4.3 所示。

```
你考得很好呀, 同学

进程已结束,退出代码0
```

图 4.3 案例 4.2 执行结果

如果 if 关键词后面的条件表达式成立,则执行对于 if 有缩进结构的结构体语句;反之,条件表达式不成立,就不执行语法格式下的语句。例如,上述代码中当定义 score = 85 时,则运行结果如图 4.4 所示,不执行下一条语句。

```
进程已结束,退出代码0
```

图 4.4 if 语句条件表达式不成立时的结果

说明:当 score=85 时,由于 85<90,所以不执行语法格式下的语句。

4.2.2 双分支结构

双分支结构是在原来的单分支结构基础上,除了条件为真时做一些事情外,条件为假时还需要继续去做一些事情的分支结构逻辑。语法格式如下。

```
if 条件表达式:
    语句 1
    ...
else :
    语句 2
    ...
```

案例 4.3 成绩判断。如果成绩大于或等于 90 分,则输出"你考得很好呀,同学";否则,输出"下次继续努力,加油!"。示例代码如下。

```
score = input("请输入成绩:")          # 将 input()函数结果赋值给变量 score
score = int(score)                    # 将 score 定义为整型
if score >= 90:                       # 如果 score >= 90,则输出"你考得很好呀,同学"
    print("你考得很好呀,同学")
else:                                 # 否则输出"下次继续努力,加油!"
    print("下次继续努力,加油!")
```

执行上述代码,结果如图 4.5 所示。

```
请输入成绩: 80
下次继续努力,加油!

进程已结束,退出代码0
```

图 4.5 案例 4.3 执行结果

说明: 如果条件表达式成立,则执行 if 块中的代码,否则执行 else 块中的代码。

4.2.3 多分支结构

多分支结构和双分支结构都是对一个条件做出的两种判断,若存在多个条件,就需要多分支结构。语法格式如下。

```
if 条件表达式 1 :
    语句 1
elif 条件表达式 2 :
    语句 2
else :
    语句 3
```

案例 4.4 考试成绩评价。如果成绩大于或等于 90 分,则输出"优秀";如果成绩大于或等于 80 分,则输出"良好";否则输出"下次继续努力哈!"。示例代码如下。

```
score = input("请输入成绩:")          # 将 input()函数结果赋值给变量 score
score = int(score)                    # 将 score 定义为整型
if score >= 90:                       # 如果当 score >= 90,则输出"优秀"
    print("优秀")
elif score >= 80:                     # 或者当 score >= 80,则输出"良好"
    print("良好")
else:                                 # 否则,输出"下次继续努力哈!"
    print("下次继续努力哈!")
```

运行程序,输入 70,结果如图 4.6 所示;输入 86,结果如图 4.7 所示。

```
请输入成绩: 70
下次继续努力哈!

进程已结束,退出代码0
```

图 4.6 案例 4.4 执行结果(1)

说明: 如果条件表达式 1 为 True,则表明条件表达式 1 成立,执行 if 块中的代码,执行完不再执行后面的 elif 块中的代码;如果条件表达式 1 为 False,则判断条件表达式 2 是否成立,若成立则执行 elif 块中的代码。

```
请输入成绩: 86
良好

进程已结束,退出代码0
```

图 4.7　案例 4.4 执行结果(2)

4.2.4　if…else 三元表达式

if…else 三元表达式是简化版的 if…else 语句,基本格式如下。

```
表达式 1
if 条件表达式 else 表达式 2
```

案例 4.5　常见的数字比较,示例代码如下。

```
a = -5                # 定义 a = -5
# 如果 a 大于 0,则将 a 的值作为 b 的结果,否则将 -a 作为表达式的结果
b = a if a > 0 else -a
print(b)              # 输出 b
```

执行上述代码,结果如图 4.8 所示。

```
5

进程已结束,退出代码0
```

图 4.8　案例 4.5 执行结果

说明:当条件表达式计算结果为 True 时,将表达式 1 的值作为三元表达式的结果;否则,将表达式 2 的值作为三元表达式的结果。

4.3　循环结构

4.3.1　遍历循环

在 Python 中,for 循环用于遍历一个迭代对象的所有元素,循环内的语句段会针对迭代对象的每个元素项目都执行一次,语法格式如下。

```
for 迭代变量 in 对象:
    循环体
```

其中,迭代变量用于保存读取出的值;对象为要遍历或迭代的对象,该对象可以是任何有序的序列对象,如字符串、列表、元组等;循环体为一组被重复执行的语句。

for 循环语句的执行流程如图 4.9 所示。

for 循环可以借用 range()函数实现数值循环,也可以迭代字符串。

1. 数值循环

在使用 for 循环时,最基本的应用就是进行数值循环。注意,for 循环不能迭代数值类型,如果想要使用 for 循环打印数字,需要借用 range()函数,该函数是 Python 中的内置函数,用于生成一系列连续的整数。

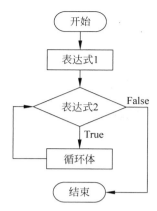

图 4.9 for 循环语句的执行流程

案例 4.6 用 for 循环求 1～100 的累加和,示例代码如下。

```
sum0 = 0                      # 初始累加和为 0
for count in range(0,101,1) :  # 起点、终点、步长
    sum0 += count              # 进行累加
print(sum0)                    # 输出累加和为 5050
```

执行上述代码,结果如图 4.10 所示。

```
5050

进程已结束,退出代码0
```

图 4.10 案例 4.6 执行结果

2. 迭代字符串

使用 for 循环语句除了可以循环数值,还可以遍历字符串。

案例 4.7 将横向显示的字符串转换为纵向显示,示例代码如下。

```
str = '学习使我快乐'        # 创建字符串
print(str)                  # 横向输出
for i in str:               # 遍历字符串,纵向输出
    print(i)
```

执行上述代码,结果如图 4.11 所示。

```
学习使我快乐
学
习
使
我
快
乐

进程已结束,退出代码0
```

图 4.11 案例 4.7 执行结果

说明：for 循环语句还可以用于迭代(遍历)列表、元组等内容。

4.3.2 无限循环

while 循环是通过一个条件控制是否要继续反复执行循环体中的语句，其语法格式如下。

```
while 条件表达式：
    循环体(包含改变计数器值的语句)
```

while 循环的执行流程如图 4.12 所示。

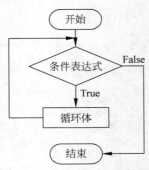

图 4.12　while 循环的执行流程

当条件表达式为 True 时，执行循环体中的语句，执行完毕后，重新判断条件表达式，直到条件表达式为 False，退出循环。

案例 4.8　用 while 循环求 1~100 的累加和，示例代码如下。

```
count = 1                # 计数器
sum = 0                  # 累加和,初始值为 0
while count <= 100 :      # 当计数小于或等于 100 时,统计累加和值
    sum += count
    count += 1           # 循环累加,直到不满足条件,则退出循环
print(sum)               # 输出累加和为 5050
```

执行上述代码，结果与案例 4.6 相同，如图 4.10 所示。

在上述代码中，首先定义了一个用于计数的变量 count，然后编写循环语句，在循环体中，将变量 count 的值加 1，并判断 count 的值是否符合条件，当不符合条件时，退出循环，输出 sum 值。

while 循环的语法要点如下。

（1）定义计数器的初始值，这个计数器可以计数，也可以用作求解问题的数字处理。

（2）循环做的事情放在循环体内，同时也不要忘记计数器的叠加效果。

（3）while 循环条件保证计数器在一定条件下退出循环，否则将产生死循环。

4.3.3 循环控制

1. break 语句

break 语句可以终止当前循环，即提前结束循环，包括 while 和 for 在内的所有控制语句。

在 while 循环中使用 break 语句的语法格式如下。

```
while 条件表达式 1：
    执行代码
    if 条件表达式 2：
        break
```

在 for 循环中使用 break 语句的语法格式如下。

```
for 迭代对象 in 对象：
    if 条件表达式：
    break
```

案例 4.9　使用 break 语句跳出循环，示例代码如下。

```
x = [4, 6, 1, 5, 8, 7, 3]          # 创建列表 x = [4, 6, 1, 5, 8, 7, 3]
for i in x:                        # 让 i 在列表 x 中循环
    if i == 1:                     # i 等于 1 时，则退出当前整个循环
        break
    print(i)                       # 输出 i
```

执行上述代码，结果如图 4.13 所示。

```
4
6

进程已结束，退出代码0
```

图 4.13　案例 4.9 执行结果

2. continue 语句

continue 语句的作用没有 break 语句强大，它只能中止本次循环而提前进入下一次循环中。

在 while 循环中使用 continue 语句的语法格式如下。

```
while 条件表达式 1：
    执行代码
    if 条件表达式 2：
        continue
```

在 for 循环中使用 continue 语句的语法格式如下。

```
for 迭代对象 in 对象：
    if 条件表达式：
    continue
```

案例 4.10　使用 continue 语句继续循环，示例代码如下。

```
x = [4, 6, 1, 5, 8, 7, 3]          # 创建列表 x = [4, 6, 1, 5, 8, 7, 3]
for i in x:                        # 让 i 在列表 x 中循环
    if i == 1:                     # i 等于 1 时，则退出当前循环，继续下次循环
        continue
        print(i)
```

执行上述代码，结果如图 4.14 所示。

```
4
6
5
8
7
3
进程已结束,退出代码0
```

图 4.14　案例 4.10 执行结果

3. pass 语句

在 Python 中还有一个 pass 语句,表示空语句,它不做任何事情,一般起到占位作用。

案例 4.11　使用 for 循环输出 1～10(不包括 10)的偶数,如果不是偶数,则应用 pass 语句占位,以便以后对不是偶数的数进行处理,示例代码如下。

```
for i in range(1,10):            # 让 i 在 1～10 循环
    if i%2 == 0:                 # 判断是否为偶数
        print(i,end = ' ')        # 输出 1～10 的偶数,中间使用空格隔开
    else:                        # 不是偶数
        pass                     # 占位,不做任何事情
```

执行上述代码,结果如图 4.15 所示。

```
2 4 6 8
进程已结束,退出代码0
```

图 4.15　案例 4.11 执行结果

4.3.4　循环嵌套

在 Python 中,嵌套循环就是一个外循环的主体部分是一个内循环。内循环或外循环可以是任何类型,如 for 循环和 while 循环都可以进行循环嵌套。

在 while 循环中套用 while 循环的语法格式如下。

```
while 条件表达式 1:
    while 条件表达式 2:
        循环体 2
    循环体 1
```

在 for 循环中套用 for 循环的语法格式如下。

```
for 迭代变量 1 in 对象 1:
    for 迭代变量 2 in 对象 2:
        循环体 2
    循环体 1
```

在 while 循环中套用 for 循环的语法格式如下。

```
while 条件表达式:
    for 迭代变量 in 对象:
```

```
        循环体 2
        循环体 1
```

在 for 循环中套用 while 循环的语法格式如下。

```
for 迭代变量 in 对象:
        while 条件表达式:
                循环体 2
        循环体 1
```

案例 4.12　打印九九乘法表(要求使用嵌套 for 循环打印九九乘法表),示例代码如下。

```
for i in range(1,10):                    # 输出 9 行
    for z in range(1,i + 1):             # 输出与行数相等的列
        print(str(z) + "x" + str(i) + "=" + str(i * z) + "\t",end = '')
    print('')                            # 换行
```

执行上述代码,结果如图 4.16 所示。

```
1x1=1
1x2=2    2x2=4
1x3=3    2x3=6    3x3=9
1x4=4    2x4=8    3x4=12    4x4=16
1x5=5    2x5=10   3x5=15    4x5=20    5x5=25
1x6=6    2x6=12   3x6=18    4x6=24    5x6=30    6x6=36
1x7=7    2x7=14   3x7=21    4x7=28    5x7=35    6x7=42    7x7=49
1x8=8    2x8=16   3x8=24    4x8=32    5x8=40    6x8=48    7x8=56    8x8=64
1x9=9    2x9=18   3x9=27    4x9=36    5x9=45    6x9=54    7x9=63    8x9=72    9x9=81

进程已结束,退出代码0
```

图 4.16　案例 4.12 执行结果

4.4　课业任务

课业任务 4.1　判断奇偶数

【能力测试点】

while 循环、多分支结构、break 语句的应用。

【任务实现步骤】

(1) 打开 PyCharm,新建一个 Python 文件,本课业任务以"任务 4.1"命名。

(2) 任务需求:编写一个程序,判断输入的整数是奇数还是偶数,代码如下。

```
# 获取用户输入的整数
num = int(input('请输入一个任意的整数:'))
if num % 2 == 0:                    # 如果 num 的余数为 0,则是偶数
    print(num , "是偶数")
else :                              # 否则 num 为奇数
    print(num , '是奇数')
```

(3) 运行程序,输入一个整数 45,结果如图 4.17 所示。

扫一扫

视频讲解

```
请输入一个任意的整数: 45
45 是奇数

进程已结束,退出代码0
```

图 4.17 课业任务 4.1 运行结果

课业任务 4.2 鸡兔同笼问题

【能力测试点】

整除运算 int()函数、for 循环、多分支结构、break 语句的应用。

【任务实现步骤】

(1) 打开 PyCharm,新建一个 Python 文件,本课业任务以"任务 4.2"命名。

(2) 任务需求:一个笼子中有鸡 x 只,兔 y 只,使用 a 和 b 定义鸡和兔的头和脚的数量,求鸡、兔各有几只。运用关系式判断数量关系,如果 flag=1 则成立,如果 flag=0 则输出错误(使用 for 循环解决),代码如下。

```python
print('分别输入头脚的值:')
a, b = map(int,input().split(' '))        # a = 头,b = 脚
flag = 0                                   # flag 不成立,则进入循环
for i in range(1,a):                       # for 循环
    x = i                                  # x 为鸡的数量
    y = a - x                              # y 为兔的数量
    if 2 * x + 4 * y == b:                 # 如果 2x+4y 等于鸡和兔脚的数量,则 flag 成立
        flag = 1                           # 当 flag = 1 时,则成立,输出鸡和兔各几只
        print('分别输出鸡、兔多少只:')
        print("{} {}".format(x,y))         # format()函数是字符串格式化方法
        break
if flag == 1:                              # 如果 flag 成立,则通过
    pass
elif flag == 0:                            # 如果 flag 不成立,则输出错误
    print("Date Error")
```

(3) 运行程序,分别输入头和脚的值为 24 和 80,结果如图 4.18 所示。

```
分别输入头脚的值:
24 80
分别输出鸡、兔各多少只:
8 16

进程已结束,退出代码0
```

图 4.18 课业任务 4.2 运行结果

课业任务 4.3 输出美元符号($)阵列

【能力测试点】

for 循环和 while 循环的应用。

【任务实现步骤】

(1) 打开 PyCharm,新建一个 Python 文件,本课业任务以"任务 4.3"命名。

(2) 任务需求:分别使用 for 循环和 while 循环,运用 range()函数设置循环的次数 i,每次输出 i+1 个 $ 符号。按要求进行程序编写,代码如下。

```
print('方法一:for 循环')
for i in range(5):                    # for 循环 5 次
    print((i + 1) * " $ ")            # 输出 $
print('方法二:while 循环')
i = 0
while i < 5:                          # 当循环次数小于 5 时,输出循环次数 i+1
    i = i + 1
    print(i * " $ ")                  # 输出 $
```

运行程序,结果如图 4.19 所示。

```
方法一: for循环
$
$$
$$$
$$$$
$$$$$
方法二: while循环
$
$$
$$$
$$$$
$$$$$

进程已结束,退出代码0
```

图 4.19　课业任务 4.3 运行结果

扫一扫

视频讲解

课业任务 4.4　继续嵌套循环

【能力测试点】

for 循环嵌套和 continue 语句的应用。

【任务实现步骤】

(1) 打开 PyCharm,新建一个 Python 文件,本课业任务以"任务 4.4"命名。

(2) 任务需求:现有两个循环,外部循环迭代第 1 个列表,内部循环迭代第 2 个列表。当外部循环编号和内部循环的当前编号相同时,跳转到内部循环的下一次迭代,并输出当前两个列表中数的乘积,代码如下。

```
first = [2, 3, 5]                     # 定义第 1 个列表
second = [2, 4, 6]                    # 定义第 2 个列表
for i in first:                       # 外部 for 循环迭代第 1 个列表
    for j in second:                  # 内部 for 循环迭代第 2 个列表
        if i == j:                    # 如果外部循环和内部循环编号相同
            continue                  # 则跳转到下一次迭代
        print(i, ' * ', j, ' = ', i * j)
```

运行程序,结果如图 4.20 所示。

课业任务 4.5　输出 100 以内的素数

【能力测试点】

for 循环嵌套和单分支结构的应用。

【任务实现步骤】

(1) 打开 PyCharm,新建一个 Python 文件,本课业任务以"任务 4.5"命名。

(2) 任务需求:输出 100 以内的素数。要求进行程序编写,代码如下。

扫一扫

视频讲解

```
2 * 4 = 8
2 * 6 = 12
3 * 2 = 6
3 * 4 = 12
3 * 6 = 18
5 * 2 = 10
5 * 4 = 20
5 * 6 = 30

进程已结束,退出代码0
```

图 4.20　课业任务 4.4 运行结果

```
# 素数:除了1和它本身以外不再有其他因数
print(1,end = " ")                          # 1是素数,直接输出,end = " "使后续输出不换行
for x in range(2,101):                      # 先取出100以内的数字
    for n in range(2,x):                    # 再取出小于第1次取的数
        if x % n == 0:                      # 若余数为0,说明x不是素数,结束当前for循环
            break
    else:
        print(x,end = '')                   # 正常结束for循环,说明x是素数,输出
else:
    print('over')
```

运行程序,结果如图 4.21 所示。

```
1 2 3 5 7 11 13 17 19 23 29 31 37 41 43 47 53 59 61 67 71 73 79 83 89 97 over

进程已结束,退出代码0
```

图 4.21　课业任务 4.5 运行结果

扫一扫

视频讲解

课业任务 4.6　求 1－2＋3－4＋5－…＋99

【能力测试点】

while 循环和单分支结构的应用。

【任务实现步骤】

(1) 打开 PyCharm,新建一个 Python 文件,本课业任务以"任务 4.6"命名。

(2) 任务需求:求 1－2＋3－4＋5－…＋99。按要求进行程序编写,代码如下。

```
n = 1                                       # 给 n(奇数)赋值为1
sum = 0                                      # 给 sum 赋值为0
while n <= 100:                             # 当 n 小于或等于 100 时,while 循环为真
    if n % 2 == 1:                          # 如果 n 除以 2 的余数等于1,则 sum 加 n
        sum = sum + n
    else:                                   # 否则 sum 减 n
        sum = sum - n
    n += 1                                  # n 重新赋值,直到 99,while 循环为假,输出 sum
print(sum)
```

运行程序,结果如图 4.22 所示。

```
-50

进程已结束,退出代码0
```

图 4.22 课业任务 4.6 运行结果

习题 4

1. 选择题

（1）下列选项中能够实现 Python 循环结构的是（　　）。

    A. loop   B. if   C. while   D. do…for

（2）下列有关 break 语句和 continue 语句的说法中不正确的是（　　）。

    A. continue 语句类似于 break 语句,也必须在 for 循环和 while 循环中使用

    B. continue 语句结束循环,继续执行循环语句的后续语句

    C. 当有多个循环语句彼此嵌套时,break 语句只适用于最里层的语句

    D. break 语句结束循环,继续执行循环语句的后续语句

（3）运行以下程序,输出结果是（　　）。

```python
n = 5
sum = 0
for i in range(int(n)):
    sum += i + 1
print("结果为:", sum)
```

    A. 结果为:25   B. 结果为:28   C. 结果为:15   D. 程序报错

（4）下面这段代码是一个死循环,进行（　　）修改能让这个程序执行后不输出结果并永远处于运行状态。

```python
x = 2
while x > 1:
    x = x + 1
print(x)
```

    A. 首行缩进 4 个空格   B. 末行取消缩进

    C. 第 3 行改为 x += x + 1   D. 第 2 行改为 x<1

（5）下列关于 Python 循环结构的描述中错误的是（　　）。

    A. continue 语句只结束本次循环

    B. 遍历循环中的遍历结构可以是字符串、文件、组合数据类型和 range()函数等

    C. Python 通过 for、while 等保留字构建循环结构

    D. break 语句用来结束当前语句,但不跳出当前的循环体

（6）下列关于分支结构的描述中错误的是（　　）。

    A. 二分支结构有一种紧凑形式,使用 if 和 elif 保留字实现

    B. if 语句中语句块执行与否依赖于条件判断

    C. if 语句中的条件部分可以使用任何能够产生 True 和 False 的语句和函数

    D. 多分支结构用于设置多个判断条件以及对应的多条执行路径

　　(7) 下列保留字中不属于分支或循环逻辑的是(　　　)。

　　　A. for　　　　　　　B. elif　　　　　　C. while　　　　　　D. in

　　(8) 下列 Python 语句中正确的是(　　　)。

　　　A. if(x>y) print y　　　　　　　　　　B. while True:pass

　　　C. max=x>y? x:y　　　　　　　　　　D. min=x if x<y else y

2. 判断题

　　(1) for 或 while 与 else 搭配使用时,循环非正常结束时会执行 else。(　　　)

　　(2) continue 语句执行时,会跳回 continue 所在的循环开头。(　　　)

　　(3) 分支语句是控制程序运行的一类重要语句,它的作用是根据判断条件选择程序执行路径。(　　　)

　　(4) Python 中的循环语句有 for、while 和 do…while。(　　　)

　　(5) Python 中用 elif 代替了 else if,则 if 语句的关键字为 if…elif…else。(　　　)

3. 编程题

　　(1) 编写一个程序,判断数字是正数、负数还是 0(只需要判断这个数是否大于 0、小于 0 或等于 0)。由于判断的条件大于两个,则通过使用 if…elif…else 语句进行实现。

　　(2) 编写一个程序,生成并输出 10 个两位数的随机数,并且这 10 个随机数都是素数。

　　(3) 编写一个程序,计算 0,1,…,7 所能组成的奇数个数。

第5章

组合数据类型

组合数据类型能够将多个同类型或不同类型的数据组织起来,通过单一的表示使数据操作更有序、更容易。根据数据之间的关系,组合数据类型分为三大类,分别是集合类型、序列类型和映射类型。本章将通过具体案例详细介绍列表类型、元组类型、字典类型、集合类型以及迭代,并通过5个综合课业任务对组合数据类型的应用进行实例演示。

【教学目标】
- 了解集合常量并掌握集合的交并差集运算
- 了解列表、元组、字典、集合的区别
- 了解迭代器与可迭代对象
- 掌握列表的常用方法和操作
- 掌握字典的访问与遍历
- 熟练掌握元组的访问与基本操作
- 熟练迭代器的基本操作

【课业任务】

王小明想使用Django+百度翻译API开发一个智能语音识别与翻译平台,Django是一个开放源代码的Web应用框架,由Python写成。在学习完程序控制结构后,需要使用组合数据类型对数据进行存储操作,现通过5个课业任务来完成。

课业任务5.1 使用列表类型随机分配办公室
课业任务5.2 使用元组推导式遍历出元组中的奇数
课业任务5.3 使用字典数据类型编写用户登录程序
课业任务5.4 使用集合数据类型对重复元素进行判定
课业任务5.5 使用迭代器实现输出斐波那契数列

5.1 列表类型

5.1.1 列表的特点

列表是一个有序序列,属于序列类型,可以通过位置偏移量执行索引和分片操作,具有可变性,列表的长度、元素的值可改变,即可添加或删除列表成员,以及修改列表中的值,列表还可以包含任意类型的对象,如数字、字符串、列表、元组或其他对象。

5.1.2 常用列表方法和操作

1. 列表的创建

可以使用列表常量或list()函数创建列表对象。

案例 5.1　分别使用列表常量和 list()函数创建列表,示例代码如下。

```
# 使用列表常量创建列表
li = [ ]
print(li)
# 使用 list()函数创建列表
print(list(range(10,20,2)))              # 创建数值列表对象
```

执行上述代码,结果如图 5.1 所示。

```
[]
[10, 12, 14, 16, 18]

进程已结束,退出代码0
```

图 5.1　案例 5.1 执行结果

2. 列表的删除

可以使用 del 语句或 clear 语句将整个列表或列表中的元素删除。

案例 5.2　使用 del 语句删除整个列表,示例代码如下。

```
v = ['Python']
del v
print(v)
```

执行上述代码,结果如图 5.2 所示。

案例 5.3　使用 del 语句删除列表中的元素,示例代码如下。

```
v = ['Python','php','C','C++']          # 创建列表
del v[0]                                 # 删除索引值为 0 的元素
print(v)                                 # 输出
```

执行上述代码,结果如图 5.3 所示。

```
NameError: name 'v' is not defined

进程已结束,退出代码1
```

图 5.2　案例 5.2 执行结果

```
['php', 'C', 'C++']

进程已结束,退出代码0
```

图 5.3　案例 5.3 执行结果

案例 5.4　使用 remove 语句删除指定列表中的元素,示例代码如下。

```
x = [1,2,3,3,4]
print(x)
# 删除指定元素
x.remove(3)                              # 删除元素 3
print(x)
# 使用 clear 语句
x = [1,2,3,4]
x.clear()                                # 删除全部数据
print(x)                                 # 输出
```

```
[1, 2, 3, 3, 4]
[1, 2, 3, 4]
[]

进程已结束,退出代码0
```

图 5.4　案例 5.4 执行结果

执行上述代码,结果如图 5.4 所示。

3. 添加列表元素

添加单个数据:可使用 append()方法在列表末尾添加单个数据。

添加多个数据:可使用 extend()方法在列表末尾添加

多个数据,参数为可迭代对象。

案例 5.5 使用 append()和 extend()方法添加列表元素,示例代码如下。

```
# 使用 append()方法
x = [1,2]
x.append('python')          # 添加单个数据
print('添加单个元素',x)
y = [3,4]
# 使用 extend()方法
y.extend(['a','b','c'])      # 列表对象作为参数
print('添加多个元素',y)
y.extend('ege')             # 字符串作为参数时,每个字符串作为一个数据
print(y)
```

```
添加单个元素 [1, 2, 'python']
添加多个元素 [3, 4, 'a', 'b', 'c']
[3, 4, 'a', 'b', 'c', 'e', 'g', 'e']

进程已结束,退出代码0
```

图 5.5 案例 5.5 执行结果

执行上述代码,结果如图 5.5 所示。

4. 修改列表元素

修改列表中的元素,只需要通过索引获取该元素,然后为其重新赋值即可。

案例 5.6 修改列表中的元素,示例代码如下。

```
x = ['E','G','C']
print('修改前:',x)
x[1] = 'F'                  # 修改列表中索引值为1的元素
print('修改后:',x)
```

执行上述代码,结果如图 5.6 所示。

5. 统计计算

使用 count()方法可以获取指定列表中元素的出现次数。

使用 index()方法可以获取指定元素在列表中首次出现的位置(即索引)。

```
修改前: ['E', 'G', 'C']
修改后: ['E', 'F', 'C']

进程已结束,退出代码0
```

图 5.6 案例 5.6 执行结果

案例 5.7 count()方法的应用,示例代码如下。

```
x = ['Python','Php','C#','Python']        # 创建列表
num = x.count('Python')                    # 获取指定元素出现的次数
print('Python 出现的个数:',num)            # 输出次数
```

执行上述代码,结果如图 5.7 所示。

案例 5.8 index()方法的应用,示例代码如下。

```
x = ['Html','Python','Java','C']          # 创建列表
position = x.index('Python')               # 获取指定元素首次出现的索引
print('Python 所在的索引值:',position)     # 输出索引
```

执行上述代码,结果如图 5.8 所示。

```
Python出现的个数: 2

进程已结束,退出代码0
```

图 5.7 案例 5.7 执行结果

```
Python所在的索引值: 1

进程已结束,退出代码0
```

图 5.8 案例 5.8 执行结果

6. 排序

使用 sort()方法可将列表排序,若列表对象全部是数字,则按数字从小到大排序;若列表对象全部是字符串,则按字典顺序排序(先对大写字母排序,再对小写字母排序)。

案例 5.9　sort()方法排序的应用,示例代码如下。

```python
# 对数字列表排序
x = [88,25,98,45,20,14,1,6]
x.sort()                        # 使用 sort()方法进行排序
print(x)
# 对字符串列表排序
y = ['abh', 'Abc', 'BBC', 'CBD']
y.sort()                        # 使用 sort()方法进行排序
print(y)
```

执行上述代码,结果如图 5.9 所示。

说明:若列表中元素包含多种类型,使用 sort()方法排序则会出错。

案例 5.10　sort()方法与 reverse 结合使用进行排序,示例代码如下。

```python
# 从大到小排序
x = [78,5,45,8]
x.sort(reverse = True)
print(x)
```

执行上述代码,结果如图 5.10 所示。

```
[1, 6, 14, 20, 25, 45, 88, 98]
['Abc', 'BBC', 'CBD', 'abh']

进程已结束,退出代码1
```

图 5.9　案例 5.9 执行结果

```
[78, 45, 8, 5]

进程已结束,退出代码0
```

图 5.10　案例 5.10 执行结果

5.1.3　列表推导式

列表推导式是 Python 构建列表的一种快捷方式,可以使用简洁的代码创建一个列表,相当于用 for 循环创建列表的简化版。

案例 5.11　使用列表推导式和 for 循环创建列表的对比,示例代码如下。

```python
# for 循环
list_a = list()
for a in range(5):
    list_a.append(a)
print("使用 for 循环:",list_a)
# 列表推导式
list_b = [b for b in range(5)]
print("使用列表推导式:",list_b)
```

执行上述代码,结果如图 5.11 所示。

在面对一些比较复杂的循环中,我们可以使用列表推导式去解决,列表推导式比常规循环运行速度更快、更简洁。

案例 5.12 列表推导式的应用,示例代码如下。

```
# 常规循环
result = [ ]                          # 创建空列表
for x in list(range(3,4)):
    for y in list(range(3,4)):
        for z in list(range(3,4)):
            result.append(x ** z ** y)  # 进行 3 次循环,求出 x 的 z 次方的 y 次方
print(result)
# 使用列表推导式
result1 = [x ** z ** y for x in list(range(3,4)) for y in list(range(3,4)) for z in list(range(3,4))]
print(result1)
```

执行上述代码,结果如图 5.12 所示。

```
使用for循环: [0, 1, 2, 3, 4]
使用列表推导式: [0, 1, 2, 3, 4]

进程已结束,退出代码0
```

图 5.11 案例 5.11 执行结果

```
[7625597484987]
[7625597484987]

进程已结束,退出代码0
```

图 5.12 案例 5.12 执行结果

5.2 元组类型

5.2.1 元组的特点

元组是 Python 的一种常用数据类型,与列表类似,也是一个序列类型。不同之处在于元组的元素不能修改;表达形式上,元组使用圆括号,列表使用方括号。

元组的优点是占用内存小、处理速度快、具有不可变性(不可修改元素)。

5.2.2 创建和删除元组

1. 创建元组

在 Python 中可以用括号或 tuple()函数创建元组,可以输入多个对象,把输入的对象作为元素加入元组中。

案例 5.13 使用括号创建元组,示例代码如下。

```
tup0 = ()
tup1 = (4,9,7,78)
tup2 = ("a","c","b")
# 这种情况可以不使用括号
tup3 = "A", "B", "C"
print(tup0)
print(tup1)
print(tup2)
print(type(tup3))                     # 使用 type()函数查看类型
```

执行上述代码,结果如图 5.13 所示。

当元组中只包含一个元素时,需要在元素后面添加逗号,否则括号会被当作运算符。

案例 5.14 创建只有一个元素的元组,示例代码如下。

```
tuple1 = ('a',)            # 创建只有一个元素的元组时,必须带有逗号
tuple2 = ('a')             # 创建只有一个元素的元组时,不带逗号会变成 str 类型
print(type(tuple1))        # 输出
print(type(tuple2))        # 输出
```

执行上述代码,结果如图 5.14 所示。

```
()
(4, 9, 7, 78)
('a', 'c', 'b')
<class 'tuple'>

进程已结束,退出代码0
```

图 5.13   案例 5.13 执行结果

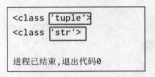

图 5.14   案例 5.14 执行结果

2. 删除元组

在 Python 中,对于已经创建的元组,不再使用时,可以使用 del 语句进行删除,但是不能删除元组中某个元素。

案例 5.15   使用 del 语句删除元组,示例代码如下。

```
tuple1 = (8,7,1)              # 创建元组
del tuple1                    # 使用 del 语句删除元组
print(tuple1)                 # 输出
```

执行上述代码,结果如图 5.15 所示。

```
NameError: name 'tuple1' is not defined

进程已结束,退出代码1
```

图 5.15   案例 5.15 执行结果

5.2.3   元组的访问与操作

元组访问分别为索引访问和切片操作。

元组的操作分别为连接操作、成员关系操作、比较运算操作、计数操作。

1. 索引访问

使用索引可以访问元组中指定位置的元素。

案例 5.16   索引访问的应用,示例代码如下。

```
# 正索引
tuple = ("Python","list","dict")
print('tuple 索引值为 1 是:',tuple[1])          # 取出索引值为 1 的元素

# 负索引
tuple = ("Python","list","dict")
print("tuple 索引值为 - 1 是:",tuple[ - 1])     # 取出索引值为 - 1 的元素
```

执行上述代码,结果如图 5.16 所示。

```
tuple索引值为1是： list
tuple索引值为1是： dict

进程已结束,退出代码0
```

图 5.16　案例 5.16 执行结果

2. 切片操作

元组中的切片取值遵守"左闭右开"的规则。例如,当切片为[9:15]时,则取不到索引为 15 的值。

案例 5.17　切片操作的应用,示例代码如下。

```
tuple0 = (99,88,77,66,55,44,33)      # 创建元组
tuple1 = tuple0[1:5]                  # 左闭右开
print(tuple1)                        # 输出
```

执行上述代码,结果如图 5.17 所示。

3. 连接操作

元组中的元素值是不可修改的,但是可以对元组进行连接组合。

(1) 使用 * 符号进行重复拼接操作。

案例 5.18　使用 * 符号进行连接,示例代码如下。

```
(88, 77, 66, 55)

进程已结束,退出代码0
```

图 5.17　案例 5.17 执行结果

```
A = ('php', 'good')
print(A * 2)
```

执行上述代码,结果如图 5.18 所示。

(2) 使用＋符号进行重复拼接操作。

案例 5.19　使用＋符号进行拼接操作,示例代码如下。

```
tuple1 = (1,2,3,4)
tuple2 = ("Hello 啊","5678","Hi","9,10,11,12")
print(tuple1 + tuple2)
```

执行上述代码,结果如图 5.19 所示。

```
('php', 'good', 'php', 'good')

进程已结束,退出代码0
```

图 5.18　案例 5.18 执行结果

```
(1, 2, 3, 4, 'Hello啊', '5678', 'Hi', '9,10,11,12')

进程已结束,退出代码0
```

图 5.19　案例 5.19 执行结果

4. 成员关系操作

成员关系操作主要是 in 和 not in 运算符操作。对于 in 运算符,如果元组中包含给定的元素,则返回 True,否则返回 False;对于 not in 运算符,如果指定元素不在元组中,则返回 True,否则返回 False。

案例 5.20　in 和 not in 运算符的应用,示例代码如下。

```
tuple0 = (65,"five","nice")
print("five"in tuple0)
print("中国"not in tuple0)
print("65"in tuple0)
print("nice"not in tuple0)
```

执行上述代码,结果如图 5.20 所示。

5. 比较运算操作

元组之间可以通过>、<、>=、<=等运算符进行比较运算，数字类型的比较是从两个元组的第 1 个元素开始比较大小的，如 t4=(1,2)，t5=(2,2)，则 t5>t4；字符串类型的比较是以 26 个英文字母的顺序作为比较方式，字母顺序越靠后越大，另外，小写字母大于大写字母。

```
True
True
False
False

进程已结束,退出代码0
```

图 5.20　案例 5.20 执行结果

案例 5.21　比较元组的操作，示例代码如下。

```
t0 = (1,2,3)
t1 = (1,3,2)
print(t0 < t1)                    # 输出布尔值,判断对错
t2 = ('a', 'b')
t3 = ('b', 'b')
print(t2 < t3)                    # 输出布尔值,判断对错
```

```
True
True

进程已结束,退出代码0
```

图 5.21　案例 5.21 执行
结果

执行上述代码，结果如图 5.21 所示。

说明：不同类型的数据不能进行比较，否则会抛出异常。

6. 计数

可以使用内置函数对元组进行计数，如 len()、max()、min()、sum()等。

1) len()函数

使用 len()函数可以获取元组长度。

案例 5.22　使用 len()函数获取元组长度，示例代码如下。

```
A = ("中国","伟大","复兴","正向我们走来")
print(len(A))
```

执行上述代码，结果如图 5.22 所示。

2) max()函数

使用 max()函数可以获取元组中元素的最大值。

案例 5.23　使用 max()函数获取元组中元素的最大值，示

```
4

进程已结束,退出代码0
```

图 5.22　案例 5.22 执行结果

例代码如下。

```
a = (48,1000,79,100)
print("最大值为:",max(a))
```

```
最大值为:  1000

进程已结束,退出代码0
```

图 5.23　案例 5.23 执行结果

执行上述代码，结果如图 5.23 所示。

3) min()函数

使用 min()函数可以获取元组中元素的最小值。

案例 5.24　使用 min()函数获取元组中元素的最小值，示例代码如下。

```
a = (48,1000,79,100)
print("最小值为:",min(a))
```

执行上述代码，结果如图 5.24 所示。

4）sum（）函数

顾名思义，sum（）函数作为 Python 内置函数，可以对迭代器中的所有元素求和。

案例5.25 sum（）函数求和，示例代码如下。

```
a = (48,1000,79,100)
print("总数为:",sum(a))
```

执行上述代码，结果如图5.25所示。

图5.24 案例5.24 执行结果 图5.25 案例5.25 执行结果

5.2.4 元组推导式

在元组中，使用元组推导式可以快速生成一个元组，其表现形式和列表推导式类似，只是将列表推导式中的"[ ]"改为"( )"。

案例5.26 使用元组推导式生成元组，示例代码如下。

```
import random                    # 导入 random 库
tuple0 = (random.randint(10,30) for i in range(5))
print(tuple0)                    # 此时输出为一个生成器
# print(tuple(tuple0))           # 可以使用 tuple() 函数转换为元组类型进行输出
print(tuple0.__next__())         # 使用 next() 函数返回下一个元素
print(tuple0.__next__())
print(tuple0.__next__())
print(tuple0.__next__())
print(tuple0.__next__())
print(tuple(tuple0))             # 使用 next() 函数访问完后,tuple0 变为空元组
```

执行上述代码，结果如图5.26所示。

图5.26 案例5.26 执行结果

说明：若想再使用该生成器对象，必须重新创建一个生成器，因为遍历后的原生成器对象已经不存在了。

5.3 字典类型

5.3.1 字典的定义

在 Python 中，字典是另一种可变容器模型，可存储任意类型对象，如字符串、数字、元组等其他容器模型。因为字典是无序的，所以不支持索引和切片。

字典中数据以键-值对(key-value)的形式存在,键和值之间用冒号隔开,字典之间元素用逗号隔开,包含在"{}"中。

字典的特点如下。

(1) 字典是通过键而不是索引来读取。

(2) 字典是可变的。

(3) 字典是任意对象的无序集合。

(4) 字典中的键是唯一的。

(5) 字典中的键是不可变的。

5.3.2 常用字典方法和操作

1. 创建字典

字典包含两部分,即"键"和"值",并且在键和值之间用冒号隔开(一定要注意是英文状态下的冒号),相邻的两个字典用逗号隔开,所有字典元素放在"{}"中。

案例 5.27 赋值创建字典,示例代码如下。

```
# 创建空字典
dict = {}
print(dict)
# 赋值创建字典
stu_info = {'num':'1998','name':'王小明','sex':'男','age':18}    # 创建字典
print(stu_info)                                                  # 查看字典
```

执行上述代码,结果如图 5.27 所示。

案例 5.28 通过确定的键-值对创建字典,示例代码如下。

```
# 第 1 种形式
list = [('ID',1),('name',2),('num',3)]    # 创建列表
dic1 = dict(list)                          # 使用 dict()函数转换为字典
print(dic1)                                # 输出字典
# 第 2 种形式
dic0 = dict(a = 99,b = 45,c = 1.1)
print(dic0)
```

执行上述代码,结果如图 5.28 所示。

```
{}
{'num': '1998', 'name': '王小明', 'sex': '男', 'age': 18}

进程已结束,退出代码0
```

```
{'ID': 1, 'name': 2, 'num': 3}
{'a': 99, 'b': 45, 'c': 1.1}

进程已结束,退出代码0
```

图 5.27 案例 5.27 执行结果   图 5.28 案例 5.28 执行结果

案例 5.29 使用 zip()函数进行映射创建字典,示例代码如下。

```
dic = dict(zip('ABC',[1,2,3]))    # 通过 zip()函数进行映射,然后用 dict()函数进行转换为字典
print(dic)                        # 输出字典
```

执行上述代码,结果如图 5.29 所示。

2. 删除字典

使用 del 语句可以删除字典或删除字典中指定键-值对,也可以使用 clear()函数删除整个字典。

案例 5.30 使用 del 语句删除字典和字典中指定键-值对,示例代码如下。

```
{'A': 1, 'B': 2, 'C': 3}

进程已结束,退出代码0
```

图 5.29 案例 5.29 执行结果

```
dic = dict(zip('ABC',[1,2,3]))      # 通过 zip()函数进行映射,然后用 dict()函数转换为字典
print(dic)
del dic["B"]                        # 删除 dic 中键为"B"的元素
print(dic)
del dic                             # 删除整个字典 dic
print(dic)                          # 此处打印会抛出异常,因为 dic 已经被删除
```

执行上述代码,结果如图 5.30 所示。

```
{'A': 1, 'B': 2, 'C': 3}
{'A': 1, 'C': 3}        可看到B元素已经被删除
Traceback (most recent call last):
  File "C:/Users/86136/PycharmProjects/pythonProject7/main.py"
    print(dic)
NameError: name 'dic' is not defined        证明dic已经被删除
```

图 5.30 案例 5.30 执行结果

3. 访问字典

在字典中,我们可以访问字典的键,输出对应的值;也可以使用 print()函数将字典内容直接输出,与访问列表、元组类似。

案例 5.31 使用 print()函数访问字典,示例代码如下。

```
dict1 = {"小红":12,"Alan":13,"puls":14}
print(dict1)
```

执行上述代码,结果如图 5.31 所示。

案例 5.32 通过键访问字典的值,示例代码如下。

```
dict1 = {"小红":12,"Alan":13,"puls":14}
print("Alan 的年龄:",dict1["Alan"])
```

执行上述代码,结果如图 5.32 所示。

```
{'小红': 12, 'Alan': 13, 'puls': 14}

进程已结束,退出代码0
```

图 5.31 案例 5.31 执行结果

```
Alan的年龄: 13

进程已结束,退出代码0
```

图 5.32 案例 5.32 执行结果

说明:在使用 print()函数访问字典时,如果指定的键不存在,会抛出异常。

案例 5.33 使用字典对象的 get()方法获取指定键的值,示例代码如下。

```
dict1 = {"小红":12,"Alan":13,"puls":14}
print("Alan 的年龄:",dict1.get('Alan'))            # 将字典中 Alan 的值输出
```

执行上述代码,输出结果与案例 5.32 相同。

4. 遍历字典

(1) 使用 items()方法遍历字典的键-值对。

items()方法可以获取字典的键-值对列表,语法格式如下。

```
dictionary.items()
```

案例 5.34　使用 items()方法遍历字典的键-值对,示例代码如下。

```
# 通过 for 循环用 items()方法进行遍历
dict1 = {"php":'88',"html":'69',"sql":'99'}
for item in dict1.items():
    print(item)
```

执行上述代码,结果如图 5.33 所示。

案例 5.35　使用 items()方法单独遍历字典中的键或值,示例代码如下。

```
# 遍历字典中的键
dict1 = {"php":'88',"html":'69',"sql":'99'}
for key, value in dict1.items():          # 通过 for 循环用 items()方法进行遍历
    print(key)
print('------------------------------ ')
# 遍历字典中的值
dict2 = {"php":'88',"html":'69',"sql":'99'}
for key, value in dict2.items():          # 通过 for 循环用 items()方法进行遍历
    print(value)
```

执行上述代码,结果如图 5.34 所示。

```
('php', '88')
('html', '69')
('sql', '99')

进程已结束,退出代码0
```

图 5.33　案例 5.34 执行结果

```
php
html
sql
------------------------------
88
69
99

进程已结束,退出代码0
```

图 5.34　案例 5.35 执行结果

(2) 使用 keys()和 values()函数遍历字典的键和值。

案例 5.36　使用 keys()和 values()函数分别遍历字典的键和值,示例代码如下。

```
# 通过 for 循环用 keys()函数对字典的键进行遍历
dict1 = {"age":'88',"num":'69',"ID":'99'}
for item in dict1.keys():
    print(item)
# 通过 for 循环用 values()函数对字典的值进行遍历
dict1 = {"age":'88',"num":'69',"ID":'99'}
for item in dict1.values():
    print(item)
```

执行上述代码,结果如图5.35所示。

5.添加字典

(1)根据键-值对添加。

若键已存在,则覆盖新的键-值对;若当键不存在,则会新增键-值对。

案例5.37 根据键-值对添加字典,示例代码如下。

```
dict1 = {"name":'王大明',"age":19}                # 创建字典
# 添加字典中 age 的值,会直接覆盖原来的值
dict1['name'] = 'Alan'
# 由于原字典中没有 sex 的键-值对,会新建一个键-值对
dict1['sex'] = '男'
print(dict1)
```

执行上述代码,结果如图5.36所示。

```
age
num
ID
88
69
99

进程已结束,退出代码0
```

图5.35 案例5.36 执行结果

```
{'name': 'Alan', 'age': 19, 'sex': '男'}

进程已结束,退出代码0
```

图5.36 案例5.37 执行结果

(2)使用update()方法添加。

使用update()方法将新字典中所有键-值对全部添加到旧字典对象上,语法格式如下。

```
dictionary1.update(dictionary2)
```

案例5.38 使用update()方法添加字典,示例代码如下。

```
dict1 = {"name":'Alan',"age":17}          # 创建字典
dict2 = {'ID':12345,"nation":'CN'}        # 创建新字典
dict1.update(dict2)                        # 使用 update()方法添加
print(dict1)                               # 输出
```

执行上述代码,结果如图5.37所示。

```
{'name': 'Alan', 'age': 17, 'ID': 12345, 'nation': 'CN'}

进程已结束,退出代码0
```

图5.37 案例5.37 执行结果

6.修改字典

(1)重新赋值所要修改的键。

案例5.39 使用[key]方法,与添加字典元素类似,示例代码如下。

```
dict0 = {"name":'Alan',"state":"上海"}
dict0["state"] = '广东'              # 修改 key 的值
print(dict0)
```

执行上述代码,结果如图 5.38 所示。

(2) 使用 update()方法修改。

案例 5.40 使用 update()方法或解包字典模式修改字典,示例代码如下。

```
dict1 = {"name":'Alan',"state":"广州"}
# 使用关键字参数
dict1.update(name = "Harden",age = 22)
# 解包字典模式,等同于 dict1.update(sex = '女')
dict1.update( ** {"sex":'男'})
print(dict1)
```

执行上述代码,结果如图 5.39 所示。

```
{'name': 'Alan', 'state': '广东'}

进程已结束,退出代码0
```

图 5.38　案例 5.39 执行结果

```
{'name': 'Harden', 'state': '广州', 'age': 22, 'sex': '男'}

进程已结束,退出代码0
```

图 5.39　案例 5.40 执行结果

5.3.3　字典推导式

Python 字典推导式是从一个或多个迭代器快速、简洁地创建数据类型的一种方法,它将循环和条件判断结合,从而避免语法冗长的代码,提高代码运行效率。语法格式如下。

```
dict = {表达式 for 迭代变量 in 可迭代对象 [if 条件表达式]}
```

1. 生成指定范围的数值字典

在字典推导式中,可以借助列表、元组、字典、集合以及 range 区间,快速生成符合需求的字典。

案例 5.41 生成 key 长度小于 5 的字典,示例代码如下。

```
dict01 = ['Alan',"Dawei"]
# 以循环变量作为 key,key 长度为 value 值,len(key)作为条件
dict = {key:len(key) for key in dict01 if len(key)< 5}
print(dict)
```

```
{'Alan': 4}

进程已结束,退出代码0
```

图 5.40　案例 5.41 执行结果

执行上述代码,结果如图 5.40 所示。

2. 使用 zip()函数生成字典

案例 5.42 使用 zip()函数生成字典,示例代码如下。

```
list1 = ['Alan','Harden','Dawei','Boys']
list2 = ['19','65','19','42']
dict1 = {key + '年龄':value for key,value in zip(list1,list2)}
print(dict1)
```

执行上述代码,结果如图 5.41 所示。

```
{'Alan年龄': '19', 'Harden年龄': '65', 'Dawei年龄': '19', 'Boys年龄': '42'}

进程已结束,退出代码0
```

图 5.41　案例 5.42 执行结果

5.4 集合类型

集合中的元素无序,每个元素唯一,不存在相同元素;集合元素不可更改,不能是可变数据类型;集合用大括号"{}"表示,元素间用逗号分隔;可使用{}或 set()函数创建集合。

5.4.1 创建集合

使用 set()函数创建集合。

案例 5.43 使用 set()函数创建集合,示例代码如下。

```
Set1 = {7,2,55,3}              # 赋值创建集合
Li = ['Alan','CBD','NBA','CBA']    # 创建列表
Str1 = ('123abc')              # 创建字符串
print(type(Set1))             # 测试集合对象的类型名称
print(set(Li))                # 用列表常量作为参数创建集合对象
print(set(Str1))              # 用字符串常量作为参数创建集合对象
```

执行上述代码,结果如图 5.42 所示。

```
<class 'set'>
{'Alan', 'CBD', 'CBA', 'NBA'}
{'c', 'a', '3', '2', '1', 'b'}

进程已结束,退出代码0
```

图 5.42 案例 5.43 执行结果

5.4.2 删除集合

可使用 pop()函数删除指定位置的对象,省略位置时删除集合最后一个对象,同时返回被删除对象;可使用 clear()函数删除集合中的全部数据;可使用 discard()函数删除集合中指定的元素。

案例 5.44 使用 pop()、clear()和 discard()函数删除集合,示例代码如下。

```
x = {'a','b'}
print(x)
x.pop()            # 从集合中随机删除一个元素,并返回该元素
print(x)
x.clear()          # 删除集合中的全部元素
print(x)
# 使用 discard()函数进行删除
y = {1,2,3}
y.discard(1)       # 使用 discard()函数删除指定元素 1 的值
print(y)
```

执行上述代码,结果如图 5.43 所示。

5.4.3 集合的运算

在 Python 中,集合类型与数学中的集合概念保持一致,集合对象支持求长度、判断包含、求差集、求并集、求交集、求对称差和比较等运算。

1. 使用 len()方法计算集合长度

案例 5.45 使用 len()方法计算集合长度,示例代码如下。

```
# 计算集合中元素的个数(集合长度)
x = {'a','bc',455,'Alan'}
print('长度:',len(x))
```

执行上述代码,结果如图 5.44 所示。

```
{'b', 'a'}
{'a'}
set()
{2, 3}

进程已结束,退出代码0
```

图 5.43   案例 5.44 执行结果

```
长度: 4

进程已结束,退出代码0
```

图 5.44   案例 5.45 执行结果

案例 5.46   使用对称差运算符^求 x 和 y 两个集合的对称差,以及对两个集合进行比较运算,示例代码如下。

```
x = {1,'b',8}
y = {1,'a',5,'u'}
# 用属于 x 但不属于 y 以及属于 y 但不属于 x 的元素创建新集合
print('对称差:',x ^ y)
# 判断子集和超集的关系,x 是 y 的子集时返回 True,否则返回 False
print('比较:',x < y)
```

```
对称差: {'b', 5, 8, 'u', 'a'}
比较: False

进程已结束,退出代码0
```

图 5.45   案例 5.46 执行结果

执行上述代码,结果如图 5.45 所示。

2. 交、差、并的运算

(1) 差集:用属于 x 但不属于 y 的元素创建新集合。

(2) 并集:用 x 和 y 两个集合中的所有元素创建新集合。

(3) 交集:用同时属于集合 x 和 y 的元素创建新集合。

案例 5.47   求集合 x 与 y 的交集、差集、并集,示例代码如下。

```
x = {3,2,1,'就是我没有呀','hello'}
y = {1,2,3,'hello'}
# 求差集
print(x - y)
# 求并集
print(x | y)
# 求交集
print(x & y)
```

执行上述代码,结果如图 5.46 所示。

3. 集合的增、删、改

在集合中,元素的值是不允许修改的,但可以复制集合、为集合添加或删除元素以及修改元素。

案例 5.48   集合的增、删、改,示例代码如下。

```
x = {5,7}
# 复制集合对象
y = x.copy()
print(y)
# 为集合添加一个元素
```

```
x.add('加上我')
print(x)
# 为集合添加多个元素
x.update({'a','b'})
print(x)
# 从集合中删除指定元素
x.remove('加上我')
print(x)
x.discard('a')
print(x)
x.remove('b')
print(x)
```

执行上述代码,结果如图 5.47 所示。

```
{'就是我没有呀'}
{1, 2, 3, 'hello', '就是我没有呀'}
{'hello', 1, 2, 3}

进程已结束,退出代码0
```

图 5.46　案例 5.47 执行结果

```
{5, 7}
{'加上我', 5, 7}
{'加上我', 5, 7, 'b', 'a'}
{5, 7, 'b', 'a'}
{5, 7, 'b'}
{5, 7}

进程已结束,退出代码0
```

图 5.47　案例 5.48 执行结果

说明:集合元素是不可修改的,因此不能将可变对象放入集合中,如集合、列表和字典;但元组可以作为一个元素放入集合中。

5.4.4　冻结集合

Python 提供了一种特殊的集合——冻结集合(frozenset),即一旦创建就不可以进行修改的集合,可将其作为其他集合的元素。冻结集合除了不能修改之外,其余和集合一样。

案例 5.49　冻结集合的应用,示例代码如下。

```
x = frozenset([9,3,6])          # 创建冻结集合
print(x)                        # 输出冻结集合
y = set([4,5])
y.add(x)                        # 将冻结集合作为元素加入另一个集合
print(y)
x.add(1)                        # 为冻结集合添加元素会抛出异常
print(x)
```

执行上述代码,结果如图 5.48 所示。

```
frozenset({9, 3, 6})
{4, 5, frozenset({9, 3, 6})}
Traceback (most recent call last):
  File "C:/Users/86136/PycharmProjects/pythonProject7/main.py"
    x.add(1)                    #为冻结集合添加元素会抛出异常
AttributeError: 'frozenset' object has no attribute 'add'
```

图 5.48　案例 5.49 执行结果

5.4.5 列表、元组、字典与集合的区别

列表、元组、字典与集合的区别如表 5.1 所示。

表 5.1 列表、元组、字典与集合的区别

比较内容	列　表	元　组	字　典	集　合
英文名称	list	tuple	dict	set
可否读写	读写	只读	读写	读写
可否重复	是	是	是	否
存储方式	值	值	键-值对	键(不可重复)
是否有序	有序	有序	无序	无序
添加方式	append()函数	只读	d['key'] = 'value'	add()函数
可否切片	是	是	否	否

5.5 迭代

迭代是访问集合元素的一种方式。迭代器是一个可以记住遍历位置的对象。迭代器对象从集合的第 1 个元素开始访问,直到所有元素被访问完结束。迭代器只能向前,不能后退。

5.5.1 迭代器的特点和优势

迭代器具有三大特点,如下所示。
(1) __iter__ 方法返回迭代器本身。
(2) next()方法返回容器的下一个元素。
(3) 当没有下一个元素时,会抛出 StopIteration 异常。
迭代器具有四大优势,如下所示。
(1) 在处理文件对象时特别有用,因为文件也是迭代器对象。
(2) 不依赖索引取值。
(3) 节约内存(循环过程中,数据不用一次读入)。
(4) 实现惰性计算(需要时再取值计算)。

5.5.2 迭代器的常见基本操作

常见的可迭代对象有字符串(str)、列表(list)、元组(tuple)、字典(dict)、集合(set)、文件。

1. 字符串迭代

(1) 使用 iter()函数进行迭代。

案例 5.50 使用 iter()函数进行迭代,然后使用 next()函数返回下一个元素,示例代码如下。

```
# 使用 iter()函数生成迭代器
str1 = iter('Python')
print(str1)
for item in range(5):
    # 使用 next()函数返回迭代元素,无数据则抛出 StopIteration 异常
    print(next(str1))
```

执行上述代码,结果如图 5.49 所示。

(2) 使用 for 循环进行迭代。

案例 5.51　使用 for 循环对字符串进行迭代,示例代码如下。

```
str1 = "CBD"
# 使用 for 循环对字符串进行迭代
for item in str1:
    print(item)
```

执行上述代码,结果如图 5.50 所示。

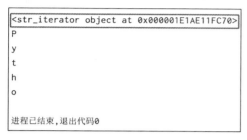

图 5.49　案例 5.50 执行结果

图 5.50　案例 5.51 执行结果

2. 列表迭代

(1) 通过序列项和索引进行迭代。

案例 5.52　通过序列项和索引对列表进行迭代,示例代码如下。

```
# 通过序列项进行迭代
list1 = [8,1,2,0]                    # 创建列表
for item in list1:                   # 对 list1 进行迭代
    print(item)
print('-------------------------- ')
# 通过项和索引进行迭代
list1 = ['a','b','c']                # 创建列表
for index,item in enumerate(list1):  # 使用 enumerate()函数进行迭代
    print(index,item)
```

执行上述代码,结果如图 5.51 所示。

(2) 使用 iter()和 next()函数进行迭代。

案例 5.53　使用 iter()和 next()函数对列表进行迭代,示例代码如下。

```
list1 = ['NBA','CBA','Cuba','NCAA'] # 创建列表
list2 = iter(list1)                 # 使用 iter()函数生成迭代器
print(next(list2))                  # next()函数返回下一个元素
print(next(list2))
print(next(list2))
#print(next(list2))                 # 进行第 4 次输出后,列表无数据,会抛出 StopIteration 异常
```

执行上述代码,结果如图 5.52 所示。

```
8
1
2
0
-----------------------------
0 a
1 b
2 c

进程已结束,退出代码0
```

图 5.51　案例 5.52 执行结果

```
NBA
CBA
Cuba

进程已结束,退出代码0
```

图 5.52　案例 5.53 执行结果

3. 元组迭代

(1) 使用 zip()函数进行迭代。

案例 5.54　使用 zip()函数对元组进行迭代,示例代码如下。

```
tuple0 = ('ID-1','ID-2','ID-3',"ID-4")          # 创建元组
tuple1 = (101,15,79,77)                          # 创建元组
# 使用 zip()函数进行压缩迭代
for name,score in zip(tuple0,tuple1):
    print(name,':',score)
```

执行上述代码,结果如图 5.53 所示。

(2) 使用 iter()和 next()函数进行迭代。

案例 5.55　使用 iter()和 next()函数对元组进行迭代,示例代码如下。

```
tuple0 = ('ID-5','ID-6','ID-7',"ID-8")  # 创建元组
tuple1 = iter(tuple0)                    # 使用 iter()函数生成迭代器
print(next(tuple1))                      # 使用 next()函数进行迭代,可迭代对象下一个元素
print(next(tuple1))
print(next(tuple1))
print(next(tuple1))
# 当元组元素迭代完,还使用 next()函数获取下一个元素时,会抛出异常
```

执行上述代码,结果如图 5.54 所示。

```
ID-1 : 101
ID-2 : 15
ID-3 : 79
ID-4 : 77

进程已结束,退出代码0
```

图 5.53　案例 5.54 执行结果

```
ID-5
ID-6
ID-7
ID-8

进程已结束,退出代码0
```

图 5.54　案例 5.55 执行结果

说明：元组也可以使用 for 循环和 enumerate()函数进行迭代。

4. 字典迭代

(1) 使用 iter()和 next()函数进行迭代。

案例 5.56　使用 iter()和 next()函数对字典进行迭代,示例代码如下。

```
dict0 = {'name':'Alan','age':18}
dict1 = iter(dict0)
# 迭代器迭代字典,字典只能返回键
print(next(dict1))
# 可使用 value()函数获取字典的值
dict1 = iter((dict0).values())
print(next(dict1))
# 还可以使用 items()函数迭代获取键-值对
dict1 = iter((dict0).items())
print(next(dict1))
```

执行上述代码,结果如图 5.55 所示。

(2) 使用 for 循环进行迭代。

案例 5.57 使用 for 循环对字典进行迭代,示例代码如下。

```
dict0 = {'name':'Alan','sex':'男'}
# 使用 items()函数迭代字典,获取键-值对
for i in dict0.items():
    print(i)
# 使用 keys()函数迭代字典,获取键
for j in dict0.keys():
    print(j)
# 使用 values()函数迭代字典,获取值
for item in dict0.values():
    print(item)
```

执行上述代码,结果如图 5.56 所示。

```
name
Alan
('name', 'Alan')

进程已结束,退出代码0
```

图 5.55　案例 5.56 执行结果

```
('sex', '男')
name
sex
name
sex

进程已结束,退出代码0
```

图 5.56　案例 5.57 执行结果

5. 集合迭代

(1) 使用 iter()和 next()函数进行迭代。

案例 5.58 使用 iter()和 next()函数对集合进行迭代,示例代码如下。

```
set1 = {5,4,3,2,1}              # 创建集合
set2 = iter(set1)              # 使用 iter()函数生成迭代器
print(next(set2))             # 使用 next()函数返回下一个元素
print(next(set2))
print(next(set2))
print(next(set2))
print(next(set2))
# print(next(set2))           # 无数据则抛出 StopIteration 异常
```

执行上述代码,结果如图 5.57 所示。

```
1
2
3
4
5

进程已结束,退出代码0
```

图 5.57　案例 5.58 执行结果

(2) 使用 for 循环进行迭代。

案例 5.59　使用 for 循环对集合进行迭代,示例代码如下。

```
set1 = {'alan','Dawei'}
# 使用 for 循环对集合进行迭代
for i in set1:
    print(i)
```

执行上述代码,结果如图 5.58 所示。

6. 文件迭代

在 Python 中,文件类型对象属于可迭代对象,也属于迭代器。

案例 5.60　使用__next__()函数对文件进行迭代,示例代码如下。

```
file1 = open("D:/test.txt/", encoding = 'utf8')      # 使用 open()函数打开文件
print(file1.__next__())                              # __next__()函数返回下一个元素
print(file1.__next__())
print(file1.__next__())
# print(file1.__next__())                            # 无数据则抛出 StopIteration 异常
```

执行上述代码,结果如图 5.59 所示。

```
Dawei
alan

进程已结束,退出代码0
```

图 5.58　案例 5.59 执行结果

```
大家好

我是Python

Easy

进程已结束,退出代码0
```

图 5.59　案例 5.60 执行结果

说明:open()函数第 1 个参数为被读取文件的绝对路径,第 2 个参数为读取模式,以 UTF-8 形式打开文件。

5.6　课业任务

课业任务 5.1　使用列表类型随机分配办公室
【能力测试点】

列表数据类型的应用。

【任务实现步骤】

(1) 打开 PyCharm,新建一个 Python 文件,本课业任务以“任务 5.1”命名。

(2) 任务需求:导入 random 库,使用列表创建 8 个老师对象和 3 个办公室对象,使用 random 库为老师随机分配办公室,最后进行格式化输出。代码如下。

```
import random
# 1. 准备数据
teachers = ['老师 A', '老师 B', '老师 C', '老师 D', '老师 E', '老师 F', '老师 G', '老师 H']
offices = [[ ], [ ], [ ]]
```

```
# 2. 分配老师到办公室
for name in teachers:
    # 列表追加数据
    num = random.randint(0, 2)
    offices[num].append(name)          # 把随机分配的老师添加到办公室
i = 1
# 3. 进行格式化输出
for office in offices:
    # 打印办公室人数
    print(f'办公室{i}的人数是{len(office)},老师分别是:')
    # 打印老师的名字
    for name in office:
        print(name)
    i += 1
```

运行程序,结果如图 5.60 所示。

扫一扫
视频讲解

课业任务 5.2　使用元组推导式遍历出元组中的奇数

【能力测试点】

元组数据类型的应用。

【任务实现步骤】

(1) 打开 PyCharm,新建一个 Python 文件,本课业任务以“任务 5.2”命名。

(2) 任务需求:创建数值元组,使用元组推导式遍历出除以 2 余数不为 0 的元素,使用 tuple()函数把生成器对象转换为元组形式并将结果输出。代码如下。

```
tuple1 = (100,43,323,33,67,88,48,98,12,34,64)  # 直接赋值创建元组
result = (i for i in tuple1 if i % 2 != 0)       # 使用元组推导式遍历除以 2 余数不为 0 的元素
print(tuple(result))                             # 使用 tuple()函数把生成对象转换为元组形式输出
```

运行程序,结果如图 5.61 所示。

```
办公室1的人数是1,老师分别是:
老师D
办公室2的人数是3,老师分别是:
老师C
老师F
老师H
办公室3的人数是4,老师分别是:
老师A
老师B
老师E
老师G

进程已结束,退出代码0
```

图 5.60　课业任务 5.1 运行结果

```
(43, 323, 33, 67)

进程已结束,退出代码0
```

图 5.61　课业任务 5.2 运行结果

课业任务 5.3　使用字典数据类型编写用户登录程序

【能力测试点】

字典数据类型的应用。

【任务实现步骤】

(1) 打开 PyCharm,新建一个 Python 文件,本课业任务以“任务 5.3”命名。

扫一扫
视频讲解

(2) 任务需求：创建字典 dic,初始化账号和密码,使用字典的特点,如果输入的账号、密码与 dic 字典中的键-值对对应,则登录成功。代码如下。

```
dic = {'admin':'123456','administrator':'12345678','root':'password'}    # 初始化账号和密码
for i in range(0,3):                    # 输入一次账号密码,循环两次
    x = input("账号:")                   # 账号
    y = input("密码:")                   # 密码
    if x in dic.keys():                 # 账号存在(键存在)
        if dic[x] == y:                 # 密码正确(键对应的值正确)
            print('登录成功')
            break
        else:                           # 密码错误
            print('登录失败')
    else:                               # 账号不存在
        print('登录失败')
```

扫一扫

视频讲解

(3) 运行程序,用不同的输入进行测试,结果如图 5.62 所示。

课业任务 5.4　使用集合数据类型对重复元素进行判定

【能力测试点】

集合数据类型的应用。

【任务实现步骤】

(1) 打开 PyCharm,新建一个 Python 文件,本课业任务以"任务 5.4"命名。

```
账号: aaaa
密码: 123445
登录失败
账号: admin
密码: 123456
登录成功

进程已结束,退出代码0
```

图 5.62　课业任务 5.3 运行结果

(2) 任务需求：创建一个输入入口,然后使用集合的不可重复性筛选重复的元素,使用 set()方法去重后与原集合长度比较,若相等,则元素重复出现。代码如下。

```
instr = ''
setlen = 0
past = set()
# 输入数字退出程序
while instr!= '0':
    instr = input('请输入元素:')            # 若输入 0,则退出程序
    setlen = len(past)                      # 获取添加前集合总长度
    if instr!= '0':
        past.add(instr)                                # 添加到集合中,使用集合的不可重复性
# len(past)是添加后的集合总长度,若添加前后总长度相同,则证明输入的元素已经存在于集合中
        if setlen == len(past):
            print('该元素已存在!')
            break
```

扫一扫

视频讲解

```
请输入元素: 王小明
请输入元素: 小红
请输入元素: 王小明
该元素已存在!

进程已结束,退出代码0
```

图 5.63　课业任务 5.4 运行结果

运行程序,结果如图 5.63 所示。

课业任务 5.5　使用迭代器实现输出斐波那契数列

【能力测试点】

迭代器的应用。

【任务实现步骤】

(1) 打开 PyCharm,新建一个 Python 文件,本课业任务以"任务 5.5"命名。

（2）任务需求：创建一个 Fibs 类，在类中分别定义 __init__()函数进行初始化对象、__next__()函数返回下一个元素，以及 __iter__()函数返回自身，形成递归，输出数值不大于 10 的斐波那契数列。代码如下。

```
class Fibs(object):
    # 斐波那契数列迭代器
    def __init__(self):
        self.a = 0
        self.b = 1

    # 获取下一个数
    def __next__(self):
        self.a, self.b = self.b, self.a + self.b
        return self.a

    # 返回自身
    def __iter__(self):
        return self
# 调用 Fibs 类
fibs = Fibs()
a = [ ]
for f in fibs:
    # 输出不大于 10 的斐波那契数列
    if f < 10:
        a.append(f)
    else:
        break
print('斐波那契数列:',a)
```

运行程序，结果如图 5.64 所示。

```
斐波那契数列: [1, 1, 2, 3, 5, 8]

进程已结束,退出代码0
```

图 5.64 课业任务 5.5 运行结果

习题 5

1. 选择题

（1）下列选项中不是元组的特点的是（　　）。
    A. 占用内存小   B. 处理速度快
    C. 具有不可变性   D. 无序性

（2）下列选项中不是元组的基本操作的是（　　）。
    A. 切片操作   B. 修改元组元素操作
    C. 成员关系操作   D. 比较运算操作

（3）下列 4 个选项中不是字典的特点的是（　　）。
    A. 可变性   B. 任意对象的无序集合
    C. 只能储存列表类型   D. key 是不可变对象

（4）下列关于字典操作的描述中错误的是（　　　）。

    A. del()函数用于删除字典或元素

    B. clear()函数用于清空字典中的数据

    C. len()函数可以计算字典中键-值对的个数

    D. keys()函数可以获取字典的值视图

（5）下列关于列表解析的优势正确的是（　　　）。

    A. 语句简洁   B. 运行速度相对循环要快

    C. 空间内存占比大   D. 效率低

（6）下列关于 Python 的元组类型的说法中错误的是（　　　）。

    A. 元组采用逗号和圆括号"()"来表示

    B. 元组一旦创建就不能修改

    C. 元组中的元素必须是相同类型

    D. 一个元组可以作为另一个元组的元素,可以采用多级索引获取信息

（7）下列不是组合数据类型的是（　　　）。

    A. 集合类型   B. 序列类型   C. 映射类型   D. 引用类型

2. 简答题

（1）列表的特点有哪些?

（2）列表的常用基本操作有哪些?

（3）字典类型的优点是什么?

（4）字典与列表相比有什么不同? 什么情况下用字典比用列表好?

（5）推导式相比循环的优势是什么?

3. 编程题

（1）使用列表解析式创建 20 以内的偶数列表,计算列表中所有数的和。

（2）输入 5 个整数,再将其按从大到小顺序输出。

（3）请用户输入月份,然后返回该月份属于哪个季节。

## 第6章

函数和模块

函数是 Python 为了使代码效率最大化,减少冗余而提供的最基本的程序结构。模块是程序代码和数据的封装,Python 提供许多的标准模块和第三方模块。本章将通过具体案例详细介绍函数的使用方法以及变量作用域的分类,并介绍模块的使用方法以及模块和包的创建和使用,并通过 5 个综合课业任务对函数的多种使用方法进行实例演示,以便让程序使用得更加优化简洁。

【教学目标】
- 了解函数的定义及调用
- 掌握函数的参数与函数的嵌套
- 掌握 lambda 函数与递归函数
- 了解变量作用域
- 掌握 global 关键字和 nonlocal 关键字的使用方法
- 掌握局部变量和全局变量的知识点
- 了解模块并掌握导入模块的方法
- 了解包的定义及其基本结构
- 掌握包的创建和使用
- 掌握包的相对导入

【课业任务】
王小明想使用 Django+百度翻译 API 开发一个智能语音识别与翻译平台,Django 是一个开放源代码的 Web 应用框架,由 Python 写成。在学习完数据组合类型后,需要熟悉函数和模块的使用,现通过 5 个课业任务来完成。

课业任务 6.1　定义递归求和函数
课业任务 6.2　10 阶杨辉三角
课业任务 6.3　人民币汇率换算
课业任务 6.4　编写简易计算器模块
课业任务 6.5　模拟汉诺塔

6.1　函数

6.1.1　定义函数

定义函数也称为创建函数,可以理解为创建一个具有某些用途的工具。定义函数需要用 def 关键字实现,具体的语法格式如下。

```
def 函数名(参数):
    函数体
    return 返回值
```

各部分说明如下。

- def 关键字:函数代码块以 def 关键词开头,后接函数名称和圆括号"()"。
- 函数名:函数名为自定义名称,命名应该符合标识符的命名规则。
- 参数:参数可以有 0 个或多个,多个参数用逗号","隔开,可以是数字、字符串,也可以是元组、列表、字典等。
- 函数体:函数体为实现函数功能的相关代码段。
- return 返回值:结束函数,选择性地返回一个值给调用方,不带表达式的 return 相当于返回 None。

案例 6.1 定义一个求和函数,但不调用,示例代码如下。

```
def new_sum(num):              # 定义函数
    sum = 0                    # 定义 sum 变量保存求和结果,初始值为 0
    for i in range(1,num + 1): # for 循环
        sum += i               # 每次求和结果加 1
    print(sum)
```

运行上述代码,不会显示任何内容,也不会抛出异常,因为 new_sum()函数没有被调用。

6.1.2 调用函数

调用函数也就是执行函数。Python 中函数的调用必须出现在函数的定义之后,函数也是对象,如果把创建的函数理解为一个具有某种用途的工具,那么调用函数就相当于使用该工具。函数调用的基本语法格式如下。

```
函数名([实参值])
```

各部分说明如下。

- 函数名是要调用的函数名称,必须是已经创建好的。
- 实参值是创建函数时要求传入的各形参的值。如果需要传递多个参数值,则各参数值间用逗号","分隔;如果该函数没有参数,则直接写一对圆括号"()"即可。

案例 6.2 定义一个求阶乘函数,直接输出函数名,再调用函数求 5 的阶乘,然后通过变量调用函数求 6 的阶乘,示例代码如下。

```
def factorial(num):                    # 定义求阶乘函数
    if num == 0 or num == 1:           # 初始条件
        return 1
    else:                              # 递归调用
        return num * factorial(num - 1)
print(factorial)                       # 直接调用函数名,可返回函数对象的内存地址
print(factorial(5))                    # 调用函数
f = factorial                          # 将函数名赋值给变量
print(f(6))                            # 通过变量调用函数
```

执行上述代码,结果如图 6.1 所示。

```
<function factorial at 0x0000021876FE0708>
120
720

进程已结束,退出代码0
```

图 6.1　案例 6.2 执行结果

6.1.3　函数的参数

1. 必需参数

必需参数要以正确的顺序传入函数,调用时参数的数量必须和声明时一样。

案例 6.3　定义一个函数,调用函数时的参数数量与声明时一致,示例代码如下。

```
def func(s):                    # 定义一个 func()函数
    print('传入的参数为:',s)     # 输出的内容
func('hello world')             # 调用 func()函数
```

执行上述代码,结果如图 6.2 所示。

案例 6.4　定义一个函数,调用函数时的参数数量与声明不一致,示例代码如下。

```
def func(s):                    # 定义一个 func()函数
    print('传入的参数为:',s)     # 输出的内容
func('hello', 'world')          # 调用 func()函数
```

执行上述代码,结果如图 6.3 所示。

```
传入的参数为: hello world

进程已结束,退出代码0
```

图 6.2　案例 6.3 执行结果

```
Traceback (most recent call last):
  File "D:/py/项目与模块/test.py", line 292, in <module>
    func('hello', 'world')              # 调用func()函数
TypeError: func() takes 1 positional argument but 2 were given

进程已结束,退出代码1
```

图 6.3　案例 6.4 执行结果

2. 默认参数

调用函数时,如果没有指定某个参数,将抛出异常。为了防止这个问题,可以使用默认参数,即在定义函数时,直接指定形式参数的默认值。定义默认参数的函数的语法格式如下。

```
def func_name(...,[parameter1 = defaultvalue1]):
        [functionbody]
```

各部分说明如下。

- func_name:函数名,在调用函数时使用。
- parameter1=defaultvalue1:可选参数,用于指定向函数中传递的参数,并且该参数默认值设置为 defaultvalue1。
- functionbody:可选参数,用于指定函数体,即该函数被调用后要执行的功能代码。

案例 6.5　定义一个函数,并设置默认参数,示例代码如下。

```
def func(age, name = '小明'):        # 定义 func()函数,设置 name 的默认值为小明
    print('姓名:', name)
    print('年龄:', age)
    return
func(name = '张三', age = 34)        # 调用 func()函数,name 和 age 都传递参数
print(' =============== ')
func(age = 18)                       # 调用 func()函数,name 不传递参数
```

```
姓名: 张三
年龄: 34
===============
姓名: 小明
年龄: 18

进程已结束,退出代码0
```

图 6.4　案例 6.5 执行结果

执行上述代码,调用函数时完整传参和不完整传参的结果如图 6.4 所示。

3. 可变参数

可变参数也称为不定长参数,即传入函数中的实际参数可以是任意个。定义可变参数时,主要有两种形式,一种是 * parameter;另一种是 ** parameter。

* parameter 形式的基本语法格式如下。

```
def func_name([formal_args,] * parameter):
    "函数_文档字符串"
    function_suite
    return [expression]
```

* parameter 形式表示接收任意多个实际参数并将其放到一个元组中。
** parameter 形式的基本语法格式如下。

```
def func_name([formal_args,] ** parameter):
    "函数_文档字符串"
    function_suite
    return [expression]
```

** parameter 形式表示接收任意多个类似关键字参数显式赋值的实际参数,并将其存放到一个字典中。

案例 6.6　定义一个函数,并声明一个 * parameter 形式的可变参数,示例代码如下。

```
# 定义 func()函数,并声明一个 * parameter 形式的可变参数
def func(arg1, * tuple):
    print("输出:")
    print(arg1)
    print(tuple)
    return
func(1)              # 调用 func()函数,可变参数 * tuple 不传参
func(1,'test',0)     # 调用 func()函数,并传入可变参数 * tuple
```

执行上述代码,结果如图 6.5 所示。

案例 6.7　定义一个函数,并声明一个 ** parameter 形式的可变参数,示例代码如下。

```
# 定义 func()函数,并声明一个 ** parameter 形式的可变参数
def func(arg1, ** dict):
    print("输出:")
    print(arg1)
```

```
    print(dict)
    return
func(1)                            # 调用 func()函数,可变参数 ** dict 不传参
func(1,x = 'hello', y = 'world')   # 调用 func()函数,并传入可变参数 ** dict
```

执行上述代码,结果如图 6.6 所示。

```
输出:
1
()
输出:
1
('test', 0)

进程已结束,退出代码0
```

图 6.5　案例 6.6 执行结果

```
输出:
1
{}
输出:
1
{'x': 'hello', 'y': 'world'}

进程已结束,退出代码0
```

图 6.6　案例 6.7 执行结果

4. 关键字参数

关键字参数是指使用形式参数的名字确定输入的参数值。使用关键字参数,允许函数调用时参数的顺序与声明不一致,因为 Python 解释器能够用参数名匹配参数值,其基本语法格式如下。

```
def func_name(param1, param2):
    func_body
    return val
func_name(param1 = value1, param2 = value2)
func_name(param2 = value2, param1 = value1)
```

在函数调用时,param1、param2 参数的顺序与可以与声明时不一致。

案例 6.8　定义一个函数,并声明关键字参数,示例代码如下。

```
def func(name, age, ** like):                      # 定义 func()函数,并声明关键字参数
    print('姓名:', name, '年龄:', age, '爱好:', like)
    return
dict = {'sports':'basketball','eat':'Kentucky'}    # 创建一个字典
func(age = 18, name = '小明', ** dict)              # 调用 func()函数,并传入关键字参数
```

执行上述代码,结果如图 6.7 所示。

```
姓名: 小明 年龄: 18 爱好: {'sports': 'basketball', 'eat': 'Kentucky'}

进程已结束,退出代码0
```

图 6.7　案例 6.8 执行结果

5. 命名关键字参数

命名关键字参数在关键字参数的基础上限制传入的关键字的变量名,需要一个用来区分的分隔符"*",它后面的参数被认为是命名关键字参数,命名关键字参数必须指定 key,否则就会报错。

案例 6.9　定义一个函数,并声明命名关键字参数,示例代码如下。

```
# 定义 func()函数,hobby 和 city 为命名关键字参数
def func(name,age, * ,hobby,city):
    print('姓名:', name, '年龄:', age, '业余爱好:', hobby, '城市:', city)
    return
# 调用 func()函数,hobby 和 city 必须按照 key = value 的形式传参
func('小明', 20, hobby = 'reading', city = 'Beijing')
```

执行上述代码,结果如图 6.8 所示。

```
姓名: 小明 年龄: 20 业余爱好: reading 城市: Beijing

进程已结束,退出代码0
```

图 6.8　案例 6.9 执行结果

6.1.4　函数的嵌套

1. 函数的嵌套定义

函数的嵌套是指在函数内部再定义一个函数,但内嵌的函数只能在该函数内部使用。

案例 6.10　定义一个嵌套函数,但不调用,示例代码如下。

```
def func1():                    # 定义一个 func1()函数
    print('这是第 1 个函数')
    def func2():                # 再嵌套一个 func2()函数
        print('这是第 2 个函数')
```

执行上述代码将没有返回结果,因为函数没有被调用。

2. 函数的嵌套调用

函数的嵌套调用是指在一个函数内又调用另一个函数的方式。内层函数可以访问外层函数中定义的变量,但不能重新赋值。

案例 6.11　定义一个嵌套函数,向函数传递多个值,获取其中的最大值,示例代码如下。

```
def count_max(a,b):                    # 定义 count_max()函数,传递两个参数
    # 比较两个数的大小,返回最大的那个数
    if a > b:
        return a
    else:
        return b
def res_max( * args):                  # 定义 res_max()函数,传递多个参数
    count = 0                          # 定义计数
    # 取最大值,放在循环外面,因为需要待循环结束作为返回值
    max_num = 0
    # count 每次都要对应到下一个值,因此总长度要减 1
    while count < len(args) - 1:
        # 第 1 次传递,元组中第 1 个和第 2 个元素进行对比
        if count == 0:
            max_num = count_max(args[count], args[count + 1])
            count += 1                 # count 每次循环加 1
        # 后面的每次都是用上一次的最大值与下一个值比较
        else:
```

```
                    max_num = count_max(max_num, args[count + 1])
                    count += 1              # count 每次循环加 1
        return max_num                      # 返回最大值
print(res_max(65,23,42,87,99,57))
```

执行上述代码,获取最大值,结果如图 6.9 所示。

6.1.5 lambda 函数

lambda 函数也称为表达式函数,用于定义匿名函数,可将
lambda 函数赋值给变量,通过变量调用函数。lambda 函数定
义的基本格式如下。

```
99
进程已结束,退出代码0
```

图 6.9 案例 6.11 执行结果

```
lambda [arg1 [,arg2,…,argn]]:expression
```

其中,[arg1 [,arg2,…,argn]]为可选参数,用于指定要传递的参数列表,多个参数间使用逗
号","分隔;expression 是结果为函数返回值的表达式。

案例 6.12 定义一个 lambda 函数,做简单的四则运算,并将其结果返回给一个变量,
示例代码如下。

```
func = lambda a,b : a * 5 + b * 6         # 定义 lambda 函数,赋值给变量
print(func(2,5))
```

```
40
进程已结束,退出代码0
```

图 6.10 案例 6.12 执行结果

执行上述代码,调用 lambda 函数,结果如图 6.10 所示。

6.1.6 递归函数

递归函数就是函数直接或间接调用函数本身。在使用递
归时,必须有一个明确的递归结束条件,称为递归出口。

案例 6.13 定义一个求阶乘函数,求 6 的阶乘,示例代码如下。

```
def factorial(n):               # 定义 factorial()函数
    if n == 1:                   # 递归调用的终止条件
        return 1
    else:
        return n * factorial( n-1 )    # 递归调用函数本身
print(factorial(6))
```

执行上述代码,计算 6 的阶乘,结果如图 6.11 所示。

注意:递归函数必须在函数体中设置递归调用的终止条件。
如果没有设置递归调用终止条件,程序会在超过 Python 允许的
最大递归调用深度后抛出 RecursionError 异常(递归调用错误)。

```
720
进程已结束,退出代码0
```

图 6.11 案例 6.13 执行结果

6.1.7 函数列表

Python 允许使用将函数作为列表对象,然后通过列表索引调用函数。

案例 6.14 使用 lambda 函数建立列表,示例代码如下。

```
list = [lambda a,b:a + b, lambda a,b:a * b]     # 使用 lambda 函数建立列表
print(list[0](10,20))                           # 调用第 1 个函数
print(list[1](10,20))                           # 调用第 2 个函数
```

　　执行上述代码,调用两个 lambda 函数,结果如图 6.12 所示。

案例 6.15　使用 def 定义的函数创建列表,示例代码如下。

```
def add(x,y):              # 定义一个求和函数
    sum = x + y
    return sum
list = [add]               # 使用 def 定义的 add()函数创建列表
print(list[0](5,45))       # 调用 add()函数并打印
```

　　执行上述代码,结果如图 6.13 所示。

图 6.12　案例 6.14 执行结果　　　　图 6.13　案例 6.15 执行结果

案例 6.16　定义一个累加求和函数,并创建一个包含函数列表的元组对象,示例代码如下。

```
def sum(num):              # 定义累加求和函数
    sum = 0
    for i in range(1,num + 1):
        sum += i
    return sum
tuple = (add,sum)          # tuple 包含了 add()和 sum()函数
print(tuple[0](10,40))     # 调用 add()函数并打印
print(tuple[1](10))        # 调用 sum()函数并打印
```

　　执行上述代码,结果如图 6.14 所示。

案例 6.17　定义一个求阶乘函数,并使用字典建立函数映射,示例代码如下。

```
def factorial(num):              # 定义求阶乘函数
    f = 1
    for i in range(1,num + 1):
        f * = i
    return f
# 用 add、sum 和 factorial 建立函数映射
dict = {'求和:':add, '总数:':sum, '阶乘:':factorial}
print(dict['求和:'](55,65))      # 调用求和函数
print(dict['总数:'](100))        # 调用累加求和函数
print(dict['阶乘:'](6))          # 调用求阶乘函数
```

　　执行上述代码,字典建立函数映射,结果如图 6.15 所示。

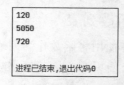

图 6.14　案例 6.16 执行结果　　　　图 6.15　案例 6.17 执行结果

6.2 变量作用域

6.2.1 作用域分类

变量的作用域是指程序代码能够访问该变量的区域，也称为变量命名空间，如果超出该区域，再次访问时就会出现错误。Python 的作用域可以分为 4 种，分别为局部作用域（Local，简写为 L）、嵌套作用域（Enclosing，简写为 E）、全局作用域（Global，简写为 G）、内置作用域（Built-in，简写为 B），其优先级是 L＞E＞G＞B。根据作用域范围，通常将变量名分为两种：全局变量和局部变量。

1. 局部作用域

在函数内赋值的变量处于局部作用域，属于局部变量。局部变量就像一个栈，仅仅是暂时存在，取决于创建该局部作用域的函数是否处于活动的状态。

案例 6.18 定义一个函数，并分别在函数的内部和外部将其调用，示例代码如下。

```
# 局部作用域
def func():                    # 定义一个 func()函数
    a = 10
    print('局部变量:', a)      # 输出局部变量的值
func()                         # 调用函数
print('局部变量:', a)          # 在函数外部输出局部变量的值，将抛出异常
```

执行上述代码，在函数内部和外部输出局部变量的值，结果如图 6.16 所示。

```
局部变量: 10
Traceback (most recent call last):
  File "D:/py/项目与模块/test.py", line 295, in <module>
    print('局部变量:', a)          # 在函数外部输出局部变量的值，将抛出异常
NameError: name 'a' is not defined

进程已结束,退出代码1
```

图 6.16 案例 6.18 执行结果

注意：如果需要在函数内部对全局变量赋值，需要在函数内部通过 global 关键字声明该变量为全局变量。

2. 嵌套作用域

嵌套作用域一般是在函数中嵌套函数时外层函数的变量作用域。

案例 6.19 定义一个嵌套函数，并输出外层函数和内层函数的结果，示例代码如下。

```
# 嵌套作用域
def func1():                    # 定义 func1()函数
    a = 20
    print('这是 func1 的输出结果:', a)
    def func2():                # 嵌套 func2()函数
        print('这是 func2 的输出结果:', a)
    return func2
test = func1()                  # 调用 func1()函数
test()                          # 调用 func2()函数
```

执行上述代码，结果如图 6.17 所示。

3. 全局作用域

在模块层次中定义的变量,每个模块都是一个全局作用域。也就是说,在模块文件顶层声明的变量具有全局作用域,从外部来看,模块的全局变量就是一个模块对象的属性,仅限于单个模块文件中。

```
这是func1的输出结果: 20
这是func2的输出结果: 20

进程已结束,退出代码0
```

图 6.17　案例 6.19 执行结果

案例 6.20　定义一个函数,在函数外定义一个全局变量,然后分别在函数的内部和外部输出全局变量的值,示例代码如下。

```
# 全局作用域
a = 30                          # 全局变量
def func():                     # 定义 func()函数
    print('全局变量:', a)       # 在函数内部输出全局变量的值
func()                          # 调用 func()函数
print('全局变量:', a)           # 在函数外部输出全局变量的值
```

```
全局变量: 30
全局变量: 30

进程已结束,退出代码0
```

图 6.18　案例 6.20 执行结果

执行上述代码,结果如图 6.18 所示。

4. 内置作用域

内置作用域即系统内固定模块中定义的变量,如定义在 Built-in 模块内的变量。程序启动之后,由 Python 虚拟机自动加载,在程序的任何地方都可以使用,如 print()函数,随解释器存在或消亡。

6.2.2　global 关键字

一般全局变量经定义后几乎是不用修改的,也不允许在局部修改全局变量,当修改的变量在全局作用域上时,就要使用 global 关键字进行声明。

案例 6.21　定义一个函数,在函数外定义一个全局变量,未声明 global 关键字修改全局变量,并将其结果输出,示例代码如下。

```
i = 40                          # 定义全局变量
def func():                     # 定义 func()函数
    i += 10                     # 修改全局变量
    print('修改全局变量后:',i)  # 输出修改后的全局变量
func()                          # 调用 func()函数,将抛出异常
```

执行上述代码,未声明 global 关键字修改全局变量,结果如图 6.19 所示。

```
Traceback (most recent call last):
  File "D:/py/项目与模块/test.py", line 5, in <module>
    func()                           # 调用func()函数,将抛出异常
  File "D:/py/项目与模块/test.py", line 3, in func
    i += 10                          # 修改全局变量
UnboundLocalError: local variable 'i' referenced before assignment

进程已结束,退出代码1
```

图 6.19　案例 6.21 执行结果

案例 6.22　定义一个函数,在函数外定义一个全局变量,声明 global 关键字修改全局变量,并将结果输出,示例代码如下。

```
i = 40                              # 定义全局变量
def func():                         # 定义 func()函数
    global i                        # 使用 global 关键字声明
    i += 5                          # 修改全局变量
    print('修改全局变量后:',i)       # 输出修改全局变量后的结果
print('修改全局变量前:',i)           # 输出修改全局变量前的结果
func()                              # 调用 func()函数
```

执行上述代码,声明 global 关键字修改全局变量,结果
如图 6.20 所示。

```
修改全局变量前: 40
修改全局变量后: 45

进程已结束,退出代码0
```

图 6.20   案例 6.22 执行结果

6.2.3   nonlocal 关键字

global 关键字声明的变量必须在全局作用域上,不能在
嵌套作用域上,当要修改嵌套作用域中的变量时就需要用 nonlocal 关键字声明了。

案例 6.23   定义一个嵌套函数,未声明 nonlocal 关键字修改外层函数的变量值,示例
代码如下。

```
# 不使用 nonlocal 关键字声明,修改外层函数变量值
def func1():                        # 定义一个 func1()函数
    i = 50                          # 外层函数的变量
    def func2():                    # 嵌套一个 func2()函数
        i += 1                      # 修改外层函数的变量
        print(i)
    return func2
test = func1()                      # 调用 func1()函数
test()                              # 调用 func2()函数
```

执行上述代码,未声明 nonlocal 关键字修改外层函数的变量,结果如图 6.21 所示。

```
Traceback (most recent call last):
  File "D:/py/项目与模块/test.py", line 9, in <module>
    test()          # 调用func2()函数
  File "D:/py/项目与模块/test.py", line 5, in func2
    i += 1          # 修改外层函数的变量
UnboundLocalError: local variable 'i' referenced before assignment

进程已结束,退出代码1
```

图 6.21   案例 6.23 执行结果

案例 6.24   定义一个嵌套函数,声明 nonlocal 关键字修改外层函数的变量值,示例代
码如下。

```
# 使用 nonlocal 关键字声明,修改外层函数变量值
def func1():                        # 定义一个 func1()函数
    i = 50                          # 外层函数的变量
    print('修改前的值:',i)
    def func2():                    # 嵌套一个 func2()函数
        nonlocal i                  # 使用 nonlocal 关键字声明
        i += 1                      # 修改外层函数的变量
        print('修改后的值:',i)
    return func2
test = func1()                      # 调用 func1()函数
test()                              # 调用 func2()函数
```

执行上述代码,声明 nonlocal 关键字修改外层函数的变量,结果如图 6.22 所示。

```
修改前的值: 50
修改后的值: 51

进程已结束,退出代码0
```

图 6.22　案例 6.24 执行结果

6.2.4　局部变量

局部变量是指函数内部定义并使用的变量,它只在函数内部有效。如果在函数外部使用函数内部定义的变量,就会抛出 NameError 异常。不同的函数内部可以定义相同名字的局部变量,彼此之间不会产生影响。局部变量的作用是为了临时保存数据,需要在函数中定义变量进行存储。

案例 6.25　定义一个函数,在函数内部定义一个变量并赋值,在函数内部和外部输出该变量,示例代码如下。

```python
def func():                        # 定义 func()函数
    text = '千里之行,始于足下。'
    print('局部变量:', text)        # 在函数内部输出局部变量的值,正常输出
func()                             # 调用函数
print('局部变量:',text)            # 在函数外部输出局部变量的值,抛出异常
```

执行上述代码,结果如图 6.23 所示。

```
局部变量: 千里之行, 始于足下。
Traceback (most recent call last):
  File "D:/py/项目与模块/test.py", line 5, in <module>
    print('局部变量: ',text)          # 在函数外部输出局部变量的值,抛出异常
NameError: name 'text' is not defined

进程已结束,退出代码1
```

图 6.23　案例 6.25 执行结果

6.2.5　全局变量

全局变量是能够作用于函数内外的变量,主要有以下两种情况。

(1) 如果在函数外部定义一个变量,那么该变量不仅可以在函数外部被访问,而且也可以在函数内部被访问。在函数外部定义的变量是全局变量。

案例 6.26　定义一个函数,在函数外部定义一个全局变量并赋值,然后分别在函数内部和外部输出全局变量的值,示例代码如下。

```python
text = '千里之行,始于足下。'                    # 全局变量
def func():                                    # 定义 func()函数
    print('函数内部输出全局变量:',text)         # 在函数内部输出全局变量的值
func()                                         # 调用函数
print('函数外部输出全局变量:',text)             # 在函数外部输出全局变量的值
```

```
函数内部输出全局变量: 千里之行, 始于足下。
函数外部输出全局变量: 千里之行, 始于足下。

进程已结束,退出代码0
```

图 6.24　案例 6.26 执行结果

执行上述代码,结果如图 6.24 所示。

(2) 如果在函数内部定义一个变量,并且使用 global 关键字声明后,该变量将变为全局变量。在函数外部也可以访问到该变量,并且还可以在函数内部对其进行修改。

案例 6.27　定义一个函数,并且定义两个同名的全局变量和局部变量,分别输出两个

变量的值,示例代码如下。

```
text = '千里之行,始于足下。'            # 全局变量
print('函数外部输出全局变量:', text)     # 在函数外部输出全局变量的值
def func():                           # 定义 func()函数
    text = '精诚所至,金石为开。'          # 局部变量
    print('函数内部输出局部变量:', text)  # 在函数内部输出局部变量的值
func()                                # 调用函数
print('函数外部输出全局变量:', text)     # 在函数外部输出全局变量的值
```

执行上述代码,未使用 global 关键字声明局部变量,结果如图 6.25 所示。

案例 6.28　定义一个函数,并且定义两个同名的全局变量和局部变量,用 global 关键字声明局部变量,分别输出两个变量的值,示例代码如下。

```
text = '千里之行,始于足下。'            # 全局变量
print('函数外部输出全局变量:', text)     # 在函数外部输出全局变量的值
def func():                           # 定义 func()函数
    global text                       # 将 text 声明为全局变量
    text = '精诚所至,金石为开。'          # 全局变量
    print('函数内部输出局部变量:', text)  # 在函数内部输出全部变量的值
func()                                # 调用函数
print('函数外部输出全局变量:', text)     # 在函数外部输出全局变量的值
```

执行上述代码,使用 global 关键字声明局部变量,结果如图 6.26 所示。

```
函数外部输出全局变量:  千里之行,始于足下。
函数内部输出局部变量:  精诚所至,金石为开。
函数外部输出全局变量:  千里之行,始于足下。

进程已结束,退出代码0
```

图 6.25　案例 6.27 执行结果

```
函数外部输出全局变量:  千里之行,始于足下。
函数内部输出局部变量:  精诚所至,金石为开。
函数外部输出全局变量:  精诚所至,金石为开。

进程已结束,退出代码0
```

图 6.26　案例 6.28 执行结果

6.3　模块

6.3.1　模块的定义

模块是一种组织形式,它将许多有关联的代码组织放到单独的独立文件中。简单地说,可以把模块理解为一个包含了许多强大功能(方法)的包。本质上,一个扩展名为.py 的文件就被称为一个模块。通常,我们把能够实现某一特定功能的代码放在一个文件中作为一个模块,从而方便被其他程序和脚本导入并使用。另外,使用模块也可以避免函数名和变量名冲突。

6.3.2　导入模块

想要使用模块,就需要先将其导入,然后才能使用其中的变量、函数或类等,导入模块可以使用 import 语句或 from…import 语句。

1. import 语句

import 语句用于导入整个模块,可用 as 关键字为导入的模块指定一个新名称。import 语句的基本语法格式如下。

```
import modulename [as alias]
```

其中,modulename 为要导入模块的名称;[as alias]为给模块起的别名,通过该别名也可以使用该模块。

案例 6.29　导入 math 模块,并定义一个别名,示例代码如下。

```
import math as m                    # 导入 math 模块并定义别名为 m
print(m.pi)                         # 调用 math 模块的 pi 方法,输出圆周率的值
```

执行上述代码,结果如图 6.27 所示。

案例 6.30　导入 math 模块,并定义一个函数求圆的面积,示例代码如下。

```
import math                                 # 导入 math 模块
# 调用 math 模块函数库中的内建函数,将圆周率赋值给变量 PI
PI = math.pi
def area():                                 # 定义 area()函数
    r = float(input("请输入圆的半径:"))      # 输入圆的半径
    s = PI * (pow(r, 2))                     # 求圆的面积
    print("圆的面积为:{:.2f}".format(s))      # 输出圆的面积并保留两位小数
area()                                      # 调用 area()函数
```

执行上述代码,输入圆的半径为 4,输出圆的面积,结果如图 6.28 所示。

```
3.141592653589793

进程已结束,退出代码0
```

```
请输入圆的半径:4
圆的面积为:50.27

进程已结束,退出代码0
```

图 6.27　案例 6.29 执行结果　　　图 6.28　案例 6.30 执行结果

说明:在调用模块中的变量、函数或类时,需要在变量名、函数名或类名前添加"模块名."作为前缀。另外,如果模块名较长且不容易记住,可以在导入模块时使用 as 关键字为其设置一个别名,然后就可以通过这个别名调用模块中的变量、函数和类等。

2. form…import 语句

使用 from…import 语句导入模块后,不需要再添加前缀,直接通过具体的变量、函数和类名等访问即可,基本语法格式如下。

```
from modelname import member
```

其中,modelname 为模块名称,区分字母大小写,需要与定义模块时设置的模块名称的大小写保持一致;member 用于指定要导入的变量、函数或类等。可以同时导入多个定义,各定义之间使用逗号","分隔。如果想导入全部定义,也可以使用通配符星号"*"代替。

案例 6.31　使用 from…import 语句导入 math 模块的所有方法,定义一个函数,求圆的面积,示例代码如下。

```
from math import *                          # 导入 math 模块的所有方法
def area():                                 # 定义 area()函数
```

```
        r = float(input("请输入圆的半径:"))          # 输入圆的半径
        s = pi * (pow(r, 2))                      # 直接调用 math 模块的 pi 方法
        print("圆的面积为:{:.2f}".format(s))        # 输出圆的面积并保留两位小数
    area()
```

执行上述代码,输入圆的半径为 5,输出圆的面积,结果
如图 6.29 所示。

```
请输入圆的半径:5
圆的面积为:78.54

进程已结束,退出代码0
```

6.3.3 导入时执行模块

import 和 from 语句在执行导入操作时,会执行导入模块   图 6.29 案例 6.31 执行结果
中的全部语句。模块中的赋值语句执行时创建变量,def 语句执行时创建函数对象。模块
只有在第 1 次执行导入操作时才会执行,再次导入时并不会重新执行。

import 和 from 语句是隐性的赋值语句,两者的区别如下。

(1) Python 执行 import 语句时创建一个模块对象和一个与模块文件同名的变量,并建
立变量和模块对象的引用。模块中的变量和函数等均作为模块对象的属性使用,再次导入
时,不会改变模块对象属性的当前值。

(2) Python 执行 from 语句时会同时在当前模块和被导入模块中创建同名变量,并引
用模块在执行时创建的对象,再次导入时,会将被导入模块的变量的初始值赋值给当前模块
的变量。

6.3.4 使用 import 语句还是 from 语句

Python 在执行 import 语句时,模块的变量使用"模块名."作为前缀,所以不存在歧义,
即使与其他模块的变量同名也没有关系。Python 在执行 from 语句时,当前模块的同名变
量会引用模块内部的对象,应注意引用模块变量与当前模块或其他模块的变量同名的情况,
若变量同名,则原有的变量会被现有的变量覆盖。

1. 使用模块内的可修改对象

使用 from 语句导入模块时,可以直接使用变量引用模块中的对象,从而避免输入"模
块名."作为前缀限定词。

案例 6.32 在当前路径创建一个 Python 文件,命名为 test1.py,并将其作为一个模
块,在此模块中,变量 a 引用整数对象 50(50 是不可修改对象),变量 b 引用一个可修改的列
表对象,示例代码如下。

```
# test1.py
a = 50                    # 定义一个变量a,并将整数对象50赋值给变量a
b = [0,100]               # 定义一个变量b,并将列表对象[0,100]赋值给变量b
```

案例 6.33 在当前路径创建一个 Python 文件,命名为 test2.py,使用 from 语句导入
test1 模块,示例代码如下。

```
# test2.py
a = 55                    # 在当前模块定义一个变量a
b = [30,60]               # 在当前模块定义一个变量b
from test1 import *       # 引用test1模块中的a和b
```

```
print(a,b)                    # 输出 test1 模块中 a 和 b 的结果
a = 99                        # 再定义一个同名变量 a,并将整数对象 99 赋值给变量 a
b[1] = ['Python']            # 修改第 2 个列表元素,此时会修改模块中的列表对象
import test1                  # 再次导入模块
print(test1.a,test1.b)       # 输出结果显示模块中的列表对象已被修改
```

```
50 [0, 100]
50 [0, ['Python']]

进程已结束,退出代码0
```

图 6.30　案例 6.33 执行结果

执行上述代码,结果如图 6.30 所示。

2. 使用 from 语句导入两个模块中的同名变量

案例 6.34　在当前路径创建一个 Python 文件,命名为 test3.py,定义一个函数,命名为 func(),示例代码如下。

```
# test3.py
def func():                   # 定义一个 func()函数
    print('这是 test3 模块')
```

案例 6.35　在当前路径创建一个 Python 文件,命名为 test4.py,定义一个与 test3 模块同名的函数,示例代码如下。

```
# test4.py
def func():                   # 定义一个 func()函数
    print('这是 test4 模块')
```

案例 6.36　当两个模块存在同名变量时,使用 from 语句导入模块会导致变量名冲突,示例代码如下。

```
from test3 import func        # 从 test3 模块中导入 func()函数
from test4 import func        # 从 test4 模块中导入 func()函数
func()                        # 调用 func()函数
print('-' * 20)
from test4 import func        # 从 test4 模块中导入 func()函数
from test3 import func        # 从 test3 模块中导入 func()函数
func()                        # 调用 func()函数
```

执行上述代码,第 1 次调用时 test3 模块的 func()函数被覆盖,第 2 次调用时 test4 模块的 func()函数被覆盖,结果如图 6.31 所示。

案例 6.37　当两个模块存在同名变量时,应使用 import 语句导入模块,示例代码如下。

```
import test3                  # 导入 test3 模块
import test4                  # 导入 test4 模块
test3.func()                  # 调用 test3 的 func()函数
test4.func()                  # 调用 test4 的 func()函数
```

执行上述代码,结果如图 6.32 所示。

```
这是test4模块
--------------------
这是test3模块

进程已结束,退出代码0
```

```
这是test3模块
这是test4模块

进程已结束,退出代码0
```

图 6.31　案例 6.36 执行结果　　　　　图 6.32　案例 6.37 执行结果

6.3.5　常见的标准模块

Python 自带了很多实用的模块,称为标准模块(标准库),如 sys、os、random 和 time 模块等。

1. sys 模块

sys 模块提供了许多函数和变量用于处理 Python 运行时环境的不同部分。sys 模块的常用函数及其说明如表 6.1 所示。

表 6.1　sys 模块的常用函数及其说明

函　　数	说　　明
sys. argv	获取命令行参数列表,该列表中的第 1 个元素是程序自身所在路径
sys. version	获取 Python 解释器的版本信息
sys. path	获取模块的搜索路径,该变量的初值为环境变量 PYTHONPATH 的值
sys. platform	返回操作系统平台的名称
sys. exit	退出当前程序。可为该函数传递参数,以设置返回值或退出信息,正常退出返回值为 0

2. os 模块

os 模块是 Python 中整理文件和目录最常用的模块,该模块提供了非常丰富的方法用于处理文件和目录。os 模块的常用函数及其说明如表 6.2 所示。

表 6.2　os 模块的常用函数及其说明

函　　数	说　　明
os. getcwd()	获取当前工作路径,即当前 Python 脚本所在路径
os. chdir()	改变当前脚本的工作路径
os. renive()	删除指定文件
os. exit()	终止 Python 程序
os. path. abspath(path)	返回 path 规范化的绝对路径
os. path. split(path)	将 path 分隔为形如(目录,文件名)的二元组并返回

3. random 模块

random 模块为随机数模块,该模块中定义了多个可产生各种随机数的函数。random 模块的常用函数及其说明如表 6.3 所示。

表 6.3　random 模块的常用函数及其说明

函　　数	说　　明
random. random()	返回(0,1]的随机实数
random. randint(x,y)	返回[x. y]的随机整数
random. choice(seq)	从序列 seq 中随机返回一个元素
random. uniform(x,y)	返回[x,y]的随机浮点数

4. time 模块

time 模块提供各种操作时间的函数,如果程序要与时间打交道,有时就会用到该模块。time 模块的常用函数及其说明如表 6.4 所示。

表 6.4　time 模块的常用函数及其说明

函　　数	说　　明
time. time()	获取当前时间,结果为实数,单位为秒
time. sleep(secs)	进入休眠态,时长由参数 secs 指定,单位为秒

续表

函　　数	说　　明
time. strptime(string[,format])	将一个时间格式(如 2019-02-25)的字符串解析为时间元组
time. localtime([secs])	以 struct time 类型输出本地时间
time. asctime([tuple])	获取时间字符串,或将时间元组转换为字符串
time. mktime(tuple)	将时间元组转换为秒数
time. strftime(format[,tuple])	返回字符串表示的当地时间,格式由 format 决定

6.3.6　模块搜索目录

当使用 import 语句导入模块时,默认情况下会按照以下顺序进行查找。

(1) 在当前目录(即执行的 Python 脚本文件所在的目录)中查找。

(2) 在 PYTHONPATH(环境变量)下的每个目录中查找。

(3) 在 Python 的默认安装目录中查找。

以上各目录的具体位置保存在标准模块 sys 的 sys. path 变量中。

案例 6.38　输出具体的目录,示例代码如下。

```
import sys                    # 导入 sys 模块
print(sys.path)               # 输出具体目录
```

执行上述代码,结果如图 6.33 所示。

```
['C:\\Users\\Lenovo\\PycharmProjects\\pythonProject1',
'C:\\Users\\Lenovo\\PycharmProjects\\pythonProject1',
'C:\\Program Files\\Python37\\python37.zip', 'C:\\Program
Files\\Python37\\DLLs', 'C:\\Program Files\\Python37\\lib',
'C:\\Program Files\\Python37', 'C:\\Users\\lenovo',
'C:\\Users\\lenovo\\lib\\site-packages']

进程已结束,退出代码0
```

图 6.33　案例 6.38 执行结果

注意:使用 import 语句导入模块时,模块名是区分字母大小写的。

如果要导入的模块不在如图 6.33 所示的目录中,将抛出异常,可以通过以下 3 种方式添加指定的目录到 sys. path 变量中。

1. 临时添加

使用 import 语句导入模块时,模块名是区分字母大小写的。

案例 6.39　将 E:\test\Python\module 目录添加到 sys. path 变量中,示例代码如下。

```
import sys                                      # 导入 sys 模块
sys.path. append('E:\test\Python\module')       # 添加新目录
print(sys.path)                                 # 输出具体目录
```

执行上述代码,结果如图 6.34 所示。

2. 增加.pth 文件

在 Python 安装目录下的 Lib\site-packages 子目录中,创建一个扩展名为.pth 的文件,文件名可以任意。

注意:创建.pth 文件后,需要重新打开要执行的导入模块的 Python 文件,否则新添加的目录不起作用。另外,通过该方法添加的目录只在当前版本的 Python 中有效。

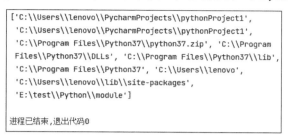

```
['C:\\Users\\lenovo\\PycharmProjects\\pythonProject1',
 'C:\\Users\\lenovo\\PycharmProjects\\pythonProject1',
 'C:\\Program Files\\Python37\\python37.zip', 'C:\\Program
Files\\Python37\\DLLs', 'C:\\Program Files\\Python37\\lib',
 'C:\\Program Files\\Python37', 'C:\\Users\\lenovo',
 'C:\\Users\\lenovo\\lib\\site-packages',
 'E:\\test\\Python\\module']

进程已结束,退出代码0
```

图 6.34 案例 6.39 执行结果

3. 在 PYTHONPATH 环境变量中添加

案例 6.40 在 PYTHONPATH 环境变量中添加目录。

(1) 右击"此电脑"图标,在弹出的快捷菜单中选择"属性"菜单项,并在弹出的"属性"对话框中单击"高级系统设置"链接,将弹出如图 6.35 所示的"系统属性"对话框。

(2) 单击"环境变量"按钮,弹出"环境变量"对话框,如图 6.36 所示。

图 6.35 "系统属性"对话框

图 6.36 "环境变量"对话框

(3) 在"系统变量"列表中,若没有 PYTHONPATH 系统环境变量,则需要先创建一个 PYTHONPATH 环境变量,如图 6.37 所示,否则直接选中 PYTHONPATH 变量,再单击"编辑"按钮,并且在弹出的对话框的"变量值"文本框中输入新的模块目录,目录之间使用分号分隔。

注意:在环境变量中添加模块目录后,需要重新打开要执行的导入模块的 Python 文件,否则新添加的目录不起作用。另外,通过该方法添加的目录可以在不同版本的 Python 中共享。

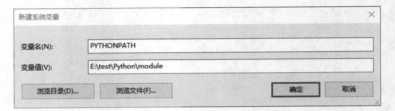

图 6.37　创建系统环境变量 PYTHONPATH

6.4　模块包

6.4.1　包的概念

包是将模块以文件夹的组织形式进行分组管理的管理方法。包可以将一系列模块进行分类管理,有利于防止命名冲突,还可以在需要时加载一个或部分模块,而不是全部模块。包可以简单理解为"文件夹",只不过在文件夹下必须存在一个名称为 __init__.py 的文件。

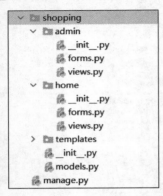

图 6.38　Python 项目的包结构

6.4.2　包的基本结构

当文件夹中存在 __init__.py 文件时,表示该文件夹是一个 Python 包。__init__.py 文件可以是一个空文件,或者在其中定义 __all__ 列表、其他变量或类等。

案例 6.41　创建一个网站所需的包结构,如图 6.38 所示。

说明:在图 6.38 中,先创建一个名称为 shopping 的项目,然后在该项目下又创建了 admin、home 和 templates 3 个包和一个 manage.py 文件,最后在每个包中又创建了相应的模块。

6.4.3　创建包和使用包

下面将分别介绍如何创建和使用包。

1. 创建包

创建包实际上就是创建一个文件夹,并且在该文件夹中创建一个 Python 文件,命名为 __init__.py。

案例 6.42　按照以下步骤创建 my_test 包及其子目录和文件。

(1) 打开 Windows 资源管理器,在 D 盘根目录中新建 my_test 文件夹,在 PyCharm 中打开此文件夹后会自动生成 main.py 欢迎脚本。

(2) 在 D:\my_test 路径创建 my_package 目录。

(3) 在 D:\my_test\my_package 路径创建 db_test 目录。

(4) 在 PyCharm 中创建一个空的 Python 文件,将其分别保存到 D:\my_test、D:\my_test\my_package 和 D:\my_test\my_package\db_test 目录,命名为 __init__.py。

(5) 在 D:\my_test\my_package\db_test 路径创建一个 Python 文件,命名为 temp.py,并定义一个函数,示例代码如下。

```
# D:\my_test\my_package\db_test\temp.py
def func():
    print(r'D:\my_test\my_package\db_test\temp.py 模块中的 func 函数的输出!')
print(r'D:\my_test\my_package\db_test\temp.py 模块成功执行!')
```

执行上述的 5 个步骤后,创建结果如图 6.39 所示。

2. 使用包

创建包以后,就可以在包中创建相应的模块,然后再使用 import 语句从包中加载模块。从包中加载模块通常有以下 3 种方式。

(1) 通过"import＋完整包名＋模块名"的形式加载指定模块。

案例 6.43 通过"import＋完整包名＋模块名"的形式调用 temp 模块的 func() 函数,示例代码如下。

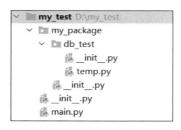

图 6.39 创建 my_test 包及其子目录和文件

```
# D:\my_test\main.py
import my_package.db_test.temp          # 导入 my_package.db_test.temp 模块
my_package.db_test.temp.func()          # 调用 my_package.db_test.temp 模块的 func() 函数
```

执行上述代码,结果如图 6.40 所示。

```
D:\my_test\my_package\db_test\temp.py模块成功执行!
D:\my_test\my_package\db_test\temp.py模块中的func()函数的输出!

进程已结束,退出代码0
```

图 6.40 案例 6.43 执行结果

(2) 通过"from＋完整包名＋import＋模块名"的形式加载指定模块。

案例 6.44 通过"from＋完整包名＋import＋模块名"的形式调用 temp 模块的 func() 函数,示例代码如下。

```
# D:\my_test\main.py
from my_package.db_test import temp     # 导入 temp 模块
temp.func()                             # 调用 temp 模块的 func() 函数
```

执行上述代码,结果如图 6.41 所示。

```
D:\my_test\my_package\db_test\temp.py模块成功执行!
D:\my_test\my_package\db_test\temp.py模块中的func()函数的输出!

进程已结束,退出代码0
```

图 6.41 案例 6.44 执行结果

(3) 通过"from＋完整包名＋模块名＋import＋定义名"的形式加载指定模块。

案例 6.45 通过"from＋完整包名＋模块名＋import＋定义名"的形式调用 temp 模块的 func() 函数,示例代码如下。

```
# D:\my_test\main.py
# 导入 my_package.db_test.temp 模块的 func() 函数
```

```
from my_package.db_test.temp import func
func()                    # 调用 func()函数
```

执行上述代码,结果如图 6.42 所示。

```
D:\my_test\my_package\db_test\temp.py模块成功执行!
D:\my_test\my_package\db_test\temp.py模块中的func()函数的输出!

进程已结束,退出代码0
```

图 6.42　案例 6.45 执行结果

说明: 在通过"from+完整包名+模块名+import+定义名"的形式加载指定模块时,可以使用星号"*"代替定义名,表示加载该模块中的不以下画线(_)开头的定义。

6.4.4　相对导入

Python 总是在搜索路径中查找包。"."表示当前模块文件所在的目录,即当前所在路径;".."表示当前模块文件所在路径的上一级目录。

1. 使用当前目录路径导入

案例 6.46　在 my_package 目录下创建一个 Python 文件,命名为 test.py,并使用当前路径导入 db_test 模块中的 func()函数,再进行测试。

(1)在 D:\my_test\my_package 路径创建一个 Python 文件,命名为 test.py,并使用当前路径导入 db_test 模块的 func()函数,示例代码如下。

```
# D:\my_test\my_package\test.py
import os                            # 导入 os 模块
print('当前工作目录为:', os.getcwd())    # 输出当前工作目录
from .db_test.temp import func       # 导入当前目录下的 db_test.temp 模块中的函数
func()                               # 调用 func()函数
print('测试相对导入完成!')
```

(2)在 main.py 中导入 test 模块,示例代码如下。

```
# D:\my_test\main.py
import my_package.test
```

执行上述代码,结果如图 6.43 所示。

```
当前工作目录为: D:\my_test
D:\my_test\my_package\db_test\temp.py模块成功执行!
D:\my_test\my_package\db_test\temp.py模块中的func()函数的输出!
测试相对导入完成!

进程已结束,退出代码0
```

图 6.43　案例 6.46 执行结果

2. 使用上一级目录路径导入

案例 6.47　在 my_package 目录下创建一个 Python 文件,命名为 new_temp.py,再在 db_test 目录下创建一个 Python 文件,命名为 new_test.py,并使用上一级目录路径导入 new_temp 模块中的 func()函数,再进行测试。

（1）在 D:\my_test\my_package 路径创建一个 Python 文件，命名为 new_temp.py，并定义一个函数，示例代码如下。

```
# D:\my_test\my_package\new_temp.py
def func():
    print(r'D:\my_test\my_package\new_temp.py 模块中的 func()函数的输出！')
print(r'D:\my_test\my_package\new_temp.py 模块成功执行！')
```

（2）在 D:\my_test\my_package\db_test 路径创建一个 Python 文件，命名为 new_test.py，并使用上一级目录路径导入 new_temp 模块中的 func()函数，示例代码如下。

```
# D:\my_test\my_package\db_test\new_test.py
# 导入上一级目录下的 new_temp 模块中的 func()函数
from ..new_temp import func
func()                  # 调用 func()函数
print(r'D:\my_test\my_package\db_test\new_test.py 模块成功执行！')
print('测试相对导入完成！')
```

（3）在 main.py 中导入 new_test 模块，示例代码如下。

```
# D:\my_test\main.py
import my_package.db_test.new_test
```

执行上述代码，结果如图 6.44 所示。

```
D:\my_test\my_package\new_temp.py模块成功执行！
D:\my_test\my_package\new_temp.py模块中的func()函数的输出！
D:\my_test\my_package\db_test\new_test.py模块成功执行！
测试相对导入完成！

进程已结束，退出代码0
```

图 6.44 案例 6.47 执行结果

注意：相对导入不能在执行文件中使用，只能在被导入的模块中使用，否则会报错。

6.4.5 在__init__.py 中添加代码

在执行"from 包名 import *"导入包时，Python 会执行包中的__init__.py 文件，并根据__all__列表完成导入。

案例 6.48 修改 my_package 目录下的__init__.py 文件，并测试。

（1）修改 D:\my_test\my_package 文件夹中的__init__.py 文件，示例代码如下。

```
# D:\my_test\my_package\__init__.py
import my_package.db_test.temp
# __all__ = ['var1','func1']
var1 = 'D:\my_test\my_package 包中的变量 var1 的值'
var2 = 'D:\my_test\my_package 包中的变量 var2 的值'
def func1():
    print('D:\my_test\my_package\__init__.py 中的 func1()函数的输出')
def func2():
    print('D:\my_test\my_package\__init__.py 中的 func2()函数的输出')
print('D:\my_test\my_package\__init__.py 成功执行')
```

(2) 在 D:\my_test\main.py 中导入 new_test.py,示例代码如下。

```
# D:\my_test\main.py
import my_package
```

执行上述代码,结果如图 6.45 所示。

```
D:\my_test\my_package\db_test\temp.py模块成功执行!
D:\my_test\my_package\__init__.py成功执行

进程已结束,退出代码0
```

图 6.45　案例 6.48 执行结果

扫一扫

视频讲解

6.5　课业任务

课业任务 6.1　定义递归求和函数

【能力测试点】

递归求和函数的应用。

【任务实现步骤】

(1) 打开 PyCharm,新建一个 Python 文件,本课业任务以"任务 6.1"命名。

(2) 任务需求:定义一个递归求和函数,求 1~100 的累加和,代码如下。

```
def new_sum(num):              # 定义累加求和函数
if num == 1:                    # 若 num 的值等于1,则返回1
    return 1
else:                          # 若 num 的值不等于1,则进行递归调用
    return num + new_sum(num - 1)
print(new_sum(int(input('请输入你要求和的数:'))))
```

扫一扫

视频讲解

```
请输入你要求和的数: 100
5050

进程已结束,退出代码0
```

图 6.46　课业任务 6.1 运行结果

运行程序,结果如图 6.46 所示。

课业任务 6.2　10 阶杨辉三角

【能力测试点】

for 循环的应用。

【任务实现步骤】

(1) 打开 PyCharm,新建一个 Python 文件,本课业任务以"任务 6.2"命名。

(2) 任务需求:定义一个函数,并用 for 循环实现 10 阶杨辉三角,使 10 阶杨辉三角每行数字左右对称,代码如下。

```
def yang_hui(num):
    # 初始判断
    if not str(num).isdecimal() or num < 2 or num > 25:
        print("参数 num 必须是不小于2且不大于25的正整数")
        return False
a = [ ]                        # 定义一个空列表
# 进行遍历,给空列表内部添加 num 个列表
for i in range(1, num + 1):
    a.append([1] * i)
# 根据杨辉三角的数学概念,使用循环嵌套进行编写实现杨辉三角的关系
```

```
for i in range(2, num):
    for j in range(1, i):
        a[i][j] = a[i-1][j-1] + a[i-1][j]
# 使用两层循环对 10 阶杨辉三角做空格处理,使 10 阶杨辉三角每行数字左右对称
for i in range(num):
    if num <= 10 : print('' * (40 - 4 * i), end = '')
    for j in range(i + 1):
        print('% - 8d' % a[i][j], end = '')
    print()
if __name__ == '__main__':
    print("10 阶杨辉三角如下:")
    yang_hui(10)              # 调用 yang_hui()函数
```

运行程序,输出 10 阶杨辉三角,结果如图 6.47 所示。

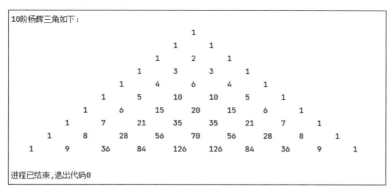

图 6.47 课业任务 6.2 运行结果

课业任务 6.3 人民币汇率换算

【能力测试点】

format()函数的应用。

【任务实现步骤】

(1) 打开 PyCharm,新建一个 Python 文件,本课业任务以"任务 6.3"命名。

(2) 任务需求:定义一个函数,将 10000 元人民币分别转换为英镑、美元、欧元、日元,代码如下。

```
def curExChange(worth):                # 定义 curExChange()函数
# 人民币转换为英镑
gbp_value = str(worth) + '人民币 = ' + str(format(worth * 0.1235,'.2f')) + '英镑'
# 人民币转换为美元
usd_value = str(worth) + '人民币 = ' + str(format(worth * 0.1463,'.2f')) + '美元'
# 人民币转换为欧元
eur_value = str(worth) + '人民币 = ' + str(format(worth * 0.1467,'.2f')) + '欧元'
# 人民币转换为日元
jpy_value = str(worth) + '人民币 = ' + str(format(worth * 19.9519,'.2f')) + '日元'
e = str(gbp_value) + '\n' + str(usd_value) + '\n' + str(eur_value) + '\n' + str(jpy_value)
print(e)                               # 输出转换结果
worth = int(input('请输入你需要转换的人民币金额:'))
curExChange(worth)                     # 调用 curExChange()函数
```

运行程序,结果如图 6.48 所示。

课业任务 6.4　编写简易计算器模块

【能力测试点】

format()函数的简单用法；eval()函数的使用；lambda 函数的使用以及字典的 get()方法。

扫一扫

视频讲解

【任务实现步骤】

(1) 打开 PyCharm，新建一个 Python 文件，本课业任务以"任务 6.4"命名。

```
请输入你需要转换的人民币金额: 10000
10000人民币 = 1235.00英镑
10000人民币 = 1463.00美元
10000人民币 = 1467.00欧元
10000人民币 = 199519.00日元

进程已结束,退出代码0
```

图 6.48　课业任务 6.3 运行结果

(2) 任务需求：定义 4 个函数，分别用于加、减、乘、除四则运算，再用数字 1、2、3、4 分别表示加、减、乘、除操作，输出两个数计算的结果，代码如下。

```python
def add(num1, num2):                    # 定义 add()函数
    result = num1 + num2                # 返回两个数相加
    print(f"{num1} + {num2} = {result}")    # 用 format 的简单用法进行输出
def subtract(num1, num2):               # 定义 subtract()函数
    result = num1 - num2                # 返回两个数相减
    print(f"{num1} - {num2} = {result}")    # 用 format 的简单用法进行输出
def multiply(num1, num2):               # 定义 multiply()函数
    result = num1 * num2                # 返回两个数相乘
    print(f"{num1} * {num2} = {result}")    # 用 format 的简单用法进行输出
def divide(num1, num2):                 # 定义 divide()函数
    result = num1 / num2                # 返回两个数相除
    print(f"{num1} / {num2} = {result}")    # 用 format 的简单用法进行输出
print('请选择您需要的操作:1.加,2.减,3.乘,4.除')
option = input("选择计算功能(1,2,3,4):")
num1 = eval(input("输入 num1:"))           # 使用 eval()函数对输入的值进行转换
num2 = eval(input("输入 num2:"))
# 根据每个功能返回对应的函数对象
switcher = {"1": lambda: add(num1, num2),
            "2": lambda: subtract(num1, num2),
            "3": lambda: multiply(num1, num2),
            "4": lambda: divide(num1, num2)}
# 返回 option 对应的值,若值不存在,则返回 None
func = switcher.get(option, None)
# 当 option 对应的值存在时,返回所选功能对应的函数
if func:
    func()
# 若 option 对应的值为 None,则输出"请选择正确的计算功能!"
else:
    print("请选择正确的计算功能!")
```

扫一扫

视频讲解

```
请选择您需要的操作:1.加,2.减,3.乘,4.除
选择计算功能 (1, 2, 3, 4) : 3
输入num1: 3.14
输入num2: 4
3.14 * 4 = 12.56

进程已结束,退出代码0
```

图 6.49　课业任务 6.4 运行结果

(3) 运行程序，输出 3.14 与 4 相乘的结果，如图 6.49 所示。

课业任务 6.5　模拟汉诺塔

【能力测试点】

递归算法、global 关键字、append()和 pop()方法的应用。

【任务实现步骤】

(1) 打开 PyCharm，新建一个 Python 文件，本课业任务以"任务 6.5"命名。

(2) 任务需求：定义一个函数，用递归的方式模拟汉诺塔问题，代码如下。

```
# 模拟汉诺塔
def hanoi(num, src, dst, mid):                    # 递归算法
    if num < 1:
        return
    global count                                   # 声明用来记录移动次数的变量为全局变量
    # 递归调用函数本身,先把除最后一个盘子之外的所有盘子移动到临时底座上
    hanoi(num - 1, src, mid, dst)
    # 移动最后一个盘子
    print('第{0}次移动:{1} ==> {2}'.format(count, src, dst))
    towers[dst].append(towers[src].pop())
    for tower in 'ABC':
        print(tower, ':', towers[tower])
    count += 1
    # 把除最后一个盘子以外的其他盘子从临时底座上移动到目标底座上
    hanoi(num - 1, mid, dst, src)
# 用来记录移动次数的变量
count = 1
# 盘子的数量
num = 2
towers = {'A': list(range(num, 0, -1)),           # 初始状态,所有盘子都在A底座
          'B': [ ],
          'C': [ ]
          }
# A表示最初的底座,C是目标底座,B是临时底座
hanoi(num, 'A', 'C', 'B')
```

运行程序,结果如图 6.50 所示。

```
第1次移动:A ==> B
A : [2]
B : [1]
C : []
第2次移动:A ==> C
A : []
B : [1]
C : [2]
第3次移动:B ==> C
A : []
B : []
C : [2, 1]

进程已结束,退出代码0
```

图 6.50 课业任务 6.5 运行结果

习题 6

1. 选择题

(1) 下列有关函数的说法中正确的是(　　)。

　　A. 函数的定义必须在程序的开头

　　B. 函数定义后,程序就可以自动执行

　　C. 函数定义后需要调用才会执行

　　D. 函数体与关键字 def 必须左对齐

（2）下列关于 lambda 函数的说法中错误的是（　　）。

    A. 必须使用 lambda 保留字定义

    B. 仅适用于简单单行函数

    C. 函数中可以使用赋值语句块

    D. 匿名函数,定义后的结果是函数名称

（3）搜索变量的优先级顺序为（　　）。

    A. L→E→G→B   B. E→L→G→B

    C. G→E→L→B   D. B→G→L→E

（4）下列说法中错误的是（　　）。

    A. 根据作用域的范围大小,作用域外部的变量和函数可以在作用域内部使用

    B. 在内置作用域和全局作用域中定义的变量和函数都不属于全局变量

    C. 不同的函数内部可以定义名字相同的变量,但它们不会产生影响

    D. 局部变量就是在函数内部定义的变量

（5）下列关于 import 语句和 from 语句导入模块的语句中错误的是（　　）。

    A. import 模块名称

    B. import 模块名称 新名称

    C. from 模块名称 import *

    D. from 模块名称 import 导入对象名称

（6）（多选）Python 中的作用域有（　　）。

    A. Built-in   B. Enclosing

    C. Local   D. Global

（7）一个包一定具有（　　）文件。

    A. __init__.py   B. models.py

    C. views.py   D. forms.py

（8）下列不是从包中加载模块的方式的是（　　）。

    A. import＋完整包名＋模块名

    B. from＋完整包名＋import＋模块名

    C. from＋完整包名＋模块名＋import＋定义名

    D. from＋import＋模块名

2. 填空题

（1）自定义函数的关键字是_____。

（2）编写程序生成 1～10 的随机数,要使用_____模块。

（3）计算圆的周长和面积,使用_____模块。

（4）使用_____关键字可以在一个函数中设置一个全局变量。

（5）Python 包含了数量众多的模块,通过_____语句可以导入模块,并使用其定义的功能。

3. 编程题

（1）定义一个函数,用数列方式求 π。$\pi/4 = 1 - 1/3 + 1/5 - 1/7 + 1/9 - \cdots$。

（2）定义一个递归函数,输出九九乘法表。

## 第7章

面向对象和异常处理

面向对象程序设计是在面向过程程序设计的基础上发展而来的,它比面向过程程序设计具有更强的灵活性和扩展性。异常处理可以处理一些可能导致程序崩溃的问题。本章将通过具体案例详细介绍面向对象和类的定义与使用以及类的继承,并介绍异常处理语句以及程序调试,然后通过 5 个综合课业任务对如何处理文件和保存数据进行实例演示,提高程序的适用性、可用性和稳定性。

【教学目标】
- 了解面向对象的基本概念
- 掌握类的定义和使用
- 掌握对象的属性和方法
- 掌握类的继承以及数据类型之间的转换和判断
- 了解异常的基本概述
- 熟练掌握异常的基本结构和用法
- 掌握异常处理语句的用法
- 掌握一定的程序调试方法

【课业任务】
王小明想使用 Django＋百度翻译 API 开发一个智能语音识别与翻译平台,Django 是一个开放源代码的 Web 应用框架,由 Python 写成。在学习完函数和模块后,需要熟悉面向对象和异常处理的使用,现通过 5 个课业任务来完成。

课业任务 7.1 烤地瓜综合应用
课业任务 7.2 搬家具综合应用
课业任务 7.3 获取学生基本信息
课业任务 7.4 计算体重指数
课业任务 7.5 加法器

7.1 理解 Python 的面向对象

7.1.1 面向对象的基本概念

面向对象的基本概念如下。

（1）类：描述对象的属性和方法的集合称为类,它定义了该集合中每个对象所共有的属性和方法。对象是类的实例,也称为实例对象。

（2）方法：类中定义的函数，用于描述对象的行为，也称方法成员。

（3）属性：类中在所有方法之外定义的变量（也称为类中的顶层变量），用于描述对象的特点，也称为数据成员。

（4）封装：类具有封装特性，其内部实现不应被外界知晓，只需要提供必要的接口供外部访问即可。

（5）实例化：创建一个类的实例，类的具体对象。

（6）对象：通过类定义的数据结构实例。对象包括两个数据成员（类变量和实例变量）和方法。

（7）继承：从一个基类（也称为父类或超类）派生出一个子类时，子类拥有基类的属性和方法，称为继承。子类可以定义自己的属性和方法。

（8）重载（Override）：在子类中定义和父类方法同名的方法，称为子类对父类方法的重载，也称为方法重写。

（9）多态：指不同类型对象的相同行为产生不同的结果。

7.1.2　Python 的类和类型

类是对一系列具有相同特征和行为的事物的统称，是一个抽象的概念，不是真实存在的事物，特征即是属性，行为即是方法。

Python 的类使用 class 语句定义，类通常包含一系列的赋值语句和函数定义，赋值语句定义类的属性，函数定义类的方法。在 Python 3 中，类是一种自定义类型，Python 的所有类型（包括自定义类型）都是内置类型 type 的实例对象，Python 内置的 int、float、str 等都是 type 类型的实例对象，type()函数可返回对象的类型。

7.1.3　Python 中的对象

Python 中的对象可分为两种：类对象和实例对象。类对象只有一个，而类的实例对象可以有多个。类对象和实例对象分别拥有自己的命名空间，在各自的命名空间内使用对象的属性和方法。

1. 类对象

类对象具有以下几个主要特点。

（1）Python 在执行 class 语句时创建一个类对象和一个与类同名的变量，变量引用类对象。与 def 类似，class 也是可执行语句。导入类模块时，会执行 class 语句，创建类对象。

（2）类中的顶层赋值语句创建的变量是类的数据属性。类的数据属性用"对象名.属性名"格式访问。

（3）类中的顶层 def 语句定义的函数是类的方法属性，用"对象名.方法名()"格式来访问。

（4）类的数据属性由类的所有实例对象共享。实例对象可读取类的数据属性值，但不能通过赋值语句修改类的数据属性值。

2. 实例对象

实例对象具有以下几个主要特点。

（1）实例对象通过调用类对象创建（与调用函数一样调用类对象）。

（2）每个实例对象继承类对象的所有属性，并获得自己的命名空间。

（3）实例对象拥有私有属性。类方法的第 1 个参数默认为 self，表示引用方法的对象实例。在方法中对 self 的属性赋值才会创建属于实例对象的属性。

说明：在 Python 中，一切都是对象，不仅仅是具体的事物，整数、小数、字符串、函数、模块等也都被称为对象。

7.2 定义和使用类

7.2.1 定义类

Python 中使用 class 关键字定义类，语法格式如下。

```
class ClassName:
"""类的帮助信息"""
statement
```

其中，ClassName 用于指定类名，一般使用大写字母开头，如果类名中包括两个单词，第 2 个单词的首字母也大写，这种命名方法也称为"驼峰式命名法"，这是惯例，也可根据自己的习惯命名，但是一般推荐按照惯例来命名；"""类的帮助信息"""用于指定类的文档字符串，定义该字符串后，在创建类的对象时，输入类名和左括号"("后，将显示该信息；statement 为类体，主要由类变量（或类成员）、方法和属性等定义语句组成。如果在定义类时没想好类的具体功能，也可以在类体中直接使用 pass 语句代替。

案例 7.1 定义一个类，命名为 Test，示例代码如下。

```
class Test:                  # 定义 Test 类
    x = 5                    # 定义类对象的数据属性
    def data1(self,val):     # 构造方法
        self.i = val
    def data2(self):         # 构造方法
        print('self.i = ',self.i)
```

7.2.2 使用类

class 语句执行后，类对象即被创建，便可进一步使用类对象访问类的属性，创建实例对象。

案例 7.2 测试 Test 类对象的类型并访问类对象的数据属性，示例代码如下。

```
print(type(Test))            # 测试类对象的类型
print(Test.x)                # 访问类对象的数据属性
```

执行上述代码，结果如图 7.1 所示。

案例 7.3 调用 Test 类对象创建实例对象以及调用方法创建实例对象的数据属性，示例代码如下。

```
a = Test()                   # 调用类对象创建第 1 个实例对象
print(type(a))               # 查看实例对象的类型,交互环境中的默认模块名称为__main__
a.data1('Python')            # 调用方法创建实例对象的数据属性 i
a.data2()                    # 调用方法显示实例对象的数据属性 i 的值
b = Test()                   # 调用类对象创建第 2 个实例对象
```

```
b.data1(123)                ♯ 调用方法创建实例对象的数据属性 i
b.data2()                   ♯ 调用方法显示实例对象的数据属性 i 的值
```

执行上述代码,结果如图 7.2 所示。

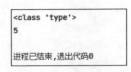

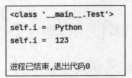

图 7.1　案例 7.2 执行结果　　　　　　　图 7.2　案例 7.3 执行结果

7.3　对象的属性和方法

7.3.1　对象的属性

在 Python 中,总是通过变量名引用各种对象。从面向对象的角度,引用各种数据对象的变量名称为属性,引用表示对象行为的函数对象的变量名称为方法。有时也会使用属性通指表示数据的变量和表示行为的函数。实例对象继承了类对象的所有属性和方法,可以用 dir()函数查看对象的属性和方法,以双下画线开始和结尾的变量名属于内置属性。

案例 7.4　用 dir()函数查看 Test 类的属性和方法,示例代码如下。

```
print(dir(Test))              ♯ 查看类对象的方法
a = Test()
print(dir(a))                 ♯ 查看实例对象的属性
```

执行上述代码,结果如图 7.3 所示。

```
['__class__', '__delattr__', '__dict__', '__dir__', '__doc__',
 '__eq__', '__format__', '__ge__', '__getattribute__', '__gt__',
 '__hash__', '__init__', '__init_subclass__', '__le__', '__lt__',
 '__module__', '__ne__', '__new__', '__reduce__', '__reduce_ex__',
 '__repr__', '__setattr__', '__sizeof__', '__str__',
 '__subclasshook__', '__weakref__', 'data1', 'data2', 'x']
['__class__', '__delattr__', '__dict__', '__dir__', '__doc__',
 '__eq__', '__format__', '__ge__', '__getattribute__', '__gt__',
 '__hash__', '__init__', '__init_subclass__', '__le__', '__lt__',
 '__module__', '__ne__', '__new__', '__reduce__', '__reduce_ex__',
 '__repr__', '__setattr__', '__sizeof__', '__str__',
 '__subclasshook__', '__weakref__', 'data1', 'data2', 'x']

进程已结束,退出代码0
```

图 7.3　案例 7.4 执行结果

1. 共享属性

类对象的数据属性是全局的,即默认情况下属于类对象,并可通过实例变量引用。

案例 7.5　Test 类的属性 x 与所有实例对象共享,示例代码如下。

```
a = Test()
b = Test()
print(a.x, b.x)               ♯ 访问共享属性
```

```
Test.x = 50            # 通过类对象修改共享属性
print(a.x,b.x)         # 访问共享属性
```

```
5 5
50 50

进程已结束,退出代码0
```

图 7.4　案例 7.5 执行结果

执行上述代码,结果如图 7.4 所示。

2. 实例对象的"私有"属性

实例对象的"私有"属性指类的函数中以"self. 属性值 =
值"格式进行赋值创建的属性。"私有"强调属性只属于当前
实例对象,对于其他实例对象是不可见的。实例对象一开始
是"空"的,只有在调用了类对象的方法后,才会通过其中的赋值语句创建"私有"属性。

案例 7.6　创建 Test 类的实例对象,调用方法为属性赋值,示例代码如下。

```
a = Test()             # 创建实例对象
a.data1(10)            # 调用方法为属性赋值
print(a.i)             # 访问属性
```

执行上述代码,结果如图 7.5 所示。

3. 对象的属性是动态的

Python 总是在第 1 次给变量赋值时创建变量。对于类
对象或实例对象,当给不存在的属性赋值时,Python 将为其
创建属性。

```
10
进程已结束,退出代码0
```

图 7.5　案例 7.6 执行结果

案例 7.7　创建 Test 类的实例对象,给不存在的属性 y 和 z 赋值,示例代码如下。

```
a = Test()             # 创建实例对象
Test.y = 'Python'      # 赋值,为类对象添加属性
a.z = [10,20]          # 赋值,为实例对象添加属性
print(Test.y, a.y, a.z) # 访问属性
print(dir(Test))       # 查看类对象属性列表
print(dir(a))
```

执行上述代码,结果如图 7.6 所示。

```
Python Python [10, 20]
['__class__', '__delattr__', '__dict__', '__dir__', '__doc__',
 '__eq__', '__format__', '__ge__', '__getattribute__',
 '__gt__', '__hash__', '__init__', '__init_subclass__',
 '__le__', '__lt__', '__module__', '__ne__', '__new__',
 '__reduce__', '__reduce_ex__', '__repr__', '__setattr__',
 '__sizeof__', '__str__', '__subclasshook__', '__weakref__',
 'data1', 'data2', 'x', 'y']
['__class__', '__delattr__', '__dict__', '__dir__', '__doc__',
 '__eq__', '__format__', '__ge__', '__getattribute__',
 '__gt__', '__hash__', '__init__', '__init_subclass__',
 '__le__', '__lt__', '__module__', '__ne__', '__new__',
 '__reduce__', '__reduce_ex__', '__repr__', '__setattr__',
 '__sizeof__', '__str__', '__subclasshook__', '__weakref__',
 'data1', 'data2', 'x', 'y', 'z']

进程已结束,退出代码0
```

图 7.6　案例 7.7 执行结果

7.3.2　对象的方法

实例对象只是通过继承的方法名变量引用属于类对象的方法(函数对象)。Python 对象模型中,需要注意通过实例对象调用方法时,当前实例对象作为一个参数传递给方法,所以在定义方法时,如果通过实例对象来调用,通常第 1 个参数名称为 self。使用 self 只是惯例,重要的是位置,完全可以用其他名称代替 self。

案例 7.8　定义一个类,命名为 Test,并分别定义两种同样功能不同形式的方法,再分别对其进行调用,示例代码如下。

```
class Test:
    def add1(x,y):return x + y          # 定义方法,返回两个数之和
    def add2(self,x,y):return x + y      # 定义方法,返回两个数之和
print(Test.add1(10,20))
a = Test()                               # 创建实例对象
print(a.add2(10,20))                     # 通过示例对象完成加法
print(a.add1(10,20))                     # 调用参数数量错误,报错
```

执行上述代码,结果如图 7.7 所示。

```
30
30
Traceback (most recent call last):
  File "D:/py/面向对象和异常处理/test.py", line 7, in <module>
    print(a.add1(10,20))                          # 调用参数数量错误, 报错
TypeError: add1() takes 2 positional arguments but 3 were given

进程已结束,退出代码1
```

图 7.7　案例 7.8 执行结果

说明:在执行 a.add1(10,20)时,a 是实例对象,所以会与参数 10 和 20 一起传递给 add1()方法,而 add1()方法定义中只有两个参数,所以会出错。

7.3.3　类的"伪私有"属性和方法

在模块中用双下画线作为变量名前缀,可以避免变量在使用 from…import * 语句时被导入。类似地,可以在类中使用双下画线作为变量名前缀,这些变量名不能直接在类外使用。

案例 7.9　定义一个类,并分别定义一个没有双下画线前缀的变量和一个有双下画线前缀的变量,示例代码如下。

```
class Test:
    data1 = 50
    __data2 = 100
    def add(x,y):return x + y
    def __subtract(x,y):return x - y
print(Test.data1)
print(Test.add(10,20))
```

执行上述代码,结果如图 7.8 所示。

案例 7.10 定义一个类,并直接访问"伪私有"属性,示例代码如下。

```
class Test:
    data1 = 50
    __data2 = 100
    def add(x,y):return x + y          # 定义方法,返回两个数之和
    def __subtract(x,y):return x - y   # 定义方法,返回两个数之差
print(Test.__data2)                    # 访问"伪私有"属性,出错,属性不存在
```

执行上述代码,结果如图 7.9 所示。

```
50
30

进程已结束,退出代码0
```

图 7.8　案例 7.9 执行结果

```
Traceback (most recent call last):
  File "D:/py/面向对象和异常处理/test.py", line 6, in <module>
    print(Test.__data2)
AttributeError: type object 'Test' has no attribute '__data2'

进程已结束,退出代码1
```

图 7.9　案例 7.10 执行结果

案例 7.11 定义一个类,并直接访问"伪私有"方法,示例代码如下。

```
class Test:
    data1 = 50
    __data2 = 100
    def add(x,y):return x + y          # 定义方法,返回两个数之和
    def __subtract(x,y):return x - y   # 定义方法,返回两个数之差
print(Test.__subtract(10,20))          # 访问"伪私有"方法,出错,方法不存在
```

执行上述代码,结果如图 7.10 所示。

案例 7.12 定义一个类,访问"伪私有"属性和方法时加上"_类名",示例代码如下。

```
class Test:
    data1 = 50
    __data2 = 100
    def add(x,y):return x + y          # 定义方法,返回两个数之和
    def __subtract(x,y):return x - y   # 定义方法,返回两个数之差
print(Test._Test__data2)               # 访问"伪私有"属性
print(Test._Test__subtract(10))        # 访问"伪私有"方法
```

执行上述代码,加上"_类名"访问"伪私有"属性和方法,结果如图 7.11 所示。

```
Traceback (most recent call last):
  File "D:/py/面向对象和异常处理/test.py", line 7, in <module>
    print(Test.__subtract(10,20))
AttributeError: type object 'Test' has no attribute '__subtract'

进程已结束,退出代码1
```

图 7.10　案例 7.11 执行结果

```
100
-10

进程已结束,退出代码0
```

图 7.11　案例 7.12 执行结果

说明:用类对象不能直接访问带双下画线前缀的属性和方法。双下画线前缀的属性和方法可以成为"伪私有"属性和方法。之所以成为"伪私有",是 Python 在处理这类变量名

时会自动在带双下画线前缀的变量名前再加上"_类名",从而可以在类外直接访问。

7.3.4　构造函数和析构函数

类的构造函数和析构函数名称是由 Python 预设的,__init__为构造函数名,__del__为析构函数名。构造函数在调用类创建实例对象时自动被调用,完成对实例对象的初始化。析构函数在实例对象被回收时调用。在定义类时,可以不定义构造函数和析构函数。

案例 7.13　定义一个类,并定义构造函数和析构函数,示例代码如下。

```python
class Test:
    def __init__(self,val):              # 定义构造函数
        self.data = val
        print('成功执行构造函数!')
    def __del__(self):                   # 定义析构函数
        del self.data
        print('成功执行析构函数!')
a = Test(50)                             # 调用类创建实例对象,输出显示构造函数移植性
print(a.data)                            # 输出实例对象属性,该属性在构造函数中赋值创建
del a                                    # 删除对象,输出显示析构函数成功执行
```

执行上述代码,结果如图 7.12 所示。

```
成功执行构造函数!
50
成功执行析构函数!

进程已结束,退出代码0
```

图 7.12　案例 7.13 执行结果

7.4　类的继承

7.4.1　简单继承

从一个基类(也称为父类或超类)派生出一个子类时,子类拥有基类的属性和方法,称为继承。通过继承不仅可以实现代码的重用,还可以理顺类与类之间的关系。子类可以定义自身的属性和方法,具体的语法格式如下。

```python
class ClassName(baseclasslist):
    """类的帮助信息"""
    statement
```

其中,ClassName 用于指定类名;baseclasslist 用于指定要继承的基类,可以有多个,类名之间用逗号","分隔,如果不指定,将使用所有 Python 对象的根类 object;"""类的帮助信息"""用于指定类的文档字符串,定义该字符串后,在创建类的对象时,输入类名和左括号"("后,将显示该信息;statement 为类体,主要由类变量(或类成员)、方法和属性等定义语句组成。如果在定义类时没想好类的具体功能,也可以在类体中直接使用 pass 语句代替。

案例 7.14　定义一个超类,再定义一个空的子类继承超类的所有属性和方法,示例代码如下。

```
class Supper:                    # 定义超类
    data1 = 50
    __data2 = 100
    def show(self):
        print('show()方法的输出信息')
    def __show(self):
        print('__show()方法的输出信息')
class Sub(Supper):pass           # 定义空的子类,pass 表示空操作
# 显示超类非内置属性
print([x for x in dir(Supper)if not x.startswith('__')])
# 显示子类非内置属性
print([x for x in dir(Sub)if not x.startswith('__')])
print(Sub.data1)                 # 使用继承的属性
print(Sub._Supper__data2)        # 使用继承的属性
a = Sub()                        # 创建子类的实例对象
a.show()                         # 调用继承的方法
a._Supper__show()                # 调用继承的方法
```

执行上述代码,空的子类继承了超类的所有属性和方法,结果如图 7.13 所示。

```
['_Supper__data2', '_Supper__show', 'data1', 'show']
['_Supper__data2', '_Supper__show', 'data1', 'show']
50
100
show()方法的输出信息
__show()方法的输出信息

进程已结束,退出代码0
```

图 7.13　案例 7.14 执行结果

7.4.2　定义子类的属性和方法

Python 允许在子类中定义自己的属性和方法。若子类定义了与父类同名的属性和方法,则子类实例对象调用子类中定义的属性和方法,Python 允许在子类方法中通过类对象直接调用超类的方法。

案例 7.15　定义一个超类和一个子类,并定义子类与超类同名的属性和方法,再调用子类的属性和方法,示例代码如下。

```
class SupperClass:                  # 定义超类
    data1 = 30
    data2 = 50
    def showinfo1(self):
        print('在父类的 showinfo1()方法中的输出')
    def showinfo2(self):
        print('在父类的 showinfo2()方法中的输出')
class SubClass(SupperClass):        # 定义子类
        data1 = 55                  # 覆盖超类的同名变量
        def showinfo1(self):        # 重载超类的同名方法
            print('在子类的 showinfo1()方法中的输出')
# 显示子类的非内置属性
print([x for x in dir(SubClass)if not x.startswith('__')])
a = SubClass()
m = a.data1,a.data2
```

```
print(m)
a.showinfo1()
a.showinfo2()
```

执行上述代码,结果如图 7.14 所示。

案例 7.16　定义一个超类和一个子类,在子类中通过类对象直接调用超类的方法,示例代码如下。

```
class SupperClass:                        # 定义超类
    data1 = 30
    data2 = 50
    def showinfo1(self):
        print('在父类的 showinfo1()方法中的输出')
    def showinfo2(self):
        print('在父类的 showinfo2()方法中的输出')
class SubClass(SupperClass):              # 定义子类
    data1 = 55                            # 覆盖超类的同名变量
    def showinfo1(self):                  # 重载超类的同名方法
        print('在子类的 showinfo1()方法中的输出')
        SupperClass.showinfo1(self)       # 调用超类的方法
        SupperClass.showinfo2(self)       # 调用超类的方法
a = SubClass()
a.showinfo1()
```

执行上述代码,结果如图 7.15 所示。

```
['data1', 'data2', 'showinfo1', 'showinfo2']
(55, 50)
在子类的showinfo1()方法中的输出
在父类的showinfo2()方法中的输出

进程已结束,退出代码0
```

```
在子类的showinfo1()方法中的输出
在父类的showinfo1()方法中的输出
在父类的showinfo2()方法中的输出

进程已结束,退出代码0
```

图 7.14　案例 7.15 执行结果　　　　　　图 7.15　案例 7.16 执行结果

7.4.3　调用超类的构造函数

在使用构造函数对实例对象进行初始化时,可以在子类的构造函数中调用超类的构造函数。

案例 7.17　定义一个超类和一个子类,在子类的构造函数中调用超类的构造函数,示例代码如下。

```
class SupperClass:                    # 定义超类
    def __init__(self,x):
        self.SupperClass_data = x
class SubClass(SupperClass):          # 定义子类
    # 定义子类的构造函数
    def __init__(self,x,y):
        self.SubClass_data = x
        # 调用超类的初始化函数
        SupperClass.__init__(self,y)
a = SubClass(50,100)                   # 创建子类实例对象
```

```
print(a.SupperClass_data)              # 访问继承的属性
print(a.SubClass_data)                 # 访问自定义属性
```

执行上述代码,访问子类继承超类的属性以及子类自定义的属性,结果如图 7.16 所示。

```
100
50

进程已结束,退出代码0
```

图 7.16　案例 7.17 执行结果

7.4.4　多重继承

多重继承指子类可以同时继承多个超类的属性和方法,如果超类中存在同名的属性和方法,Python 将按照从左到右的顺序在超类中搜索方法。

案例 7.18　定义两个超类,并且两个超类中存在同名的属性和方法,再定义一个空的子类继承两个超类的方法,示例代码如下。

```
class SupperClass1:                              # 定义超类 1
    data1 = 30
    data2 = 50
    def showinfo1(self):
        print('在超类 SupperClass1 的 showinfo1()方法中的输出')
    def showinfo2(self):
        print('在超类 SupperClass1 的 showinfo2()方法中的输出')
class SupperClass2:                              # 定义超类 2
    data2 = 100
    data3 = 500
    def showinfo2(self):
        print('在超类 SupperClass2 的 showinfo2()方法中的输出')
    def showinfo3(self):
        print('在超类 SupperClass2 的 showinfo3()方法中的输出')
class SubClass(SupperClass1,SupperClass2):pass   # 定义空的子类,pass 表示空操作
# 显示子类非内置属性
print([x for x in dir(SubClass)if not x.startswith('__')])
a = SubClass()
x = a.data1,a.data2,a.data3                       # 访问继承的属性
print(x)
a.showinfo1()                                     # 调用继承的方法
a.showinfo2()                                     # 调用继承的方法
a.showinfo3()                                     # 调用继承的方法
```

执行上述代码,结果如图 7.17 所示。

```
['data1', 'data2', 'data3', 'showinfo1', 'showinfo2', 'showinfo3']
(30, 50, 500)
在超类SupperClass1的showinfo1()方法中的输出
在超类SupperClass1的showinfo2()方法中的输出
在超类SupperClass2的showinfo3()方法中的输出

进程已结束,退出代码0
```

图 7.17　案例 7.18 执行结果

7.5　运算符重载

7.5.1　运算符重载的实现方法

运算符重载是通过实现特定的方法使类的实例对象支持 Python 的各种内置操作。运

算符重载时的方法和说明以及何时调用方法如表7.1所示。

表7.1　运算符重载时的方法和说明以及何时调用方法

方　　法	说　　明	何时调用方法
__add__	加法运算	对象加法：x＋y、x＋＝y
__sub__	减法运算	对象减法：x－y、x－＝y
__mul__	乘法运算	对象乘法：xy、x＝y
__div__	除法运算	对象除法：x/y、x/＝y
__mod__	求余运算	对象求余：x％y、x％＝y
__bool__	真值运算	测试对象是否为真值：bool(x)
__repr__、__str__	打印、转换	print(x)、repr(x)、str(x)
__contains__	成员测试	item in x
__getitem__	索引、分片	x[i]、x[i: j]、没有__ster__for循环等
__setitem__	索引赋值	x[i]＝值、x[i: j]＝序列对象
__delitem__	索引和分片删除	del x[i]、del[i: j]
__len__	求长度	len(x)
__iter__、__next__	迭代	iter(x)、next(x)、for循环等
__eq、__ne__	相等测试、不等测试	x＝＝y、x!＝y
__ge__、__gt__	大于或等于测试、大于测试	x＞＝y、x＞y
__le__、__it__	小于或等于测试、小于测试	x＜＝y、x＜y

7.5.2　加法运算重载

加法运算通过调用__add__方法完成重载,当两个实例对象执行加法运算时,自动调用__add__方法。

案例7.19　定义一个类,再定义__add__方法进行加法运算,示例代码如下。

```python
class Test:                    # 定义一个类
    def __init__(self, x):    # 定义构造方法
        self.data = x[:]
    # 实现加法运算方法的重载,将两个列表对应元素相加
    def __add__(self, object):
        a = len(self.data)
        b = len(object.data)
        max = a if a > b else b
        num = []
        for i in range(max):
            num.append(self.data[i] + object.data[i])
        return Test(num[:])
if __name__ == '__main__':
    a = Test([2,4,6,8])        # 创建实例对象并初始化
    b = Test([1,3,5,7])
    c = a + b                  # 执行加法运算,即调用__add__方法
    print('{} + {} = {}'.format(a.data,b.data,c.data))
```

执行上述代码,两个列表相加的结果如图7.18所示。

```
[2, 4, 6, 8] + [1, 3, 5, 7] = [3, 7, 11, 15]

进程已结束,退出代码0
```

图7.18　案例7.19执行结果

7.5.3 索引和分片重载

在 Python 中,索引和分片重载的主要方法有__getitem__、__setitem__、__delitem__。

1. __getitem__方法

Python 在对实例对象执行索引、分片或 for 循环迭代时会自动调用__getitem__方法。

案例 7.20 定义一个类,再定义__getitem__方法,然后创建一个实例对象,并用索引和分片返回值,再用 for 循环迭代返回值,示例代码如下。

```
class Test:
    def __init__(self, i):          # 定义构造方法
        self.data = i[:]
    # 定义索引、分片重载方法
    def __getitem__(self, index):
        return self.data[index]
if __name__ == '__main__':
    a = Test([2,4,6,8])             # 创建实例对象,用列表初始化
    print(a[1])                     # 索引返回单个值
    print(a[:])                     # 索引返回全部值
    print(a[:2])
    for i in a:                     # 使用 for 循环迭代对象
        print(i)
```

执行上述代码,结果如图 7.19 所示。

2. __setitem__方法

Python 通过赋值语句给索引或分片赋值时,调用__setitem__方法实现对序列对象的修改。

案例 7.21 定义一个类,再定义__setitem__方法,然后创建一个实例对象,再将列表中的元素分片替换,示例代码如下。

```
4
[2, 4, 6, 8]
[2, 4]
2
4
6
8

进程已结束,退出代码0
```

图 7.19 案例 7.20 执行结果

```
class Test:
    def __init__(self, i):          # 定义构造方法
        self.data = i[:]
    def __setitem__(self, index, val):
        self.data[index] = val
if __name__ == '__main__':
    a = Test([1,2,3,4,5,6,7,8,9])
    print(a.data)
    a[0] = 'Python'                 # 修改列表第 1 个元素
    # 将列表中的分片[1:6]替换为列表['P','y','t','h','o','n']
    a[1:6] = ['P','y','t','h','o','n']
    print(a.data)
```

执行上述代码,结果如图 7.20 所示。

```
[1, 2, 3, 4, 5, 6, 7, 8, 9]
['Python', 'P', 'y', 't', 'h', 'o', 'n', 7, 8, 9]

进程已结束,退出代码0
```

图 7.20 案例 7.21 执行结果

3. __delitem__方法

Python 在执行 del 命令时,实质上会调用__delitem__方法重载 del 运算,即删除索引或分片。

案例 7.22　定义一个类,再定义__delitem__方法,然后创建一个实例对象,再通过索引和分片将列表中的元素删除,示例代码如下。

```
class Test:
    def __init__(self, i):            # 定义构造方法
        self.data = i[:]
    def __delitem__(self, index):
        del self.data[index]
if __name__ == '__main__':
    a = Test([1,2,3,4,5,6,7,8,9])
    print(a.data)
    del a[4]                          # 删除列表第 5 个元素
    print(a.data)
    del a[2:6]                        # 将列表中的分片[2:6]删除
    print(a.data)
```

```
[1, 2, 3, 4, 5, 6, 7, 8, 9]
[1, 2, 3, 4, 6, 7, 8, 9]
[1, 2, 8, 9]

进程已结束,退出代码0
```

图 7.21　案例 7.22 执行结果

执行上述代码,结果如图 7.21 所示。

7.5.4　自定义迭代器对象

实现了__getitem__方法的实例对象可用于 for 循环迭代,Python 在执行迭代操作时,总是优先调用__iter__方法,若没有才调用__getitem__方法。__iter__方法返回一个迭代器对象,然后 Python 可重复调用迭代器对象的__next__方法执行操作迭代,直到抛出 StopIteration 异常。Python 的内置函数 next()本质上通过调用对象__next__方法来完成。

7.5.5　定制对象的字符串形式

重载__repr__和__str__方法可定义对象转换为字符串的形式,在执行 print()、str()、repr()函数以及交互模式下直接显示对象时,会调用__repr__或__str__方法。

1. 只重载__str__方法

如果只重载了__str__方法,只有 str()和 print()函数可调用__str__方法进行转换。

2. 只重载__repr__方法

只重载__repr__方法,可以保证各种操作下都能正确获得实例对象自定义的字符串形式。

3. 同时重载__str__和__repr__方法

如果同时重载了__str__和__repr__方法,则 str()和 print()函数调用__str__方法,交互模式下直接显示对象,repr()函数调用__repr__方法。

7.6　模块中的类

7.6.1　模块中的类的概念

Python 可以将模块中的类导入当前模块使用。导入的类是模块对象的一个属性,与模

块中的函数类似,可以像调用模块函数一样调用类对象。

案例7.23 在当前路径创建一个 Python 文件,命名为 classTest.py,定义一个 Test 类,再定义 setinfo()和 showinfo()函数,对模块进行自测,示例代码如下。

```
class Test:                   # 定义类
    data1 = 50
    def setinfo(self, i):     # 定义 setinfo()函数
        self.data2 = i
    def showinfo(self):       # 定义 showinfo()函数
        print('data1 = % s data2 = % s' % (self.data1, self.data2))
if __name__ == '__main__':
    a = Test()
    a.setinfo([1,3,5,7])      # 调用类方法设置属性值
    a.showinfo()              # 调用类方法显示属性值
```

执行上述代码,结果如图 7.22 所示。

```
data1 = 50 data2 = [1, 3, 5, 7]

进程已结束,退出代码0
```

图 7.22 案例 7.23 执行结果

7.6.2 模块中的类的应用

Python 中模块的类也可以使用 import 语句或 from 语句导入。

案例7.24 用 import 语句导入 classTest.py,使用 Test 类,示例代码如下。

```
import classTest             # 导入模块
a = classTest.Test()         # 调用类对象创建实例对象
print(a.data1)               # 访问类的共享属性 data1
a.data1 = 'abc'              # 为 data1 赋值,为实例对象创建私有属性
a.setinfo(100)               # 调用类方法设置属性值
a.showinfo()                 # 调用类方法显示属性值
```

执行上述代码,结果如图 7.23 所示。

案例7.25 使用 from 语句导入模块,使用 Test 类,示例代码如下。

```
from classTest import Test               # 导入模块
a = Test()                               # 创建实例对象
print(a.data1)                           # 访问类的共享属性 data1
a.data1 = 500                            # 为 data1 赋值,为实例对象创建私有属性
a.setinfo(10)                            # 调用类方法设置属性值
a.showinfo()                             # 调用类方法显示属性值
```

执行上述代码,结果如图 7.24 所示。

```
50
data1 = abc data2 = 100

进程已结束,退出代码0
```

```
50
data1 = 500 data2 = 10

进程已结束,退出代码0
```

图 7.23 案例 7.24 执行结果   图 7.24 案例 7.25 执行结果

7.7 异常的概述

7.7.1 异常的发生背景

学习过 C 语言或 Java 语言的用户都知道,在 C 语言或 Java 语言中,编译器可以捕获很多语法错误。但在 Python 语言中,只有在程序运行后才会执行语法检查。所以,在运行或测试程序时才知道该程序能不能正常运行。因此,掌握一定的异常处理语句和程序调试方法是十分必要的。

7.7.2 异常的特点

在程序运行的过程中,经常会遇到各种各样的错误,这些错误统称为"异常"。这些异常有的是由于开发者一时疏忽将关键字输入错误导致的,这类错误多数产生 SyntaxError: invalid syntax(无效的语法)异常,这将直接导致程序不能运行。这类异常是显式的,在开发阶段很容易被发现。还有一类异常是隐式的,通常和使用者的操作有关。表 7.2 列出了 Python 中常见的异常及说明。

表 7.2 Python 中常见的异常及其说明

异　　常	说　　明
NameError	尝试访问一个没有声明的变量引发的错误
IndexError	索引超出序列范围引发的错误
IndentationError	缩进错误
ValueError	传入的信息错误
KeyError	请求一个不存在的字典关键字引发的错误
IOError	输入输出错误(如要读取的文件不存在)
ImportError	当 import 语句无法找到模块或 from 语句无法在模块中找到相应的名称时引发的错误
AttributeError	尝试访问未知的对象属性引发的错误
TypeError	类型不合适引发的错误
MemoryError	内存不足

7.8 异常处理基本结构和用法

7.8.1 try 结构语句

在 Python 中,异常处理的基本结构是 try 结构,try 结构语句主要包括 try…except…语句、try…except…else 语句和 try…except…finally 语句。

1. try…except…语句

在使用 try…except…结构语句处理异常时,把可能产生异常的代码放在 try 语句块中,把处理结果放在 except 语句块中,这样,当 try 语句块中的代码出现错误时,就会执行 except 语句块中的代码,可以使用多个 except 语句捕获多种异常。但如果 try 语句块中的代码没有错误,那么将不执行 except 语句块。具体的语法格式如下。

```
try:
    block1
```

```
except [ExceptionName [as alias]]:
    block2
```

其中,block1 为可能出现错误的代码块;ExceptionName [as alias]为可选参数,用于指定要捕获的异常,ExceptionName 表示要捕获的异常名称,如果在其右侧加上 as alias,则表示为当前的异常指定一个别名,通过该别名可以记录异常的具体内容;block2 为进行异常处理的代码块,在这里可以输出固定的提示信息,也可以通过别名输出异常的具体内容。

说明:使用 try…except…语句捕获异常后,当程序出错时,输出错误信息后,程序会继续执行。

案例 7.26　定义一个函数,并输入一个整数,判断 15 除以这个整数是否大于或等于 3。使用多个 except 语句,若输入的数不是整数或分母为 0 时将分别抛出异常,示例代码如下。

```
def test():                                    # 定义一个函数
    number = int(input('请输入一个整数:'))      # 输入一个整数
    if 15 / number >= 3:                       # 判断 15 除以这个数是否大于或等于 3
        print('ok')
    else:
        print('wrong')
try:                                           # 捕获异常
    test()
except ZeroDivisionError:                      # 处理 ZeroDivisionError 异常
    print('分母为 0 的异常')
except ValueError:                             # 处理 ValueError 异常
    print('传入的值异常')
```

执行上述代码,输入数字 5,结果如图 7.25 所示;输入数字 0,结果如图 7.26 所示;输入浮点数 5.0,结果如图 7.27 所示。

```
请输入一个整数:5
ok

进程已结束,退出代码0
```

```
请输入一个整数:0
分母为0的异常

进程已结束,退出代码0
```

```
请输入一个整数:5.0
传入的值异常

进程已结束,退出代码0
```

图 7.25　案例 7.26 执行　　　图 7.26　案例 7.26 执行　　　图 7.27　案例 7.26 执行
结果(1)　　　　　　　　　结果(2)　　　　　　　　　结果(3)

2. try…except…else 语句

在 Python 中,还有另一种异常处理结构,即 try…except…else 语句,也就是在原来 try…except 语句的基础上再添加一个 else 子句,用于指定当 try 语句块中没有发现异常时要执行的语句块。如果 try 代码块的子句出现了异常且该异常被 except 子句所捕获,则可以执行相应的异常处理代码,此时就不会执行 else 代码块中的子句;如果 try 代码块中的代码没有抛出异常,则继续执行 else 代码块。基本语法格式如下。

```
try:
    block1
except [ExceptionName [as alias]]:
    block2
```

```
    else:
        block3
```

案例 7.27　定义一个函数,并输入一个整数,判断 15 除以这个整数是否大于或等于 3。若输入的数不是整数或分母为 0 时将分别抛出异常,没有抛出异常时将会执行 else 代码块语句,示例代码如下。

```
def test():                              # 定义一个函数
    num = int(input('请输入一个整数:'))     # 输入一个整数
    print('输入值为:',num)
try:                                     # 捕获异常
    test()
except ValueError:                       # 处理 ValueError 异常
    print('ValueError 异常')
else:                                    # 没有抛出异常时执行 else 语句
    print('当前程序未出现异常')
```

执行上述代码,输入数字 5,结果如图 7.28 所示;输入浮点数 5.0,结果如图 7.29 所示。

```
请输入一个整数:5
输入值为:   5
当前程序未出现异常

进程已结束,退出代码0
```

图 7.28　案例 7.27 执行结果(1)

```
请输入一个整数:5.0
ValueError异常

进程已结束,退出代码0
```

图 7.29　案例 7.27 执行结果(2)

3. try…except…finally 语句

完整的异常处理语句应该包含 finally 代码块,通常情况下,无论程序中是否有异常产生,finally 代码块中的代码都会被执行。在日常开发过程中,try…except…finally 结构语句通常用来做清理工作,用来释放 try 代码块中申请的资源。基本语法格式如下。

```
try:
    block1
except [ExceptionName [as alias]]:
    block2
finally:
    block3
```

案例 7.28　定义一个函数,并输入一个整数,判断 15 除以这个整数是否大于或等于 3。若输入的数不是整数或分母为 0 时将分别抛出异常,无论是否抛出异常,都会执行 finally 代码块语句,示例代码如下。

```
def test():                              # 定义一个函数
    num = int(input('请输入一个整数:'))     # 输入一个整数
    print(num)
try:                                     # 捕获异常
    test()
except KeyError:                         # 处理 KeyError 异常
```

```
    print('KeyError 异常')
finally:                          # 无论是否抛出异常都执行
    print('finally 语句已成功执行')
```

执行上述代码,输入数字 5,结果如图 7.30 所示;输入浮点数 5.0,结果如图 7.31 所示。

```
请输入一个整数:5.0
finally语句已成功执行
Traceback (most recent call last):
  File "D:/py/面向对象和异常处理/test.py", line 5, in <module>
    test()
  File "D:/py/面向对象和异常处理/test.py", line 2, in test
    num = int(input('请输入一个整数:'))        # 输入一个整数
ValueError: invalid literal for int() with base 10: '5.0'

进程已结束,退出代码1
```

```
请输入一个整数:5
5
finally语句已成功执行

进程已结束,退出代码0
```

图 7.30　案例 7.28 执行结果(1)　　　　图 7.31　案例 7.28 执行结果(2)

至此,已经介绍了异常处理语句的 try…except、try…except…else 和 try…except…finally 等形式。下面通过图 7.32 说明异常处理语句各子句的执行关系。

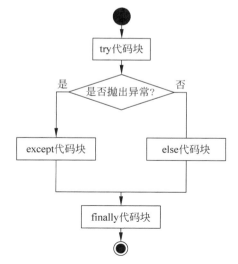

图 7.32　异常处理语句各子句的执行关系

7.8.2　except…as 语句

在 except 语句中可以使用 as 为异常类创建一个实例对象。

案例 7.29　定义一个列表,并使其第 1 个元素与 0 相除,再处理多种异常,并用 as 为异常类指定别名,示例代码如下。

```
a = [10,20]
try:                                        # 捕获异常
    a[0]/0
except (ZeroDivisionError,IndexError) as exp:   # 处理多种异常
    print('抛出异常:')
```

```
    print('异常类型:',exp.__class__.__name__)        # 输出异常类名称
    print('异常信息:',exp)                          # 输出异常信息
```

```
抛出异常:
异常类型:  ZeroDivisionError
异常信息:  division by zero

进程已结束,退出代码0
```

图 7.33　案例 7.29 执行结果

执行上述代码,结果如图 7.33 所示。

7.8.3　捕捉所有异常

except 语句省略了异常类型,则不管发生何种类型的异常,均会执行 except 代码块中的异常处理代码。如果异常的种类不确定,则可以使用 Exception 指代所有种类的异常。

案例 7.30　一个数值和一个字符串相加,用 except 语句捕获所有类型异常,示例代码如下。

```
try:                                # 捕获异常
    print(10 + 'string')
except Exception as exe:            # 为异常指定别名
    print(exe)
```

执行上述代码,结果如图 7.34 所示。

```
unsupported operand type(s) for +: 'int' and 'str'

进程已结束,退出代码0
```

图 7.34　案例 7.30 执行结果

除了可以用 except 语句捕获所有类型的异常,还可以进一步使用 sys.exc_info()方法获得详细的异常信息。sys.exc_info()方法返回一个三元组(type,value,traceobj)。其中,type 为异常类的类型,用 type.__name__属性可获得异常类名称;value 为异常类的实例对象,直接打印可获得异常描述信息;traceobj 是一个堆栈跟踪对象(traceback 对象),使用 traceback 模块的 print_tb()方法可获得堆栈跟踪信息。

案例 7.31　定义一个列表,输出列表内不存在的值,使用 sys.exc_info()方法获得详细的异常信息,示例代码如下。

```
a = [10,20,30]
try:                                # 捕获异常
    print(a[4])
except:                             # 处理异常
    import sys                      # 导入 sys 模块
    a = sys.exc_info()             # 将 sys.exc_info()结果赋值给变量 a
    print('异常类型:%s' % a[0].__name__)
    print('异常描述:%s' % a[1])
    print('堆栈跟踪信息:')
    import traceback                # 导入 traceback 模块
    traceback.print_tb(a[2])        # 跟踪堆栈信息
```

执行上述代码,结果如图 7.35 所示。

说明:当输出 a[4]时,超出了序列的范围,所以异常类型为 IndexError,异常描述为列表索引超出范围。

```
异常类型: IndexError
异常描述: list index out of range
堆栈跟踪信息:
    File "D:/py/面向对象和异常处理/test.py", line 3, in <module>
        print(a[4])


进程已结束,退出代码0
```

图 7.35   案例 7.31 执行结果

7.8.4   异常处理结构的嵌套

Python 允许在异常处理结构的内部嵌套另一个异常处理结构。当内层代码出现异常,指定异常类型与实际类型不符时,则向外传;如果与外层的指定类型符合,则异常被处理,直至最外层,运用默认处理方法进行处理,即停止程序,并抛出异常信息。

案例 7.32   定义一个列表,嵌套两层异常处理,示例代码如下。

```
a = [10,20]
try:                                    # 外层捕获异常
    try:                                # 内层捕获异常
        10/0
    except ZeroDivisionError:           # 内层处理 ZeroDivisionError 异常
        print('内部除 0 异常')
        a[2]/2
except IndexError:                      # 外层处理 IndexError 异常
    print('外层下标越界异常')
```

执行上述代码,结果如图 7.36 所示。

```
内部除0异常
外层下标越界异常

进程已结束,退出代码0
```

图 7.36   案例 7.32 执行结果

7.9   异常处理语句

7.9.1   raise 语句

如果某个函数或方法可能会抛出异常,但不想在当前函数或方法处理这个异常,则可以使用 raise 语句在函数或方法中抛出异常。raise 语句的基本语法格式如下。

```
raise [ExceptionName[(reason)]]
```

其中,ExceptionName[(reason)]为可选参数,用于指定抛出的异常名称,以及异常信息的相关描述,如果省略,则会把当前的错误原样抛出;reason 参数也可以省略,如果省略,则在抛出异常时不附带任何描述信息。

案例 7.33   用 try…except 语句捕获异常,判断用户输入的是否为数字,并用 raise 语句抛出异常,示例代码如下。

```
try:                                    # 捕获异常
    x = input("请输入一个数:")
    if (not x.isdigit()):               # 判断用户输入的是否为数字
        raise ValueError("x必须是数字")
except ValueError as e:                 # 处理 ValueError 异常
    print("引发异常:", str(e))
```

执行上述代码,结果如图 7.37 所示。

raise 语句通常有以下 3 种用法。

1. raise

单独一个 raise,该语句引发当前上下文中捕获的异常(如在 except 代码块中),或默认抛出 RuntimeError 异常。

案例 7.34　判断用户输入的是否为数字,并单独执行 raise 语句,示例代码如下。

```
请输入一个数: abc
引发异常:　x必须是数字

进程已结束,退出代码0
```

图 7.37　案例 7.33 执行结果

```
try:                                    # 捕获异常
    x = input("请输入一个数:")
    if(not x.isdigit()):                # 判断用户输入的是否为数字
        raise                           # 单独一个 raise 语句会抛出 RuntimeError 异常
except RuntimeError as e:               # 处理 RuntimeError 异常
    print("引发异常:",repr(e))
```

执行上述代码,结果如图 7.38 所示。

```
请输入一个数: a
引发异常:　RuntimeError('No active exception to reraise')

进程已结束,退出代码0
```

图 7.38　案例 7.34 执行结果

2. raise　异常类名称

raise 后带一个异常类名称,表示引发执行类型的异常。

案例 7.35　判断用户输入的是否为数字,raise 后面接 ValueError 异常,示例代码如下。

```
try:                                    # 捕获异常
    x = input("请输入一个数:")           # 判断用户输入的是否为数字
    if(not x.isdigit()):
        raise ValueError
except ValueError as e:                 # 处理 ValueError 异常
    print("引发异常:",repr(e))
```

```
请输入一个数: p
引发异常:　ValueError()

进程已结束,退出代码0
```

图 7.39　案例 7.35 执行结果

执行上述代码,输入一个字母 p,结果如图 7.39 所示。

3. raise　异常类名称(描述信息)

在引发指定类型异常的同时,附带异常的描述信息。

案例 7.36　判断用户输入的是否为数字,raise 后面接 ValueError 异常,并添加描述信息,最后再执行一次 raise 语句,示例代码如下。

```
try:                              # 捕获异常
    x = input("请输入一个数:")      # 判断用户输入的是否为数字
    if(not x.isdigit()):
        raise ValueError("x 必须是数字")
except ValueError as e:           # 处理 ValueError 异常
    print("引发异常:",repr(e))
    raise                         # 再次执行 raise 语句,引发异常
```

执行上述代码,输入一个字母 p,结果如图 7.40 所示。

```
请输入一个数: p
引发异常:  ValueError('x必须是数字')
Traceback (most recent call last):
  File "D:/py/面向对象和异常处理/test.py", line 4, in <module>
    raise ValueError("x必须是数字")
ValueError: x必须是数字

进程已结束,退出代码1
```

图 7.40　案例 7.36 执行结果

说明:try 代码块中使用 raise 抛出了 ValueError 异常,程序会跳转到 except 代码块中执行输出打印语句,然后执行 raise 语句再次引发刚刚发生的异常,导致程序出现错误而终止运行。

7.9.2　异常链:异常引发异常

可以通过 raise…from 语句使用异常引发另一个异常。

案例 7.37　引发除 0 异常,再通过 raise…from 语句引发另一个异常,示例代码如下。

```
try:
    10/0                              # 引发除 0 异常
except Exception as e:
    raise IndexError('下标越界') from e   # 引发另一个异常
```

执行上述代码,结果如图 7.41 所示。

```
Traceback (most recent call last):
  File "D:/py/面向对象和异常处理/test.py", line 2, in <module>
    10/0                              # 引发除0异常
ZeroDivisionError: division by zero

The above exception was the direct cause of the following exception:

Traceback (most recent call last):
  File "D:/py/面向对象和异常处理/test.py", line 4, in <module>
    raise IndexError('下标越界') from e      # 引发另一个异常
IndexError: 下标越界

进程已结束,退出代码1
```

图 7.41　案例 7.37 执行结果

7.10 程序调试

7.10.1 使用自带的 IDLE 调试

多数集成开发工具都提供了程序调试功能。例如,IDLE(Integrated Development and Learning Environment)也提供了程序调试功能。使用 IDLE 进行程序调试的基本步骤如下。

(1) 打开 IDLE,执行 Debug→Debugger 菜单命令,打开 Debug Control 对话框(此时该对话框是空白的),同时 IDLE 窗口中显示"[DEBUG ON]"(表示已经处于调试状态),如图 7.42 所示。

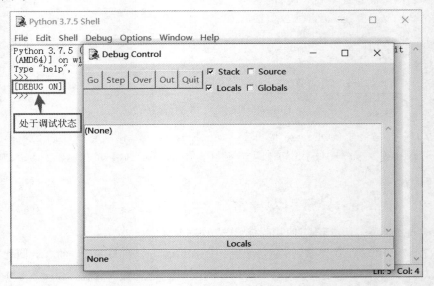

图 7.42 处于调试状态的 Python Shell

(2) 打开或创建一个预调试文件。此处新建一个文件,在 Python Shell 窗口中执行 File→New File 菜单命令,新建一个要调试的文件,并保存在"D:\py\面向对象和异常处理"目录下,命名为 test1.py,文件代码如下。

```python
def test():
    n = int(input('请输入一个整数:'))
    m = 5
    if n > m:              # 此处添加断点查看 n 当前的值
        n += 100
    else:
        n -= 100
    print(n)               # 此处添加断点查看 n 当前的值
    n *= 100
    print(n)               # 此处添加断点查看 n 当前的值
try:
    test()
except:
    pass
```

创建后的文件如图 7.43 所示。

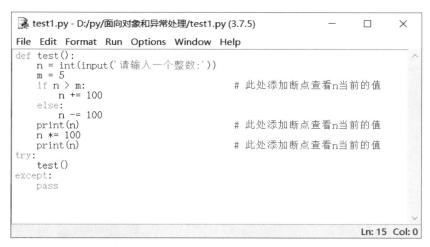

图 7.43　创建一个预调试文件

（3）添加断点。在想要添加断点的行上右击，在弹出的快捷菜单中选择 Set Breakpoint。添加断点的行将以黄色底纹标记（添加断点的原则是程序执行到这个位置时，想要查看某些变量的值，就在这个位置添加一个断点），如图 7.44 所示。

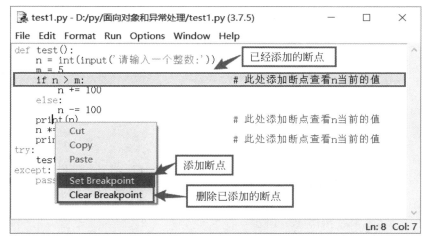

图 7.44　添加断点

（4）添加所需的断点后，按 F5 快捷键执行程序，这时 Debug Control 对话框中将显示程序的执行信息，勾选 Globals 复选框，将显示全局变量（默认只显示局部变量），如图 7.45 所示。

（5）单击 Go 按钮继续执行程序，直到设置的第 1 个断点。由于在 test1.py 文件中，第 1 个断点之前需要获取用户的输入，所以需要先在 Python Shell 窗口中输入一个整数。此处输入 20，输入后 Debug Control 窗口中的数据将发生变化，如图 7.46 所示。

（6）继续单击 Go 按钮，程序将执行到下一个断点，查看变量的变化，直到全部断点都执行完毕。调试工具栏中的按钮将变为不可用状态，如图 7.47 所示。

（7）程序调试完毕后，可以关闭 Debug Control 窗口，此时在 Python Shell 窗口中将显示"[DEBUG OFF]"（表示已经结束调试），如图 7.48 所示。

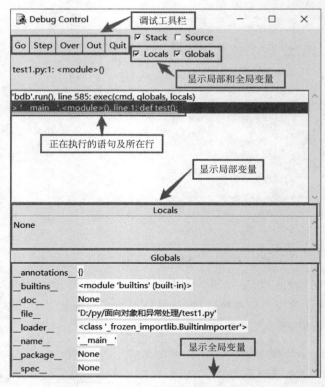

图 7.45　显示程序的执行信息

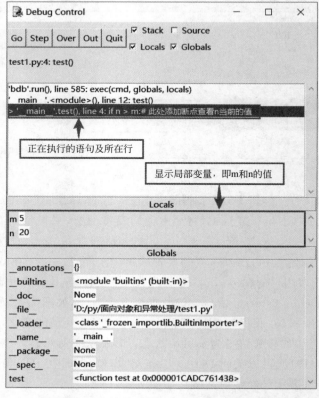

图 7.46　显示到第 1 个断点的变量信息

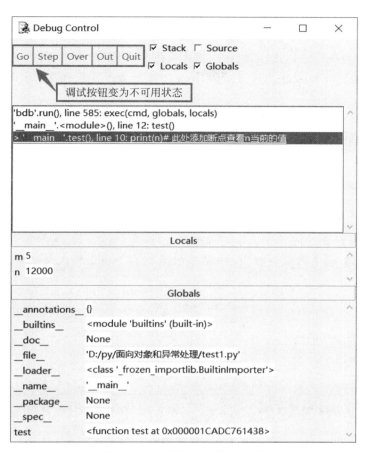

图 7.47 全部断点均被执行完毕

```
Python 3.7.5 Shell                                    —    □    ×
File  Edit  Shell  Debug  Options  Window  Help
Python 3.7.5 (tags/v3.7.5:5c02a39a0b, Oct 15 2019, 00:11:34) [MSC v.1916 64 bit
(AMD64)] on win32
Type "help", "copyright", "credits" or "license()" for more information.
>>>
[DEBUG ON]
>>>
==================== RESTART: D:/py/面向对象和异常处理/test1.py ==============
=========
请输入一个整数:20
120
12000
[DEBUG ON]
>>>
[DEBUG OFF]
>>>
                                                                    Ln: 13  Col: 4
```

图 7.48 调试结束

7.10.2 使用 assert 语句调试

assert 语句可以把可能出现问题的变量输出,以便查看,一般用于对某个时刻必须满足的条件进行验证。assert 语句的基本语法格式如下。

```
assert expression [,reason]
```

其中,expression 为条件表达式,如果该表达式的值为真,则什么都不做;如果为假,则抛出 AssertionError 异常。reason 为可选参数,用于对判断条件进行描述,为了以后更好地知道哪里出现了问题。

案例 7.38 输入考试分数,若分数位于正常范围内,则正常运行,否则抛出 AssertionError 异常,示例代码如下。

```
# 判断考试分数是否位于正常范围内
mark = int(input('请输入你的考试分数:'))
assert 0 <= mathmark <= 100
# 只有当 mark 位于[0,100],程序才会继续执行
print("考试分数为:",mark)
```

执行上述代码,输入考试分数为 90,结果如图 7.49 所示;输入考试分数为 101,结果如图 7.50 所示。

```
请输入你的考试分数: 90
考试分数为: 90

进程已结束,退出代码0
```

```
请输入你的考试分数: 101
Traceback (most recent call last):
  File "D:/py/面向对象和异常处理/test.py", line 3, in <module>
    assert 0 <= mark <= 100
AssertionError

进程已结束,退出代码1
```

图 7.49　案例 7.38 执行结果(1)　　　　图 7.50　案例 7.38 执行结果(2)

说明:assert 语句只在调试阶段有效,通过在执行 Python 命令时加入-O(大写)参数关闭 assert 语句。

扫一扫
视频讲解

7.11　课业任务

课业任务 7.1　烤地瓜综合应用

【能力测试点】

类的定义;定义实例属性和实例方法;if…else 语句的用法;__str__方法;对象的创建。

【任务实现步骤】

(1) 打开 PyCharm,新建一个 Python 文件,本课业任务以"任务 7.1"命名。

(2) 任务需求:定义一个类,初始化属性、被烤和添加调料的方法;定义显示对象信息的__str__方法,用于输出对象状态;再分别输出初始地瓜的状态、3 分钟后地瓜的状态、8 分钟后地瓜的状态。代码如下。

```
class SweetPotato():              # 定义类
    def __init__(self):
        self.cookTime = 0         # 烤地瓜被烤的时间
        self.cookState = '生的'    # 烤地瓜的状态
        self.condiments = [ ]     # 需要准备的调料列表
    def cook(self, time):
```

```
        # 先计算地瓜整体烤过的时间
        self.cookTime += time
        # 用整体烤过的时间再判断地瓜的状态
        if 0 <= self.cookTime < 3:
            self.cookState = '生的'
        elif 3 <= self.cookTime < 6:
            self.cookState = '半生不熟'
        elif 5 <= self.cookTime < 10:
            self.cookState = '已熟'
        elif self.cookTime >= 8:
            self.cookState = '已糊'
    def add_condiments(self, condiment):
        self.condiments.append(condiment)            # 添加烤地瓜调料
    def __str__(self):
        return f'这个地瓜已经烤了{self.cookTime}分钟，状态是{self.cookState}，调料有
{self.condiments}'
# 创建对象并调用对应的实例方法
sweetpotato = SweetPotato()
# 最初的状态
print(sweetpotato)
# 经过3分钟后的状态
sweetpotato.cook(3)
sweetpotato.add_condiments('孜然酱')
print(sweetpotato)
# 再经过8分钟后的状态
sweetpotato.cook(8)
sweetpotato.add_condiments('芥末酱')
print(sweetpotato)
```

运行程序,结果如图 7.51 所示。

```
这个地瓜已经烤了0分钟，状态是生的，调料有[]
这个地瓜已经烤了3分钟，状态是半生不熟，调料有['孜然酱']
这个地瓜已经烤了11分钟，状态是已糊，调料有['孜然酱', '芥末酱']

进程已结束，退出代码0
```

图 7.51　课业任务 7.1 运行结果

扫一扫

视频讲解

课业任务 7.2　搬家具综合应用

【能力测试点】

定义类;定义实例属性和实例方法;if…else 语句的使用;__str__方法;对象的创建。

【任务实现步骤】

(1) 打开 PyCharm,新建一个 Python 文件,本课业任务以"任务 7.2"命名。

(2) 任务需求:定义一个家具类,初始化属性、家具名称和家具占地面积;再定义一个房子类,初始化属性、地理位置、房屋面积、剩余面积、家具列表;再定义显示对象信息的__str__方法,用于输出对象状态;最后调用房子类将以上信息进行输出。代码如下。

```
class Furniture():
    def __init__(self, name, area):
        # 家具名称
        self.name = name
        # 家具占地面积
```

```
            self.area = area
class Home():
    def __init__(self, position, area):
        # 地理位置
        self.position = position
        # 房屋面积
        self.area = area
        # 剩余面积
        self.residual_area = area
        # 家具列表
        self.furniture = []
    def __str__(self):
        return f'房子地理位置在{self.position}, 房屋面积是{self.area}, 剩余面积{self.
residual_area}, 家具有{self.furniture}'
    def add_furniture(self,item):
        # 容纳家具
        # 占地面积足够大时添加可容纳的家具
        if self.residual_area >= item.area:
            self.furniture.append(item.name)
            self.residual_area -= item.area            # 剩余面积
        else:                                          # 否则占地面积小,不能容纳该家具
            print('面积不足,家具容纳不下')
bed = Furniture('双人床', 20)                          # bed实参引用
sofa = Furniture('沙发', 40)
chest = Furniture('衣柜', 50)
home = Home('深圳',100)
print(home)
# 添加双人床
home.add_furniture(bed)
print(home)
# 再添加沙发
home.add_furniture(sofa)
print(home)
# 再添加衣柜
home.add_furniture(chest)
print(home)
```

运行程序,结果如图 7.52 所示。

```
房子地理位置在深圳, 房屋面积是100, 剩余面积100, 家具有[]
房子地理位置在深圳, 房屋面积是100, 剩余面积80, 家具有['双人床']
房子地理位置在深圳, 房屋面积是100, 剩余面积40, 家具有['双人床', '沙发']
面积不足, 家具容纳不下
房子地理位置在深圳, 房屋面积是100, 剩余面积40, 家具有['双人床', '沙发']

进程已结束,退出代码0
```

图 7.52　课业任务 7.2 运行结果

扫一扫

视频讲解

课业任务 7.3　获取学生基本信息

【能力测试点】

类的定义；isinstance()函数的使用。

【任务实现步骤】

(1) 打开 PyCharm,新建一个 Python 文件,本课业任务以"任务 7.3"命名。

（2）任务需求：定义一个学生类 Student，类的属性包括姓名、年龄、成绩（语文、数学、英语），获取学生的姓名、年龄以及 3 科中最高的分数，代码如下。

```python
class Student():
    # 对当前对象的实例的初始化
    def __init__(self, name, age, score):
        self.name = name
        self.age = age
        self.score = score
    # isinstance()函数判断一个对象是否是一个已知的类型，类似 type
    def get_name(self):
        if isinstance(self.name, str):          # 返回 str 类型
            return self.name
    def get_age(self):
        if isinstance(self.age, int):           # 返回 int 类型
            return self.age
    def get_course(self):
        a = max(self.score)                     # 获取最高的分数
        if isinstance(a, int):                  # 返回 int 类型
            return a
xm = Student('小明', 15, [73, 92, 74])
print(xm.get_name())
print(xm.get_age())
print(xm.get_course())
```

运行程序，结果如图 7.53 所示。

课业任务 7.4　计算体重指数

【能力测试点】

函数的定义；if…else 语句的用法；try…except…else 语句的用法。

【任务实现步骤】

（1）打开 PyCharm，新建一个 Python 文件，本课业任务以"任务 7.4"命名。

（2）任务需求：定义一个函数计算体重指数，并定义一个函数对体重指数进行评估，再定义一个函数对输入数字的异常进行捕获和处理，代码如下。

```
小明
15
92

进程已结束,退出代码0
```

图 7.53　课业任务 7.3
运行结果

扫一扫

视频讲解

```python
def calculate_bmi(height, weight):              # 计算体重指数
    return weight / height ** 2
def evaluate_bmi(bmi):                          # 评估体重指数
    if bmi < 18.5:
        return '偏瘦'
    elif 18.5 <= bmi < 25:
        return '正常'
    elif 25 <= bmi < 30:
        return '偏胖'
    else:
        return '肥胖'
def main():
    try:                                        # 捕获异常
        height = float(input('请输入你的身高(m):'))
        weight = float(input('请输入你的体重(kg):'))
```

```
        except ValueError:                    # 处理 ValueError 异常
            print('输入错误,请输入有效数字!')
        else:                                  # 若没有引发异常,则执行 else 语句
            bmi = round(calculate_bmi(height, weight), 1)
            evaluation = evaluate_bmi(bmi)
            print(f'你的体重指数是{bmi}')
            print(f'这被认为{evaluation}!')
    main()
```

请输入你的身高(m):1.75
请输入你的体重(kg):58kg
输入错误, 请输入有效数字!

进程已结束,退出代码0

图 7.54　课业任务 7.4
运行结果

(3) 运行程序,输入身高 1.75,输入体重 58kg,由于体重输入多加了英文字母,将抛出 ValueError 异常,结果如图 7.54 所示。

课业任务 7.5　加法器

【能力测试点】

while 循环语句的使用;异常处理结构的嵌套。

【任务实现步骤】

(1) 打开 PyCharm,新建一个 Python 文件,本课业任务以"任务 7.5"命名。

(2) 任务需求:使用 while 循环和异常处理结构的嵌套对输入的加数进行异常捕获,以及捕获异常后重新输入加数,最后输出两个加数的和,代码如下。

```
print(' = ' * 10,'加法器',' = ' * 10)
first = ''                               # 第 1 个加数
second = ''                              # 第 2 个加数
while True:
    if type(first) == str:
        first = input('请输入第 1 个加数:')
        try:                             # 捕获异常
            first = int(first)
        except:                          # 处理异常
            try:                         # 嵌套捕获异常
                first = float(first)
            except:                      # 处理异常
                print('请输入有效数值!')
                continue                 # 重新执行
    if type(second) == str:
        second = input('请输入第 2 个加数:')
        try:                             # 捕获异常
            second = int(second)
            break                        # 跳出循环
        except:                          # 处理异常
            try:                         # 嵌套捕获异常
                second = float(second)
                break                    # 跳出循环
            except:                      # 处理异常
                print('请输入有效数值!')
                continue                 # 重新执行
print(first + second)                    # 输出相加的结果
```

运行程序,结果如图 7.55 所示。

```
========== 加法器 ==========
请输入第 1 个加数：2c
请输入有效数值！
请输入第 1 个加数：25
请输入第 2 个加数：3a
请输入有效数值！
请输入第 2 个加数：35
60

进程已结束，退出代码0
```

图 7.55　课业任务 7.5 运行结果

习题 7

1. 选择题

(1) 索引和分片重载的主要方法有(　　)。

A. __getitem__　　B. __setitem__

C. __delitem__　　D. __add__

(2) 由传入的值错误引发的异常是(　　)。

A. ValueError　　B. KeyError　　C. ImportError　　D. IOError

(3) 下列关于 try…except…finally 语句的说法中正确的是(　　)。

A. 抛出异常时执行　　B. 不抛出异常时执行

C. 无论是否抛出异常都执行　　D. 无论是否抛出异常都不执行

(4) 进行 Python 程序调试时，需要执行到某处时可以添加(　　)。

A. 间断点　　B. 分隔符　　C. 分行符　　D. 断点

(5) 下列选项中不是 raise 语句常用方法的是(　　)。

A. raise　　B. raise 异常类名称

C. raise 异常类名称(描述信息)　　D. raise(描述信息)

(6) (　　)类是所有异常类的父类。

A. Throwable　　B. Error　　C. Exception　　D. BaseException

2. 填空题

(1) 在 Python 中，定义类的关键字是________。

(2) Python 类的构造方法是________，它在________对象时被调用，可以用来进行一些属性________操作。

(3) Python 类的析构方法是________，它在________对象时调用，可以进行一些释放资源的操作。

(4) 可以从现有的类定义新的类，这称为类的________，新的类称为________，而原来的类称为________、父类或超类。

(5) 创建对象后，可以使用________运算符调用其成员。

3. 简答题

(1) 实例对象的主要特点有哪些？

(2) 异常处理的语句有哪些？

第8章

文件和数据组织

在变量、序列和对象中存储的数据是暂时的,程序结束后就会丢失。为了能够长时间地保存程序中的数据,需要将程序中的数据保存到磁盘文件中。本章将通过具体案例详细介绍文本文件、CSV 文件的读写方法,并介绍数据组织的维度以及排序和查找算法。本章还将通过 6 个综合课业任务对如何处理文件和保存数据进行实例演示,以便让程序使用更方便。

【教学目标】

- 了解 Python 文件的类型及操作
- 掌握 os 模块和 shutil 模块的文件及目录操作
- 熟悉 Python 的文件类型及操作
- 掌握 os 模块和 shutil 模块在实际操作中的应用
- 熟练掌握二进制文件和 CSV 文件的读写操作
- 理解并掌握数据组织的维度以及排序和查找相关算法

【课业任务】

王小明想使用 Django+百度翻译 API 开发一个智能语音识别与翻译平台,Django 是一个开放源代码的 Web 应用框架,由 Python 写成。在学习完 Python 课程的面向对象和异常处理知识后,需要熟悉 Python 文件和数据组织的使用,现通过 6 个课业任务来完成。

课业任务 8.1　读写文本文件
课业任务 8.2　用文件存储对象
课业任务 8.3　目录基本操作
课业任务 8.4　读写 CSV 文件
课业任务 8.5　使用选择排序算法进行升序排序
课业任务 8.6　使用二分查找法查找列表元素

8.1　文本文件的读写

8.1.1　文件类型

Python 的文件类型主要分为 3 种:源代码、字节码以及优化的字节码,这些代码都可以直接运行,不需要编译或连接。

1. 源代码

Python 的源代码文件以. py 为扩展名,由 python. exe 解释运行,可以在控制台运行,也可用文本编辑器打开并编辑。

案例 8.1　创建一个 Python 的源代码文件并执行。

（1）在 D:\py\test 路径下创建一个 helloworld1.py 文件。

（2）在 helloworld1.py 文件中输入以下代码。

```
print('helloworld')              # 输出 helloworld
```

（3）进入 DOS 窗口，先输入"d:"切换到 D 盘，再输入"cd D:\py\test"切换路径，然后输入"python helloworld1.py"命令就可以运行 helloworld1.py 文件程序，如图 8.1 所示。

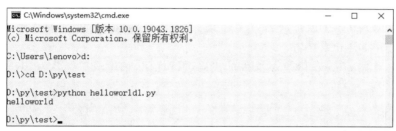

图 8.1　运行 helloworld1.py 文件程序的结果

2. 字节码

Python 的源代码文件经过编译之后生成扩展名为.pyc 的字节码文件，通过运行脚本可以将.py 文件编译成.pyc 文件。该文件不可用文本编辑器打开或编辑。

案例 8.2　创建一个 Python 的源代码文件并将其编译成扩展名为.pyc 的文件，并在 DOS 窗口中运行。

（1）在 D:\py\test 路径下创建一个 helloworld2.py 文件。

（2）在 helloworld2.py 文件中输入以下代码。

```
print('helloworld')              # 输出 helloworld
```

（3）进入 DOS 窗口，切换到 D:\py\test 路径后输入如下代码。当前目录下就会生成一个__pycache__目录，如图 8.2 所示，__pycache__目录下就是 Python 的源代码文件经过编译之后生成的扩展名为.pyc 的文件。

```
import py_compile                        # 导入 py_compile 模块
py_compile.compile("helloworld2.py")     # 对 helloworld2.py 进行编译
```

图 8.2　编译 helloworld2.py 文件结果

（4）切换到__pycache__目录，运行 helloworld2.py 文件程序，示例代码如下。

```
python helloworld2.cpython - 37.pyc          # 执行 helloworld2.cpython - 37.pyc 文件
```

执行上述代码,结果如图 8.3 所示。

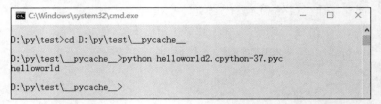

图 8.3　运行 helloworld2.cpython-37.pyc 文件结果

3. 优化的字节码

经过优化的字节码生成扩展名为.pyo 的文件,需要通过命令行工具生成。该类文件也不能用文本编辑器打开或编辑。

案例 8.3　将 helloworld2.py 文件的代码进行优化,编译成扩展名为.pyc 的文件,示例代码如下。

```
# 优化代码并编译 helloworld2.py 文件
python - O - m py_compile helloworld2.py
```

在 DOS 窗口中切换到 D:\py\test 路径,执行上述代码,源代码文件所在目录下的__pycache__目录中会生成 helloworld2.cpython-37.opt-1.pyc 文件,如图 8.4 和图 8.5 所示。

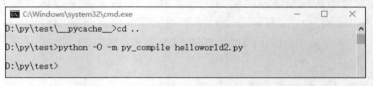

图 8.4　优化代码后编译 helloworld2.py 文件

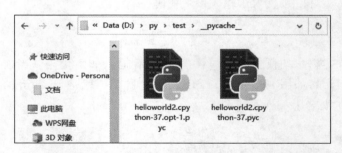

图 8.5　生成的 helloworld2.cpython-37.opt-1.pyc 文件

说明:目前以.pyo 为扩展名的形式已经作废,均采用.pyc 作为扩展名,在文件名称上进行区别,详见 https://www.python.org/dev/peps/pep-0488/。

8.1.2　数据文件操作

和其他编程语言一样,Python 也具有操作文件的能力,如创建文件、打开文件、读取和追加数据、关闭文件等。

1. 创建和打开文件

使用 open() 函数可以创建或打开指定的文件并创建文件对象。open() 函数的完整语法格式如下。

```
open(file, mode = 'r', buffering = − 1, encoding = None, errors = None, newline = None,
closefd = True, opener = None)
```

参数说明如下。
- file：必需，文件路径(相对或绝对路径)。
- mode：可选，用于指定文件打开模式。
- buffering：可选，用于设置缓冲策略。
- encoding：用于编码或解码文件的编码名称，一般使用 UTF-8。
- errors：可选，报错级别。
- newline：控制通用换行模式如何运行(只支持文本模式)。
- closefd：传入的 file 参数类型。

open()函数的 mode 参数取值如表 8.1 所示。

表 8.1　open()函数的 mode 参数取值

参数值	说　明	注　意
r	打开一个文件只用于读取。文件的指针将会放在文件的开头	文件必须存在
rb	以二进制格式打开一个文件用于只读。文件指针将会放在文件的开头。一般用于非文本文件，如图片、声音等	
r+	打开一个文件用于读写。文件指针将会放在文件的开头	
rb+	以二进制格式打开一个文件用于读写。文件指针将会放在文件的开头。一般用于非文本文件，如图片、声音等	
w	打开一个文件只用于写入	若文件存在，则将其覆盖，即原有内容会被删除；否则，创建新文件
wb	以二进制格式打开一个文件只用于写入。一般用于非文本文件，如图片、声音等	
w+	打开一个文件用于读写	
wb+	以二进制格式打开一个文件用于读写。一般用于非文本文件，如图片、声音等	
a	打开一个文件用于追加	若该文件已存在，文件指针将会放在文件的结尾(即新的内容将会被写入已有内容之后)；否则，创建新文件进行写入
ab	以二进制格式打开一个文件用于追加	
a+	打开一个文件用于读写。如果该文件已存在，文件指针将会放在文件的结尾。文件打开时会是追加模式；否则，创建新文件用于读写	如果想要读取文件内容，需要将文件指针移动到文件开头
ab+	以二进制格式打开一个文件用于追加。如果该文件已存在，文件指针将会放在文件的结尾；否则，创建新文件用于读写	

案例 8.4　创建一个 Python 文件。
若要打开一个不存在的文件，需要先创建该文件，创建文件代码如下。

```
file = open('python学习.txt','w')      # 以只写模式打开文件
file.close()                           # 关闭文件
```

执行上述代码，结果如图 8.6 所示。
说明：在调用 open()函数时，指定 mode 参数取值为 w、w+、a、a+，就可以创建新文件了。

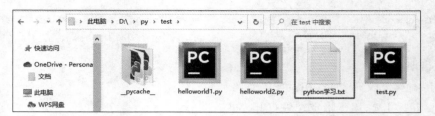

图 8.6　案例 8.4 执行结果

图 8.7　创建图片
文件

open()函数除了可以以文本的形式打开文本文件,还可以以二进制形式打开图片、音频和视频等非文本文件。

案例 8.5　创建一个图片文件,并用二进制格式打开该文件。

(1) 创建一个名称为 python.png 的图片文件,如图 8.7 所示。

(2) 以二进制格式打开文件,示例代码如下。

```
file = open('python.png','rb')        # 以二进制格式打开文件,并且采用只读模式
print(file)                           # 输出创建的对象
file.close()                          # 关闭文件
```

执行上述代码,结果如图 8.8 所示。

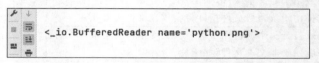

图 8.8　以二进制格式打开文件

open()函数在打开文件时,默认采用 GBK 编码,当被打开的文件不是 GBK 编码时,将会报错。

案例 8.6　创建一个文本文件,分别以未指定编码格式和指定编码格式读取文件内容。

(1) 创建一个文本文件,命名为 1.txt,默认为 UTF-8 格式,如图 8.9 所示。

图 8.9　新建 1.txt 文本文件

(2) 未指定编码格式读取文件内容,示例代码如下。

```
file = open('1.txt','r')              # 以只读模式打开文件
print(file.read())                    # 读取文件信息
file.close()                          # 关闭文件
```

执行上述代码,会出现如图 8.10 所示的报错信息。

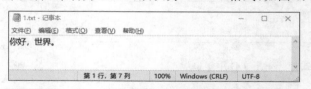

图 8.10　未指定编码格式读取文件报错

（3）指定编码格式读取文件内容,示例代码如下。

```
# 以只读模式打开文件,并指定编码格式为 UTF - 8
file = open('1.txt','r',encoding = 'utf - 8')
print(file.read())                   # 读取文件
file.close()                         # 关闭文件
```

执行上述代码,结果如图 8.11 所示。

2. 关闭文件

打开文件后需要及时关闭,以免对文件造成不必要的
破坏。若打开文件时抛出了异常,那么将导致文件不能被
及时关闭,可以使用文件对象的 close()方法关闭文件。
close()方法的基本语法格式如下。

图 8.11　指定编码格式读取文件

```
file.close()
```

说明：close()方法先刷新缓冲区中还没有写入的信息,接着再关闭文件,这样可以将没
有写入文件的内容写入文件。关闭文件后,便不能再进行写入操作了。

3. 打开文件时使用 with 语句

Python 提供 with 语句,在处理文件时,无论是否抛出异常,都能保证 with 语句执行完
毕后关闭已经打开的文件。with 语句的基本语法格式如下。

```
with expression as target:
    with - body
```

参数说明如下。

- expression：用于指定一个表达式,可以是打开文件的 open()函数。
- target：用于指定一个变量,并且将 expression 的结果保存到该变量中。
- with-body：用于指定 with 语句体,可以是执行 with 语句后相关的一些操作语句,
  也可以使用 pass 语句代替。

案例 8.7　用 with 语句打开文件,示例代码如下。

```
print("\n"," = " * 10,"with 语句演示"," = " * 10)
with open('python 学习.txt','r',encoding = "utf - 8") as file:          # 打开文件
    pass
print("\n 显示......\n")
# 如果文件已被关闭,返回 True,否则返回 False
print("文件关闭了吗?",file.closed)
```

执行上述代码,结果如图 8.12 所示。

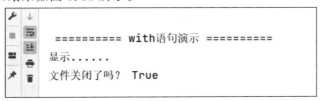

图 8.12　案例 8.7 执行结果

4. 写入文件

以上操作虽然创建并打开了文件,但是并没有向文件写入任何内容。使用文件对象的write()方法可以向文件写入内容。write()方法的基本语法格式如下。

```
file.write(string)
```

参数说明如下。

- file:打开的文件对象。
- string:要写入的字符串。

案例 8.8　向"python 学习.txt"文件写入内容,示例代码如下。

```
with open('python 学习.txt','w', encoding = 'utf-8') as file:    # 打开文件
    file.write('人生苦短,我用 python.')                          # 写入内容
```

执行上述代码,打开"python 学习.txt"文件,如图 8.13 所示。

图 8.13　案例 8.8 执行结果

向文件中写入内容时,如果采用 w(写入)模式打开文件,则会先删掉原有的内容,再写入新的内容;而如果采用 a(追加)模式打开文件,则不会删掉文件原有的内容,而是在文件的末尾处追加新内容。

案例 8.9　向"python 学习.txt"文件追加内容,示例代码如下。

```
with open('python 学习.txt','a', encoding = 'utf-8') as file:    # 打开文件
    file.write('\n 这是追加的内容.')                             # 追加内容
```

执行上述代码,打开"python 学习.txt"文件,如图 8.14 所示。

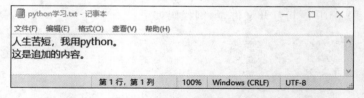

图 8.14　案例 8.9 执行结果

5. 读取文件

向文件写入和追加内容后,可以用 Python 读取文件内容,读取文件内容主要分以下几种情况。

1) 读取指定字符

使用文件对象的 read()方法可以读取指定个数的字符,基本语法格式如下。

```
file.read([size])
```

其中,file 为打开的文件对象；size 为可选参数,用于指定要读取的字符个数,若省略,则一次性读取整个文件内容。

案例 8.10 读取"python 学习.txt"文件的前 4 个字符,示例代码如下。

```
with open('python 学习.txt','r',encoding = 'utf - 8') as file:     # 打开文件
str = file.read(4)                                                # 读取前 4 个字符
print(str)
```

图 8.15 案例 8.10 执行结果

执行上述代码,结果如图 8.15 所示。

说明：调用 read()方法读取文件内容的前提是打开文件时需要指定 r(只读)或 r+(读写)模式,否则会抛出异常。

2）读取一行

使用文件对象的 readline()方法可以每次读取一行数据,基本语法格式如下。

```
file.readline()
```

其中,file 为打开的文件对象。打开文件时,需要指定打开模式为 r(只读)或 r+(读写)。

案例 8.11 读取"python 学习.txt"文件的一行内容,示例代码如下。

```
with open('python 学习.txt','r',encoding = 'utf - 8') as file:     # 打开文件
line = file.readline()                                            # 读取一行内容
print(line)
```

执行上述代码,结果如图 8.16 所示。

3）读取全部行

使用文件对象的 readlines()方法可以读取全部行,读取全部行时,返回的是一个字符串列表,每个元素为文件的一行内容,基本语法格式如下。

图 8.16 案例 8.11 执行结果

```
file.readlines()
```

其中,file 为打开的文件对象。打开文件时,需要指定打开模式为 r(只读)或 r+(读写)。

案例 8.12 读取"python 学习.txt"文件的全部内容,示例代码如下。

```
with open('python 学习.txt','r',encoding = 'utf - 8') as file:     # 打开文件
    lines = file.readlines()                                       # 读取全部行
    print(lines)
```

执行上述代码,结果如图 8.17 所示。

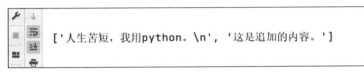

图 8.17 案例 8.12 执行结果

8.1.3　读写二进制文件

二进制文件的好处是没有文件格式,直接读写数据,不用对格式进行编码或解码。二进制文件读写的是 bytes 字节串类型。

案例 8.13　创建一个二进制文件,并向文件写入内容,示例代码如下。

```
with open('code.txt','wb') as myfile:          # 创建二进制文件
    myfile.write(b'1234')                       # 将 bytes 字节串写入文件
    myfile.write(b'\nabcd')
```

执行上述代码,将创建 code.txt 文件并写入内容,如图 8.18 所示。

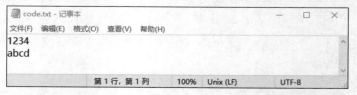

图 8.18　案例 8.13 执行结果

案例 8.14　以只读模式读取 code.txt 文件内容,示例代码如下。

```
with open('code.txt','r') as myfile:           # 以只读模式打开二进制文件
    co = myfile.read()                          # 读取全部内容
    print(co)                                   # 打印全部内容
```

执行上述代码,结果如图 8.19 所示。

案例 8.15　以读二进制文件模式读取 code.txt 文件内容,示例代码如下。

```
with open('code.txt','rb') as myfile:          # 以读二进制文件模式打开二进制文件
    c = myfile.read()                           # 读取全部内容
    print(c)                                    # 打印全部内容
```

执行上述代码,结果如图 8.20 所示。

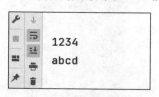

图 8.19　案例 8.14 执行结果

图 8.20　案例 8.15 执行内容

8.1.4　用文件存储对象

用文本文件或二进制文件格式直接存储 Python 中的各种对象,通常需要进行烦琐的转换。使用 Python 标准模块 pickle 可以处理文件中对象的读写。pickle 模块的 dump() 和 load() 函数是基于文件的 Python 对象与二进制互转,用这两种函数进行文件存储对象。

dump() 函数可以将对象序列化存入已打开的文件中,基本语法格式如下。

```
pickle.dump(obj, file,[,protocol])
```

参数说明如下。

- obj：要序列化的 obj 对象。
- file：必需，参数 file 表示 obj 要写入的文件对象，file 必须以二进制可写模式打开，即 'wb'。
- protocol：序列化模式，默认为 0（ASCII 协议，表示以文本的形式进行序列化）。

load() 函数可以将对象反序列化，从文件读取数据，将文件中的对象序列化读出，基本语法格式如下。

```
pickle.load(file)
```

其中，file 为文件名称，必须以二进制可读模式打开，即 'rb'。

8.1.5　os 模块的目录操作

目录是一种特殊的文件，它存储当前目录中的子目录和文件的相关信息。Python 没有提供直接对目录和文件进行操作的函数或对象，需要导入其内置的 os 模块及其子模块 os.path 来实现。常用的目录操作有判断目录是否存在、创建目录、删除目录、遍历目录等。

1. os 和 os.path 模块

使用 Python 的 os 模块及其子模块 os.path 可以对目录或文件进行操作。通过 os 模块的通用变量可以获取与系统相关的信息。os 模块常用变量有以下几个。

（1）name：用于获取操作系统类型，如果 os.name 的输出结果为 nt，则表示是 Windows 操作系统；如果输出结果为 posix，则表示是 Linux、UNIX 或 Mac OS 操作系统。

（2）linesep：用于获取当前操作系统的换行符（在 Windows 系统下为 '\r\n'，在 Linux 系统下为 '\n'）。

（3）sep：用于获取当前操作系统所使用的路径分隔符（在 Windows 系统下为 '\\'，在 Linux 系统下为 '/'）。

案例 8.16　在 Windows 操作系统下分别输出 os.name、os.linesep 和 os.sep 变量，如图 8.21 所示。

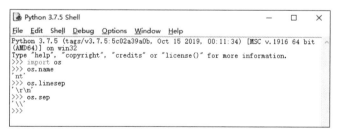

图 8.21　os 模块常用变量

os 模块还提供了一些操作目录的函数，如表 8.2 所示。

表 8.2　os 模块中操作目录的函数及使用方法

函　　数	使 用 方 法
getcwd()	返回当前工作目录
listdir(path)	返回指定路径下的文件和目录信息
mkdir(path[,mode])	创建单层目录，若该目录已存在，则抛出异常

续表

函　　数	使 用 方 法
makedirs(path1/path2…[,mode])	创建多级目录
rmdir(path)	删除单层目录,若该目录非空,则抛出异常
removedirs(path1/path2…)	删除多级目录
chdir(path)	把 path 设置为当前工作目录
walk(top[,topdown[,onerror]])	遍历目录树,返回一个元组,包括所有路径名、所有目录列表和文件列表 3 个元素

另外,os. path 模块也提供了一些操作目录的函数,如表 8.3 所示。

表 8.3　os. path 模块中操作目录的函数及使用方法

函　　数	使 用 方 法
abspath(path)	获取文件或目录的绝对路径
exists(path)	判断目录或文件是否存在,如果存在则返回 True,否则返回 False
join(path,name)	将目录与目录或文件名拼接起来
splitext()	分离文件名和扩展名
basename(path)	从一个目录中提取文件名
dirname(path)	从一个路径中提取文件路径(不包括文件名)
isdir(dir)	判断是否为有效路径

2. 路径

路径是用于定位一个文件或目录的字符串。在程序开发时,通常会涉及两种路径,分别是相对路径和绝对路径。

1) 相对路径

在学习相对路径之前,需要先了解什么是当前工作目录。当前工作目录是指当前文件所在的目录。使用 os 模块的 getcwd()函数可以获取当前工作目录。

案例 8.17　在 D:\test\py\test. py 文件中获取当前的工作目录,示例代码如下。

```
import os                    ＃ 导入 os 模块
print(os.getcwd())           ＃ 输出当前工作目录
```

执行上述代码,结果如图 8.22 所示。

相对路径依赖于当前工作目录。如果在当前工作目录下有一个子目录 t1,并且在该子目录下保存着 111. txt 文件,那么在打开这个文件时就可以写为 t1/111. txt,示例代码如下。

图 8.22　案例 8.17 执行结果

D:\py\test

```
with open("t1/111.txt") as file:              ＃ 通过相对路径打开文件
    pass
```

说明:在 Python 中,指定文件路径时需要对路径分隔符"\"进行转义,即将路径中的"\"替换为"\\"。

若不想转义,可以将路径分隔符"\"用"/"代替,或者在表示路径的字符串前面加上字母 r(或 R),示例代码如下。

```
with open(r"t1\111.txt") as file:             ＃ 通过相对路径打开文件
    pass
```

2）绝对路径

绝对路径是指在使用文件时指定文件的实际路径,它不依赖于当前工作目录。使用os.path 模块的 abspath()函数可以获取文件的绝对路径,基本语法格式如下。

```
os.path.abspath(path)
```

其中,path 为要获取绝对路径的相对路径,可以是文件或目录。

案例8.18 获取相对路径 t1\111.txt 的绝对路径,示例代码如下。

```
import os                                    # 导入 os 模块
print(os.path.abspath(r"t1\111.txt"))        # 获取绝对路径
```

执行上述代码,结果如图 8.23 所示。

图 8.23 案例 8.18 执行结果

3）拼接路径

使用 os.path 模块的 join()函数可以将两个或多个路径拼接到一起组成一个新的路径,基本语法格式如下。

```
os.path.join(path1[,path2[,...]])
```

其中,path1 为初始路径;path2 为要拼接在 path1 之后的文件路径,路径间使用逗号进行分隔。如果在要拼接的路径中没有一个绝对路径,那么最后拼接出来的将是一个相对路径。

案例8.19 将 D:\py\test 和 t1\111.txt 路径拼接,示例代码如下。

```
import os                                                  # 导入 os 模块
print(os.path.join(r"D:\py\test",r"t1\111.txt"))           # 拼接路径
```

执行上述代码,结果如图 8.24 所示。

图 8.24 案例 8.19 执行结果

3. 判断目录是否存在

使用 os.path 模块的 exists()函数可以判断给定的目录是否存在。os.path.exists()函数除了可以判断目录是否存在,还可以判断文件是否存在。exists()函数的基本语法格式如下。

```
os.path.exists(path)
```

其中,path 为要判断的目录,可以采用相对路径或绝对路径。如果给定的路径存在,则返回

True,否则返回 False。

案例 8.20　判断 C:\test 是否存在,示例代码如下。

```
import os                              # 导入 os 模块
print(os.path.exists(r"C:\test"))     # 判断 C:\test 是否存在
```

False

图 8.25　案例 8.20 执行结果

执行上述代码,结果如图 8.25 所示。

4. 创建目录

1) 创建一级目录

创建一级目录是指一次只能创建一级目录。通过 os 模块的 mkdir()函数只能创建指定路径中的最后一级目录,如果该目录的上一级不存在,则抛出 FileNotFoundError 异常;如果该目录已经存在,则抛出 FileExistError 异常。mkdir()函数的基本语法格式如下。

```
os.mkdir(path, mode = 0o777)
```

其中,path 用于指定要创建的目录,可以是相对路径或绝对路径;mode 用于指定为目录设置的权限数字模式,默认值为 0o777,表示权限全开,该参数在非 UNIX 系统上无效或被忽略。

案例 8.21　创建 C:\test 目录,示例代码如下。

```
import os                          # 导入 os 模块
print(os.mkdir(r"C:\test"))        # 创建 test 目录
```

执行上述代码,创建结果如图 8.26 所示。

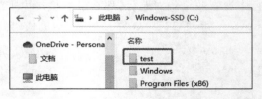

图 8.26　案例 8.21 执行结果

案例 8.22　再次执行案例 8.21 代码,将抛出如图 8.27 所示的异常。

```
Traceback (most recent call last):
    File "D:/py/test/test.py", line 4, in <module>
        print(os.mkdir(r"C:\test"))
FileExistsError: [WinError 183] 当文件已存在时, 无法创建该文件。: 'C:\\test'
```

图 8.27　再次创建 test 目录抛出异常

2) 创建多级目录

使用 mkdir()函数只能创建一级目录,而使用 os 模块的 makedirs()函数可以创建多级目录,该函数采用递归的方式创建目录。makedirs()函数的基本语法格式如下。

```
os.makedirs(name, mode = 0o777)
```

其中,name 用于指定要创建的目录,可以是相对路径或绝对路径;mode 用于指定为目录设置的权限数字模式,默认值为 0o777,表示权限全开,该参数在非 UNIX 系统上无效或被忽略。

案例 8.23 在 C:\test 目录下创建 test1 子目录,在 test1 目录下创建 test2 子目录,在 test2 目录下再创建 python 子目录,示例代码如下。

```
import os                                          # 导入 os 模块
print(os.makedirs(r"C:\test\test1\test2\python"))  # 创建 test1\test2\python 目录
```

执行上述代码,创建后的目录结构如图 8.28 所示。

图 8.28　案例 8.23 执行结果

5. 删除目录

使用 os 模块的 rmdir() 函数可以删除目录。使用 rmdir() 函数时,只有当目录为空时才可进行删除。rmdir() 函数的基本语法格式如下。

```
os.rmdir(path)
```

其中,path 为要删除的目录,可以是相对路径或绝对路径。

案例 8.24 删除 C:\test\test1\test2 目录下的 python 目录,示例代码如下。

```
import os                                       # 导入 os 模块
print(os.rmdir(r"C:\test\test1\test2\python"))  # 删除 python 目录
```

执行上述代码,删除 python 空目录,结果如图 8.29 所示。

图 8.29　案例 8.24 执行结果

说明:使用 rmdir() 函数只能删除空目录,如果想要删除非空目录,则需要使用 Python 的另一个标准模块 shutil 的 rmtree() 函数实现。

shutil 模块的 rmtree() 函数可以递归删除一个目录以及目录内的所有内容。rmtree() 函数的基本语法格式如下。

```
shutil.rmtree(src)
```

其中,src 为源目录。

案例 8.25   删除不为空的 C:\test\test1 目录,示例代码如下。

```
import shutil                              # 导入 shutil 模块
shutil.rmtree(r"C:\test\test1")           # 删除 C:\test 目录下 test1 子目录及其内容
```

执行上述代码,递归删除目录,结果如图 8.30 所示。

图 8.30   案例 8.25 执行结果

说明:区别这里和 os 模块中 remove()、rmdir()函数的用法,remove()函数只能删除某个文件,rmdir()函数只能删除某个空目录,而 shutil 模块中的 rmtree()函数可以递归彻底删除非空目录。

6. 遍历目录

遍历目录是对指定的目录下的全部目录(包括子目录)及文件运行一遍。在 Python 中,os 模块的 walk()函数可以实现遍历目录的功能。walk()函数的基本语法格式如下。

```
os.walk(top[, topdown][, onerror][, followlinks])
```

参数说明如下。

- top:用于指定要遍历内容的根目录。
- topdown:可选参数,为 True 或未指定,则从上到下扫描目录,否则自下而上扫描目录。
- onerror:可选参数,用于指定错误处理方式,默认为忽略。
- followlinks:可选参数,若为 True 则访问由符号链接指向的目录。

案例 8.26   遍历 D:\py\test 目录,示例代码如下。

```
import os                                  # 导入 os 模块
t = os.walk(r"D:\py\test")                # 遍历 D:\py\test 目录
for t1 in t:                               # 通过 for 循环输出遍历结果
    print(t1,"\n")                         # 输出每级目录的元组
```

执行上述代码,结果如图 8.31 所示。

```
('D:\\py\\test', ['t1', '__pycache__'], ['1.txt', 'code.txt', 'helloworld1.py', 'helloworld2.py',
 'python.png', 'python学习.txt', 'test.py'])

('D:\\py\\test\\t1', [], ['111.txt'])

('D:\\py\\test\\__pycache__', [], ['helloworld2.cpython-37.opt-1.pyc', 'helloworld2.cpython-37
 .pyc'])
```

图 8.31   案例 8.26 执行结果

8.2 高级文件操作

8.2.1 shutil 模块的文件操作

shutil 模块是对 os 模块的补充,主要针对文件的复制、移动等操作。

1. 复制文件

使用 shutil 模块的 copy()函数可以进行文件的复制。copy()函数的基本语法格式如下。

```
shutil.copy(src,dst)
```

其中,src 为源文件;dst 为目标目录,如果是一个已经存在的目录,则会将 src 复制到该目录中;否则会创建相应的文件。

案例 8.27 将 D:\py\test 目录中的 1.txt 文件复制到一个不存在的 D:\py\test\test1 目录,系统会默认将 test1 识别为文件名,示例代码如下。

```
import shutil                        # 导入 shutil 模块
src = r"D:\py\test\1.txt"            # 要复制的文件
dst = r"D:\py\test\test1"            # 目录 D:\py\test\test1 不存在,将识别为目标文件
shutil.copy(src,dst)
```

执行上述代码后,将 1.txt 文件复制为 test1 文件,打开后如图 8.32 所示。

图 8.32 案例 8.27 执行结果

2. 移动文件

使用 shutil 模块的 move()函数可以移动文件。move()函数的基本语法格式如下。

```
shutil.move(src,dst)
```

其中,src 为源文件;dst 为目标目录。

说明:移动文件后,原来位置的文件就没有了。目标目录不存在时,会报错。

案例 8.28 在 D:\py\test 目录下新建一个 t2 目录和 2.txt 文件,然后将 D:\py\test\2.txt 文件移动到 D:\py\test\t2 目录,示例代码如下。

```
import shutil                        # 导入 shutil 模块
src = r"D:\py\test\2.txt"            # 要移动的文件
dst = r"D:\py\test\t2"               # 移动到 t2 目录
shutil.move(src,dst)
```

执行上述代码,将 2.txt 文件移动到 t2 目录,如图 8.33 所示。

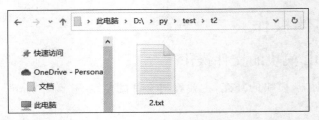

图 8.33　案例 8.28 执行结果

8.2.2　os 模块的文件操作

os 模块除了可以对目录进行操作,还可以对文件进行一些高级操作,如删除文件、重命名文件、获取文件信息等。

1. 删除文件

使用 os 模块的 remove() 函数可以删除文件。remove() 函数的基本语法格式如下。

```
os.remove(path)
```

其中,path 为要删除的文件路径,可以是相对路径或绝对路径。

案例 8.29　删除 D:\py\test\t2 目录下的 2.txt 文件,示例代码如下。

```
import os                             ♯ 导入 os 模块
print(os.remove(r"D:\py\test\t2\2.txt"))   ♯ 删除 2.txt 文件
```

执行上述代码,删除 D:\py\test\t2\2.txt 文件,结果如图 8.34 所示。

图 8.34　案例 8.29 执行结果

2. 重命名文件

使用 os 模块的 rename() 函数可以重命名文件。rename() 函数的基本语法格式如下。

```
os.rename(src,dst)
```

其中,src 为源文件或目录;dst 为目标文件或目录。

案例 8.30　将 code.txt 文件重命名为 new_code.txt,示例代码如下。

```
import os                        ♯ 导入 os 模块
src = r"D:\py\test\code.txt"      ♯ 要重命名的文件
dst = r"D:\py\test\new_code.txt"  ♯ 重命名后的文件
print(os.rename(src,dst))
```

执行上述代码,将 code.txt 文件重命名,结果如图 8.35 所示。

3. 获取文件信息

使用 os 模块的 stat() 函数可以获取文件信息。stat() 函数的基本语法格式如下。

new_code.txt

图 8.35 案例 8.30 执行结果

```
os.stat(path)
```

其中，path 为要获取文件基本信息的文件路径。

stat() 函数返回的是一个对象，该对象包含如表 8.4 所示的属性。

表 8.4 stat() 函数返回对象的常用属性

属性名	含 义	属性名	含 义
st_mode	保护模式	st_ino	索引号
st_nlink	硬链接号（被连接数目）	st_dev	设备名
st_uid	用户 ID	st_gid	组 ID
st_size	文件大小，以字节为单位	st_mtime	文件最后一次修改时间
st_atime	最后一次访问时间	st_ctime	最后一次状态变化的时间，操作系统不会，该属性对应的结果也不同，如在 Windows 操作系统下返回的就是文件的创建时间

案例 8.31 获取 new_code.txt 文件的文件信息，示例代码如下。

```
import os                          # 导入 os 模块
print(os.stat("new_code.txt"))     # 获取 new_code.txt 的文件信息
```

执行上述代码，结果如图 8.36 所示。

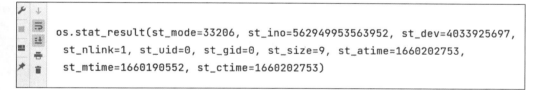

```
os.stat_result(st_mode=33206, st_ino=562949953563952, st_dev=4033925697,
  st_nlink=1, st_uid=0, st_gid=0, st_size=9, st_atime=1660202753,
  st_mtime=1660190552, st_ctime=1660202753)
```

图 8.36 案例 8.31 执行结果

8.2.3 shutil 模块的目录操作

shutil 模块也可以对目录进行操作，常用的目录操作有目录的复制、移动、删除等。

1. 复制目录

使用 shutil 模块的 copytree() 函数可以复制目录。copytree() 函数的基本语法格式如下。

```
shutil.copytree(src,dst)
```

其中，src 为源目录；dst 为目标目录。

说明：这里只能是移动到一个空目录，而不能包含其他文件的非空目录，否则会抛出 PermissionError 异常。

案例 8.32 将 D:\py\test 目录复制到一个不存在的 D:\py\test\copy_test 目录，示例

代码如下。

```
import shutil                          # 导入 shutil 模块
src = r"D:\py\test"                    # 要复制的 test 目录
dst = r"D:\py\test\copy_test"          # D:\py\test\copy_test 目录不存在,是指定的目录
shutil.copytree(src,dst)
```

执行上述代码,复制 D:\py\test 目录,结果如图 8.37 所示。

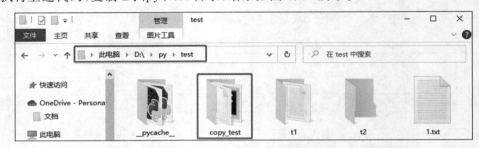

图 8.37　案例 8.32 执行结果

2. 移动目录

使用 shutil 模块的 move()函数可以移动目录。move()函数的基本语法格式如下。

```
shutil.move(src,dst)
```

其中,src 为源目录;dst 为目标目录。

说明:移动目录后,原来位置的目录就没有了。目标目录不存在时,会报错。

案例 8.33　将 D:\py\test\copy_test 目录移动到 D:py\test\t2 目录,示例代码如下。

```
import shutil                          # 导入 shutil 模块
src = r"D:\py\test\copy_test"          # 要移动的目录
dst = r"D:\py\test\t2"                 # 移动后的目录
shutil.move(src,dst)
```

执行上述代码,移动 D:\py\test\copy_test 目录,结果如图 8.38 所示。

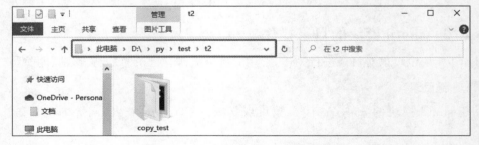

图 8.38　案例 8.33 执行结果

8.3　读写 CSV 文件

8.3.1　CSV 文件的基本概念

CSV 文件,即逗号分隔值(Comma Separated Values)文件,是一种纯文本文件,使用特

定的结构排列表格数据。可使用逗号、空格、制表符、其他字符或字符串作为分隔符。例如：

学号，	姓名，	分数
20220101，	lisi，	93
20220102，	wangwu，	86
20220103，	zhangsan，	88

8.3.2 将数据写入 CSV 文件

csv 模块提供了两种写对象的方法写入 CSV 文件数据：常规方法和字典。

1. 用常规方法写对象写入数据

常规写对象由 csv.writer() 函数创建，基本语法格式如下。

```
csvwriter = csv.writer(csvfile)
```

其中，csvwriter 用于引用写对象；csvfile 为 open() 函数返回的文件对象。

写对象的 writerow() 方法用于向 CSV 文件写入一行数据，基本语法格式如下。

```
csvwriter.writerow(data)
```

其中，data 为列表对象，包含一行 CSV 数据。

写对象的 writerows() 方法用于多行写入，将一个二维列表的每个列表写为一行，基本语法格式如下。

```
csvwriter.writerows(data)
```

其中，data 为列表对象，包含多行 CSV 数据。

案例 8.34 创建一个 CSV 文件，并用常规方法向 CSV 文件写入内容，示例代码如下。

```
import csv                              # 导入 csv 模块
header = ['学号','姓名','分数']
data = [('20220101','lisi','93'),
        ('20220102','wangwu','86'),
        ('20220103','zhangsan','88')]
with open('grade.csv','w',encoding = 'utf8',newline = '') as file :
# 以'w'模式创建 grade.csv 文件，encoding 设置编码格式为 UTF‐8，newline = ''表示
                                        # 读取的换行符保持不变
    writer = csv.writer(file)           # 常规方法获取输出数据流
    writer.writerow(header)             # 单行写入
    writer.writerows(data)              # 多行写入
```

执行上述代码，创建 grade.csv 文件，结果如图 8.39 所示。

2. 用字典写对象写入数据

字典写对象由 csv.DictWriter() 函数创建，基本语法格式如下。

▲	A	B	C
1	学号	姓名	分数
2	20220101	lisi	93
3	20220102	wangwu	86
4	20220103	zhangsan	88

图 8.39 案例 8.34 执行结果

```
csvwriter = csv.DictWriter(csvfile, fieldnames = 字段名列表)
```

其中,csvwriter 用于引用写对象; csvfile 为 open()函数返回的文件对象; fieldnames 用列表指定字段名,它决定键-值对中的各值的写入顺序。

写对象的 writerow()方法用于向 CSV 文件写入一行数据,基本语法格式如下。

```
csvwriter.writerow(data)
```

其中,data 为字典对象,包含一行 CSV 数据。

写对象的 writerows()方法用于多行写入,将一个列表中的每个字典写为一行,基本语法格式如下。

```
csvwriter.writerows(data)
```

其中,data 为字典对象,包含多行 CSV 数据。

案例 8.35　用字典写对象的方式向 grade.csv 文件写入数据,示例代码如下。

```
import csv                                              # 导入 csv 模块
header = ['学号','姓名','分数']
data = [{'学号':'20220101','姓名':'lisi','分数':'93'},
        {'学号':'20220102','姓名':'wangwu','分数':'86'},
        {'学号':'20220103','姓名':'zhangsan','分数':'88'}]
with open(grade.csv,'w',encoding = 'utf - 8',newline = '') as file : # 打开文件
    writer = csv.DictWriter(file,header)                 # 用字典获取输出数据流
    writer.writeheader()                                 # 写入字段名,当作表头
    writer.writerows(data)                               # 写入多行数据
```

执行上述代码,同样写入数据,结果与案例 8.34 相同。

8.3.3　读 CSV 文件

csv 模块提供了两种读取器对象读取 CSV 文件数据:常规读取器和字典读取器。

1. 常规读取器

csv 模块中的 reader()函数用于创建常规读取器对象,基本语法格式如下。

```
csvreader = csv.reader(csvfile, delimiter = '分隔符')
```

其中,csvreader 用于引用读取器对象; csvfile 为 open()函数返回的文件对象; delimiter 指定 CSV 文件使用的数据分隔符,默认为逗号。

案例 8.36　使用常规读取器从 grade.csv 文件中读取数据,示例代码如下。

```
import csv
# 读取 CSV 文件
with open(grade.csv, "r",encoding = 'utf - 8',newline = '') as file: # 打开文件
    read = csv.reader(file)                              # 读取文件
    for data in read:                                    # 将文件的每行数据进行遍历
        print(data)
```

执行上述代码,结果如图 8.40 所示。

2. 字典读取器

csv 模块中的 DictReader()函数用于创建字典读取器对象,基本语法格式如下。

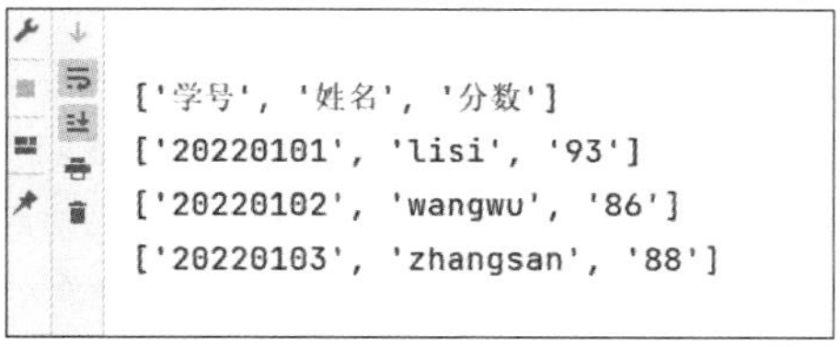

图 8.40　案例 8.36 执行结果

```
csvreader = csv.DictReader(csvfile)
```

其中,csvreader 用于引用读取器对象;csvfile 为 open()函数返回的文件对象。

案例 8.37　使用字典读取器从 grade.csv 文件中读取数据,示例代码如下。

```
import csv
# 读取 csv 文件
with open(grade.csv', "r",encoding = 'utf - 8',newline = '') as file:   # 打开文件
    read = csv.DictReader(file)                                          # 读取文件
    for data in read:                                                    # 将文件的每行数据进行遍历
        print(data)
```

执行上述代码,结果如图 8.41 所示。

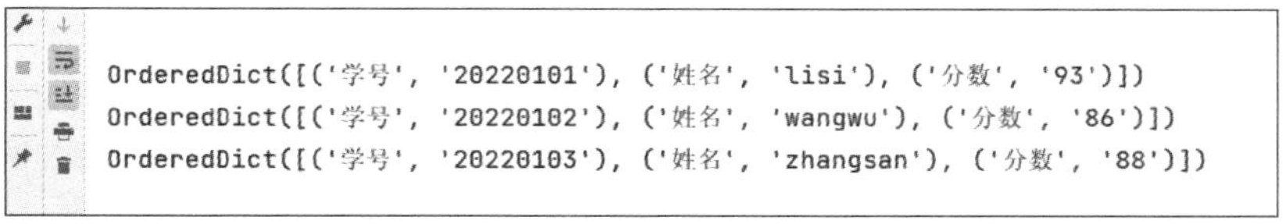

图 8.41　案例 8.37 执行结果

8.4　数据组织的维度

8.4.1　基本概念

计算机是能够直接操作数据的设备,在处理数据时,总是按一定的格式组织数据,以便提高处理效率。根据数据的关系不同,数据组织可以分为一维数据、二维数据和高维(或多维)数据。

1. 一维数据

一维数据具有线性的特点,采用线性的方式进行数据的组织,可以对应于序列类型,示例代码如下。

```
list = [1,2,3,4,5,6]
```

2. 二维数据

二维数据采用二维表格的形式进行组织,对应于数学中的矩阵,常见的表格也属于二维数据,示例代码如下。

```
list = [[1,2,3],
        [4,5,6],
        [7,8,9]
]
```

3. 高维数据

维度超过二维的数据都称为高维数据。高维数据由键值对类型的数据构成,采用对象方式组织,可多层嵌套,高维数据表达更灵活但是也更复杂。三维数组示例代码如下。

```
list = [[[1,2,3],
        [4,5,6]],
        [[1,2,3],
        [7,8,9]],
        [[4,5,6],
        [7,8,9]]
]
```

8.4.2　一维数据的处理

一维数据是简单的线性结构,在 Python 中可以用列表表示。一维数据可用文本文件进行存储,文件可使用空格、逗号、分号等作为数据的分隔符。在将一维数据写入文件时,除了写入数据之外,还需要额外写入分隔符;在从文件读取数据时,需使用分隔符分解字符串。

案例 8.38　创建一个文本文件,然后读取文件内容,再向文件写入一维数据。

(1) 在 test 目录下创建一个文本文件,命名为"一维数据.txt",并在文档中写入内容,如图 8.42 所示。

图 8.42　新建"一维数据.txt"文件

(2) 从"一维数据.txt"文件中读取数据,示例代码如下。

```
file = open("一维数据.txt",encoding = "utf-8")         # 打开文件
read = file.read()                                    # 读取文件
list = read.split()                                   # 从空格分隔的文件中读入数据
print(list)
file.close()                                          # 关闭文件
```

执行上述代码,结果如图 8.43 所示。

['广东', '广西', '湖南', '湖北']

图 8.43　读取一维数据

(3) 向"一维数据.txt"文件中写入一维数据,示例代码如下。

```
list = ['山东','山西','河南','河北']
file = open("一维数据.txt","w",encoding = "utf-8")     # 打开文件
file.write(" ".join(list))                            # 采用空格分隔方式将数据写入文件
file.close()                                          # 关闭文件
```

执行上述代码,打开"一维数据.txt"文件,显示如图 8.44 所示的结果。

图 8.44 写入一维数据

8.4.3 二维数据的处理

二维数据可看作嵌套的一维数据,即一维数据的每个数据项为一组一维数据,可使用 CSV 文件存储二维数据,从文件读取二维数据时应注意文件末尾的换行符处理。

案例 8.39 从 grade.csv 文件中读取二维数据,示例代码如下。

```
file = open("grade.csv","r",encoding = "utf - 8")    # 打开文件
list = [ ]
for l in file:
    l = l.replace("\n","")                           # 根据每行结束都有回车的习惯
    list.append(l.split(","))                         # 括号内得到由,分隔开的列表
print(list)
file.close()                                         # 关闭文件
```

执行上述代码,结果如图 8.45 所示。

```
[['学号', '姓名', '分数'], ['20220101', 'lisi', '93'], ['20220102', 'wangwu', '86'],
  ['20220103', 'zhangsan', '88']]
```

图 8.45 案例 8.39 执行结果

案例 8.40 将数据写入 grade.csv 文件,示例代码如下。

```
list = [['1,2,3'],['4,5,6'],['7,8,9']]              # 二维列表
file = open(grade.csv','w')                          # 打开文件
for i in list:                                       # 将二维列表的每个一维列表写入文件
    file.write(','.join(i) + "\n")
file.close()                                         # 关闭文件
```

执行上述代码,打开 grade.csv 文件,结果如图 8.46 所示。

案例 8.41 将二维数据进行逐一处理,示例代码如下。

```
list = [[1,2,3],[7,8,9]]                             # 二维列表
# 对二维列表的每个数据进行遍历
for data in list:                                    # 将每个列表进行遍历
    for c in data:                                   # 将每个列表中的数据进行遍历
        print(c)
```

执行上述代码,结果如图 8.47 所示。

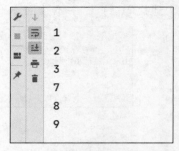

	A	B	C
1	1	2	3
2	4	5	6
3	7	8	9

图 8.46　案例 8.40 执行结果　　　　　图 8.47　案例 8.41 执行结果

8.4.4　数据排序

Python 列表的 sort()函数和内置的 sorted()函数都可用于排序,常见的排序算法有选择排序、冒泡排序和插入排序。

1. 选择排序

选择排序(Selection Sort)是一种简单直观的排序算法。它的工作原理是在未排序序列中找到最小(大)的一个元素,存放到序列的起始位置(与起始位置进行交换),再从剩余未排序元素中继续寻找最小(大)元素,然后放到已排序序列的末尾。以此类推,直到所有元素均排序完毕。选择排序是不稳定的排序方法。

案例 8.42　使用选择排序将乱序的数字从小到大排序,示例代码如下。

```python
def selection_sort(aList):
    # 将 aList 长度赋值给 n
    n = len(aList)
    # 需要进行 n-1 次选择操作
    for i in range(n - 1):
        # 记录最小位置
        min_index = i
        # 从 i+1 位置到末尾选择出最小数据
        for j in range(i + 1, n):
            if aList[j] < aList[min_index]:
                min_index = j
        # 如果选择出的数据不在正确位置,进行交换
        if min_index != i:
            aList[i], aList[min_index] = aList[min_index], aList[i]
list = [32, 54, 65, 21, 18, 99]
print(list)              # 输出排序前的列表
selection_sort(list)
print(list)              # 输出排序后的列表
```

执行上述代码,结果如图 8.48 所示。

```
[32, 54, 65, 21, 18, 99]
[18, 21, 32, 54, 65, 99]
```

图 8.48　案例 8.42 执行结果

2. 冒泡排序

冒泡排序(Bubble Sort)也是一种简单直观的排序算法。它的工作原理是重复地访问要排序的元素,依次比较两个相邻的元素,如果它们的顺序错误,就交换它们的位置。重复进行,直到没有相邻的元素需要交换,也就是说该元素列表已经排序完成。

案例 8.43 使用冒泡排序将乱序的数字从小到大排序,示例代码如下。

```
def bubbleSort(aList):
    # 将 aList 长度赋值给 n
    n = len(aList)
    # 为了方便交换,循环时操作的不是具体元素,而是索引
    for i in range(n):
        # 增加标志,用于优化
        flag = True
        # 内循环每次将最大值放在最右边
        for j in range(n - i - 1):
            # 当 j 的值大于 j + 1 的值,交换位置
            if aList[j] > aList[j + 1]:
                aList[j], aList[j + 1] = aList[j + 1], aList[j]
                flag = False
        if flag:
            break
list = [56, 24, 52, 88, 49, 75]
print(list)                # 输出排序前的列表
bubbleSort(list)
print(list)                # 输出排序后的列表
```

执行上述代码,结果如图 8.49 所示。

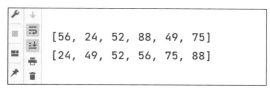

[56, 24, 52, 88, 49, 75]
[24, 49, 52, 56, 75, 88]

图 8.49 案例 8.43 执行结果

3. 插入排序

插入排序(Insertion Sort)的工作原理是将元素列表中未排序的数据依次插入有序序列中。从元素列表的第 1 个数据(已排序序列)开始,按顺序将后面未排序的数据依次插入前面已排序的序列中。对每个未排序数据进行插入,将该数据依次与相邻的前一个数据进行比较,如果顺序错误则交换位置,直到不需要交换,则该数据插入完成。重复以上步骤,直到所有数据插入完成为止。插入排序是一种稳定的排序算法。

案例 8.44 使用插入排序将乱序的数字从小到大排序,示例代码如下。

```
def insertionSort(aList):
    # 将 aList 长度赋值给 n
    n = len(aList)
    # 注意是从第 2 个位置开始向前插入元素
    for i in range(1, n):
        j = i - 1
        cur = aList[i]
```

```
        # 将 cur 与它前面的元素相比较,如果前面的值大于 cur
        while aList[j] > cur and j >= 0:
            # 将索引为 j 的数往右移
            aList[j + 1] = aList[j]
            # 获取更前面的值的索引,实现 cur 值与其前面的值的循环比较
            j -= 1
        aList[j + 1] = cur
list = [40, 55, 10, 25, 75, 31]
print(list)                      # 输出排序前的列表
insertionSort(list)
print(list)                      # 输出排序后的列表
```

执行上述代码,结果如图 8.50 所示。

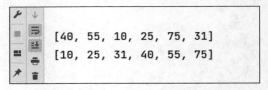

图 8.50　案例 8.44 执行结果

8.4.5　数据查找

查找是指从元素集合中找到某个特定元素的过程。查找过程通常返回 True 或 False,分别表示元素是否存在。有时,可以修改查找过程,使其返回目标元素的位置。

1. 顺序查找

顺序查找是从列表第 1 个元素开始,顺序进行搜索,直到找到元素或搜索到列表最后一个元素为止,如果到最后都未发现要查找的元素,则查找失败。

案例 8.45　使用顺序查找元素是否在列表内,示例代码如下。

```
def linearSearch(ls, val):
    # 遍历列表
    for i in range(len(ls)):
     # 判断 i 的值是否等于要查找的值
     if ls[i] == val:
        # 成功,返回索引
        return i
    # 失败,返回 None
    return None
list = [15,54,39,84,20,11,23]
print(linearSearch(list,20))              # 查找列表内的元素
print(linearSearch(list,56))              # 查找列表外的元素
```

执行上述代码,结果如图 8.51 所示。

图 8.51　案例 8.45 执行结果

2. 二分法查找

二分法查找是一种在有序数组中查找某一特定元素的搜索算法。搜索过程从数组的中间元素开始,如果中间元素正好是要查找的元素,则搜索过程结束;如果要查找的元素大于中间元素,则在数组后半部分查找,如果要查找的元素小于中间元素,则在数组前半部分查找,而且跟开始一样从中间元素开始比较。如果在某一步骤数组为空,则查找失败。

案例 8.46　使用二分法查找元素是否在列表内,示例代码如下。

```python
def binarySearch(ls,left,right,val):
    # 基本判断,当右边的索引值大于左边时进一步判断
    if right >= left:
        # 用 mid 存储中间的索引值
        mid = (left + right) // 2
        # 判断中间的值正好等于要查找的值,返回中间的索引值
        if ls[mid] == val:
            return mid
        # 判断中间的值是否大于要查找的值,大于则查找的值在左边
        elif ls[mid] > val:
            return binarySearch(ls, 0, mid - 1, val)
        # 小于则查找的值在右边
        else:
            return binarySearch(ls, mid + 1, len(ls) - 1, val)
    else:
        # 不存在,返回 None
        return None
list = [1,2,3,4,5,6,7,8,9]
print(binarySearch(list, 0, len(list) - 1, 5))          # 查找列表内的元素
print(binarySearch(list, 0, len(list) - 1, 99))         # 查找列表外的元素
```

执行上述代码,结果如图 8.52 所示。

图 8.52　案例 8.46 执行结果

8.5　课业任务

课业任务 8.1　读写文本文件

【能力测试点】

read()、readline()、readlines()以及 write()函数的应用。

【任务实现步骤】

(1) 打开 PyCharm,新建一个 Python 文件,本课业任务以"任务 8.1"命名。

(2) 在当前的 Python 项目路径下创建一个文本文件,命名为 test.txt,并在文件中写入以下内容,如图 8.53 所示。

(3) 任务需求:定义一个变量,命名为 s_char,用于读取文件前 6 个字符;定义一个变量,命名为 line,用于读取文件一行内容;定义一个变量,命名为 lines,用于读取文件全部内

图 8.53　新建一个文本文件

容,并向文件写入新的内容读取到 lines 中,代码如下。

```
# 读取前 6 个字符
with open('test.txt', 'r', encoding = 'utf - 8') as file:    # 打开文件
    s_char = file.read(6)                                    # 读取前 6 个字符
    print('前 6 个字符为:% s' % s_char)                      # 打印前 6 个字符
# 读取一行内容
with open('test.txt', 'r', encoding = 'utf - 8') as file:    # 打开文件
    line = file.readline()                                   # 读取一行的内容
    print('一行的内容为:% s' % line)                         # 打印一行的内容
# 读取全部内容
with open('test.txt', 'r', encoding = 'utf - 8') as file:    # 打开文件
    lines = file.readlines()                                 # 读取全部内容
    print('全部内容为:% s' % lines)                          # 打印全部内容
# 重新写入文件,并读取全部内容
with open('test.txt', 'w', encoding = 'utf - 8') as file:
    file.write('如果你因错过夕阳而哭泣,那么你也将错过群星了。')
with open('test.txt', 'r', encoding = 'utf - 8') as file:    # 打开文件
    lines = file.readlines()                                 # 读取全部内容
    print('新内容为:% s' % lines)                            # 打印全部内容
```

运行程序,结果如图 8.54 所示。

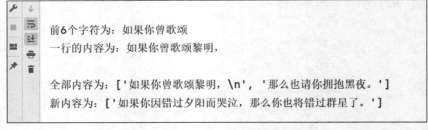

图 8.54　课业任务 8.1 运行结果

扫一扫

视频讲解

课业任务 8.2　用文件存储对象

【能力测试点】

pickle 模块中 dump()和 load()函数的应用。

【任务实现步骤】

(1) 打开 PyCharm,新建一个 Python 文件,本课业任务以"任务 8.2"命名。

(2) 任务需求:创建文件和对象,并将对象写入文件,用常规方法读取二进制文件内容,再用 pickle.load(file)方法读取文件内容,代码如下。

```
# 创建文件和对象,并将对象写入文件
import pickle                                 # 导入 pickle 模块
with open('target.bin', 'wb') as file:        # 创建文件
```

```
        a = [123,456,789,'abc']                    # 创建列表对象
        b = {'name':'张三','age':22}                # 创建字典对象
        pickle.dump(a, file)                        # 将列表对象写入文件
        pickle.dump(b, file)                        # 将字典对象写入文件
# 读取二进制文件内容
with open('target.bin','rb') as file:              # 打开文件
        print(file.read())
# 读取文件原本内容
with open('target.bin','rb') as file:
        x = pickle.load(file)                       # 从文件读取对象
        y = pickle.load(file)                       # 从文件读取对象
        print(x)
        print(y)
```

（3）运行程序，将输出二进制内容和文本文件内容，如图 8.55 所示。

```
b'\x80\x03]q\x00(K{M\xc8\x01M\x15\x03X\x03\x00\x00\x00abcq\x01e.\x80\x03}q\x00
 (X\x04\x00\x00\x00nameq\x01X\x06\x00\x00\x00\xe5\xbc\xa0\xe4\xb8\x89q\x02X\x03\x00
 \x00\x00ageq\x03K\x16u.'
[123, 456, 789, 'abc']
{'name': '张三', 'age': 22}
```

图 8.55　课业任务 8.2 运行结果

课业任务 8.3　目录基本操作
【能力测试点】
os 模块和 shutil 模块对目录的操作。
【任务实现步骤】
前提说明：本课业任务在 D:\py\test\test11 目录和 D:\py\test\test22 目录下进行操作。

（1）打开 PyCharm，新建一个 Python 文件，本课业任务以"任务 8.3"命名。
（2）任务需求：创建目录、重命名目录、删除目录、获取当前工作目录、修改工作目录；在修改后的工作目录中创建新目录、移动目录、复制目录、删除目录。最终代码如下。

```
import os,shutil
# 创建目录
# print(os.mkdir('dir'))
# 重命名目录
# print(os.rename('dir','newdir'))
# 删除目录,只能删除空目录
# print(os.rmdir('newdir/'))
# 获取当前工作目录
print(os.getcwd())
# 查看当前工作目录
# retval = os.getcwd()
# print("当前工作目录为 %s" % retval)
# 修改当前工作目录
print(os.chdir('D:/py/test/test22/'))
# 查看修改后的工作目录
r = os.getcwd()
```

```
print("目录修改成功: %s" % r)
# 创建目录
# print(os.mkdir('dirs'))
# 移动目录
# print(shutil.move('dirs','D:/py/test/test11/'))
# 复制目录,新目录必须不存在
# print(shutil.copytree('D:/py/test/test11/dirs','D:/py/test/test11/newdirs'))
# 删除目录,有无内容都可删
print(shutil.rmtree('D:/py/test/test11/dirs'))
```

说明：以上为最终的执行代码,所以创建目录、重命名目录、删除目录、移动目录、复制目录等操作需要注释,留下最后一步执行操作,否则重复创建会报错。修改工作目录操作无须注释,否则下一步创建目录操作将在原工作目录下进行,调试时可以按步骤逐行调试,成功后再将成功的步骤注释进入下一步操作。

运行程序,结果如图 8.56 所示。

图 8.56　课业任务 8.3 运行结果

扫一扫

视频讲解

课业任务 8.4　读写 CSV 文件

【能力测试点】

csv 模块的文件读写操作的应用。

【任务实现步骤】

(1) 打开 PyCharm,新建一个 Python 文件,本课业任务以"任务 8.4"命名。

(2) 任务需求:用常规方法创建 CSV 文件并写入数据,再将 CSV 文件的数据逐行读取出来,代码如下。

```
import csv                          # 导入 csv 模块
header = ['姓名', '年龄', '兴趣']
data = [('张三', '18', 'basketball'),
        ('李四', '20', 'badminton'),
        ('王五', '18', 'football')]
# 以只写模式创建 CSV 文件,encoding 设置编码格式为 UTF-8,newline = '' 表示读取的
# 换行符保持不变
with open('test.csv', 'w', encoding = 'utf8', newline = '') as f:
    writer = csv.writer(f)          # 获取输出数据流
    writer.writerow(header)         # 单行写入
    writer.writerows(data)          # 多行写入
# 读取 CSV 文件,encoding 设置编码格式为 UTF-8,newline = '' 表示读取的换行符保持不变
with open('test.csv', "r", encoding = 'utf8', newline = '') as f:
    # 获取输入数据.把每行数据转换为一个 list,list 中每个元素是一个字符串
    reader = csv.reader(f)
    # 遍历每行内容
    for row in reader:
        print(row)
```

运行程序,写入 CSV 文件的结果如图 8.57 所示;读取 CSV 文件的结果如图 8.58 所示。

图 8.57 课业任务 8.4 运行结果(1)　　　　图 8.58 课业任务 8.4 运行结果(2)

扫一扫

视频讲解

课业任务 8.5　使用选择排序算法进行升序排序

【能力测试点】

选择排序算法的应用。

【任务实现步骤】

(1)打开 PyCharm,新建一个 Python 文件,本课业任务以"任务 8.5"命名。

(2)任务需求:给出一串乱序的数字,使用选择排序算法按照从小到大的顺序输出排序后的数字,代码如下。

```python
# 选择排序
def selection_sort(aList):
    # 将 aList 长度赋值给 n
    n = len(aList)
    # 需要进行 n-1 次选择操作
    for i in range(n - 1):
        # 记录最小位置
        min_index = i
        # 从 i+1 位置到末尾选择出最小数据
        for j in range(i + 1, n):
            if aList[j] < aList[min_index]:
                min_index = j
        # 如果选择出的数据不在正确位置,进行交换
        if min_index != i:
            aList[i], aList[min_index] = aList[min_index], aList[i]
import random
ls = list(range(20))
random.shuffle(ls)                    # 打乱顺序
print('乱序:' + str(ls))
selection_sort(ls)                    # 调用 selection_sort()函数排序
print('\n 有序:' + str(ls))
```

运行程序,结果如图 8.59 所示。

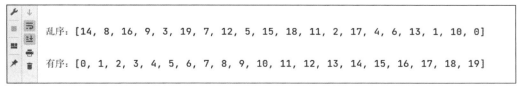

图 8.59 课业任务 8.5 运行结果

课业任务 8.6　使用二分法查找列表元素

【能力测试点】

二分法查找的应用。

【任务实现步骤】

(1) 打开 PyCharm,新建一个 Python 文件,本课业任务以"任务 8.6"命名。

(2) 任务需求:给出一串有序的数字,使用二分法查找数字,若在列表内,则返回索引,否则返回 None,代码如下。

扫一扫

视频讲解

```python
# 二分法查找
def binarySearch(ls,left,right,val):
    # 基本判断,当右边的索引值大于左边时进一步判断
    if right >= left:
        # 用 mid 存储中间的索引值
        mid = (left + right) // 2
        # 判断中间的值正好等于要查找的值,返回中间的索引值
        if ls[mid] == val:
            return mid
        # 判断中间的值是否大于要查找的值,大于则查找的值在左边
        elif ls[mid] > val:
            return binarySearch(ls, 0, mid - 1, val)
        # 小于则查找的值在右边
        else:
            return binarySearch(ls, mid + 1, len(ls) - 1, val)
    else:
        # 不存在,返回 None
        return None
ls = list(range(20))                    # 用 range()函数创建列表
print(ls)
print(binarySearch(ls, 0, len(ls) - 1, 5))    # 查找列表中的元素
print(binarySearch(ls, 0, len(ls) - 1, 20))   # 查找列表外的元素
```

运行程序,结果如图 8.60 所示。

```
[0, 1, 2, 3, 4, 5, 6, 7, 8, 9, 10, 11, 12, 13, 14, 15, 16, 17, 18, 19]
5
None
```

图 8.60　课业任务 8.6 运行结果

习题 8

1. 选择题

(1) 下列选项中不是 Python 对文件的打开模式的是(　　)。

　　A. 'w'　　　　　　B. 'r'　　　　　　C. 'c'　　　　　　D. 'a'

(2) 下列选项中不是 Python 对文件的读操作方法的是(　　)。

　　A. read　　　　　B. readline　　　　C. readtext　　　　D. readlines

(3) 下列 os 模块的函数中返回指定路径下的文件和目录信息的是(　　)。

A．listdir（）　　　　B．remove（）　　　　C．system（）　　　　D．rename（）

（4）下列 shutil 模块的函数中用来复制目录的是（　　　）。

A．copy（）　　　　B．rmtree（）　　　　C．system（）　　　　D．copytree（）

（5）下列 csv 模块的函数中用于创建常规读取器对象的是（　　　）。

A．reader（）　　　　B．DictReader（）　　　　C．writer（）　　　　D．DictWriter（）

（6）给定列表 ls＝[1，2，3，"1"，"2"，"3"]，其元素包含两种数据类型，列表 ls 的数据组织维度是（　　　）。

A．二维数据　　　　B．高维数据　　　　C．一维数据　　　　D．多维数据

2．填空题

（1）Python 提供了_____、_____和_____方法用于读取文本文件的内容。

（2）二进制文件的读取与写入可以分别使用_____和_____方法。

（3）Python 的_____模块提供了许多文件管理方法。

（4）Python 内置函数_____用来打开或创建文件并返回文件对象。

（5）使用上下文管理关键字_____可以自动管理文件对象，不论何种原因，结束该关键字中的语句块，都能保证文件被正确关闭。

3．编程题

（1）如何递归遍历 D:\tmp\util\dist\test 目录下的所有文件？

（2）给定一个 $m \times n$ 的二维列表，查找一个数是否存在。列表有以下特性：每行的列表从左到右已经排序好；每行第 1 个数比上一行最后一个数大。给定列表为[[1,3,5,7]，[10,11,13,15]，[18,21,23,25]]。用二分法查找实现。

第9章

标 准 库

Python 语言是依赖各种组件组织代码的。为了快捷实现各项功能,引进了标准库,Python 标准库是十分庞大的,提供了各种各样的工具。本章将通过具体案例详细介绍 turtle 库、random 库、tkinter 库、time 库,并通过 5 个综合课业任务对标准库的应用进行实例演示。

【教学目标】

- 掌握 turtle 库的常见画笔运动命令和控制函数命令以及其他命令函数
- 熟练掌握 random 库的随机数种子函数和整数随机数函数
- 理解 random 库中的浮点数随机数函数和序列随机函数
- 掌握 tkinter 库的常见控件用法以及控件布局方式
- 了解 tkinter 库对话框的使用
- 熟练 time 库的时间处理函数和时间格式化函数
- 理解计时函数的用途

【课业任务】

王小明想使用 Django+百度翻译 API 开发一个智能语音识别与翻译平台,Django 是一个开放源代码的 Web 应用框架,由 Python 写成。在学习完文件和数据组织后,现进入标准库的学习,通过 5 个课业任务来完成。

课业任务 9.1 使用 turtle 库编写彩虹桶
课业任务 9.2 使用 turtle+random 库制作雪花
课业任务 9.3 使用 tkinter 库编写简单登录页面
课业任务 9.4 使用 turtle+time 库编写一个电子钟
课业任务 9.5 使用 turtle+time 库编写五角星

9.1 绘图工具 turtle 库

9.1.1 基本概念

turtle 库是 Python 的一个绘图标准库。turtle 库绘制原理是有一只海龟(Turtle)在画布上行走,走过的轨迹形成了绘制的图形,而海龟(可理解为画笔)是由程序设计的,可以自由改变颜色、方向、宽度、大小等。

turtle 库调用方式如下。

```
import turtle
import turtle as
from turtle import *
```

1. 画布属性

画布就是 turtle 库为用户展开的绘图区域,可以通过内置函数设置它的大小和初始位置。

1) 设置画布在屏幕的位置

```
turtle.setup(width, height, startx = None, starty = None)
```

其中,width 和 height 表示画布的宽和高,为整数时,单位为像素;为小数时,表示占据计算机屏幕的比例。startx 和 starty 表示矩形窗口左上角顶点的坐标,如果为空,则窗口位于屏幕中心。

案例 9.1 使用 setup()函数设置画布位置,示例代码如下。

```
import turtle                                              # 导入 turtle 库
turtle.setup(width = 0.25, height = 0.35, startx = None, starty = None)   # 使用 setup()函数
turtle.done()                                             # 结束绘图语句
```

执行上述代码,结果如图 9.1 所示。

2) 设置画布大小

```
turtle.screensize(canvwidth = None, canvheight = None, bg = None)
```

其中,canvwidth 和 canvheight 分别为画布的宽和高(单位为像素);bg 为背景颜色。如果不设置参数,则画布默认大小为(400,300)。

案例 9.2 使用 screensize()函数设置画布大小,示例代码如下。

```
import turtle                                 # 导入库
turtle.screensize(100,80,"yellow")           # 设置大小
turtle.done()                                # 启动事件循环
```

执行上述代码,结果如图 9.2 所示。

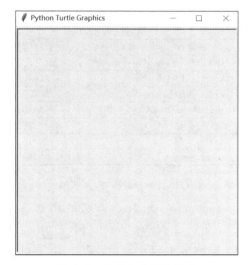

图 9.1　案例 9.1 执行结果　　　　　　　　　图 9.2　案例 9.2 执行结果

2. 画笔属性

在画布上,默认以坐标原点为画布中心的坐标轴,坐标原点上有一只面向 x 轴正方向的

海龟,在 turtle 绘图中以坐标原点(位置),面向 x 轴正方向(方向)描述海龟(画笔)的状态。

turtle 库中设置画笔属性的常见方法及说明如表 9.1 所示。

表 9.1　turtle 库中设置画笔属性的常见方法及说明

方　　法	说　　明
turtle. pensize()	设置画笔的宽度
turtle. pencolor()	默认为当前画笔颜色,参数可为字符串(英文)或 RGB
turtle. speed(speed)	设置画笔移动速度,画笔绘制的速度范围为[0,10]区间内的整数,数字越大越快
turtle. hideturtle()	隐藏画笔的 turtle 形状
turtle. showturtle()	显示画笔的 turtle 形状

案例 9.3　设置画笔属性,示例代码如下。

```
import turtle                      # 导入库
turtle.screensize(100,80,'white')  # 设置大小
turtle.pensize(7)                  # 设置画笔宽度
turtle.pencolor('black')           # 画笔颜色
turtle.forward(110)                # 向前移动 110 像素
turtle.speed(0)                    # 画笔移动速度
turtle.mainloop()                  # 启动事件循环
```

图 9.3　案例 9.3 执行结果

执行上述代码,结果如图 9.3 所示。

9.1.2　画笔运动命令

在 turtle 库中,我们已经了解画布、画笔属性了,怎么让"海龟"在画布上动起来呢?在这里我们将引入画笔运动命令,画笔运动命令可以规划海龟运动方向和距离。

1. 常见画笔运动命令

turtle 库中常见的画笔运动命令方法如表 9.2 所示。

表 9.2　turtle 库中常见的画笔运动命令及说明

方　　法	说　　明
turtle. forward(distance)	向当前画笔方向移动 distance 像素
turtle. backward(distance)	向当前画笔相反方向移动 distance 像素
turtle. right(degree)	顺时针移动 degree 度
turtle. left(degree)	逆时针移动 degree 度
turtle. pendown()	移动时绘制图形,默认时也为绘制
turtle. goto(x,y)	将画笔移动到坐标为(x,y)的位置
turtle. penup()	提起笔移动,不绘制图形,用于另起一点绘制
turtle. circle()	画圆,半径为正(负)表示圆心在画笔的左边(右边)画圆

2. turtle. forward(x)

turtle. forward(x)方法的用途为控制画笔前进 x 像素的距离,可以简写为 fd,即 turtle. forward(x)=turtle. fd(x)。

案例 9.4　forward()方法示例代码如下。

```
import turtle            # 导入库
turtle.setup(400,300)    # 设置画布在所在屏幕位置
turtle.forward(50)       # 向前移动 50 像素
turtle.mainloop()        # 启动事件循环
```

执行上述代码,结果如图 9.4 所示。

3. turtle. backward(x)

turtle. backward(x)方法的用途为控制画笔后退 x 像素的距离,可以简写为 bk ,即
turtle. backward(x)=turtle. bk(x)。

案例 9.5 backward()方法示例代码如下。

```
import turtle                  # 导入库
turtle.setup(400,300)          # 设置画布在所在屏幕位置
turtle.backward(110)           # 画笔退后 110 像素
turtle.mainloop()             # 启动事件循环
```

执行上述代码,结果如图 9.5 所示。

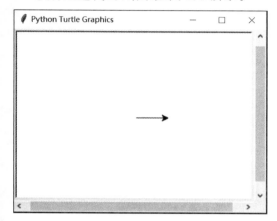 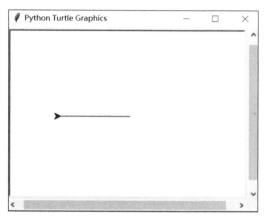

图 9.4 案例 9.4 执行结果   图 9.5 案例 9.5 执行结果

4. turtle. left(degree)

turtle. left(degree)方法的作用为控制画笔逆时针旋转 degree 度。

案例 9.6 left()方法示例代码如下。

```
import turtle                  # 导入库
turtle.setup(300,300)          # 设置画布在所在屏幕位置
turtle.pencolor('blue')        # 设置画笔颜色
turtle.pensize(10)             # 设置画笔大小
for i in range(4):
    turtle.fd(100)             # 向前移动 100 像素
    turtle.left(90)            # 逆时针旋转 90 度
turtle.mainloop()             # 启动事件循环
```

执行上述代码,结果如图 9.6 所示。

5. turtle. right(degree)

turtle. right(degree)的作用为控制画笔顺时针旋转 degree 度。

案例 9.7 right()方法示例代码如下。

```
import turtle
from turtle import *           # 导入画图库
pensize(5)                     # 画笔的大小(像素)
```

```
pencolor('red')                          # 画笔的颜色
color('yellow', 'red')                   # 画笔的颜色为黄色,填充的颜色为红色
begin_fill()                             # 填充颜色开始语句
for i in range(5):                       # 循环语句
    forward(200)                         # 画笔前进200像素
    right(144)
end_fill()                               # 填充颜色结束语句
turtle.mainloop()                        # 启动事件循环
```

执行上述代码,结果如图9.7所示。

图9.6　案例9.6执行结果

图9.7　案例9.7执行结果

6. turtle. circle( )

turtle. circle( )方法的作用为画圆,半径为正(负)表示圆心在画笔的右边(左边),基本语法格式如下。

```
turtle.circle(radius, extent, steps)
```

其中,radius 为半径;extent 为圆心角;steps 代表起点到终点由 steps 条线组成。

案例9.8　circle( )方法示例代码如下。

```
import turtle as tt                      # 导入 turtle 库,用别名 tt 代替 turtle
tt.circle(50)                            # 画半径为50像素的圆
tt.mainloop()                            # 启动事件循环
```

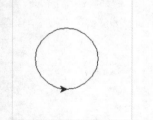

图9.8　案例9.8执行结果

执行上述代码,结果如图9.8所示。

9.1.3　画笔控制函数命令

在这里我们将会引入画笔控制函数命令,画笔控制函数命令可以控制"海龟"的运动状态。

1. 常见画笔控制函数命令

turtle 库中常见的画笔控制函数及说明如表9.3所示。

表 9.3 turtle 库中常见的画笔控制函数及说明

函 数	说 明
turtle.fillcolor(colorstring)	绘制图形的填充颜色
turtle.color(color1,color2)	同时设置 pencolor＝color1,fillcolor＝color2
turtle.filling()	返回当前是否在填充状态
turtle.begin_fill()	准备开始填充图形
turtle.end_fill()	填充完成
turtle.hideturtle()	隐藏画笔的 turtle 形状
turtle.showturtle()	显示画笔的 turtle 形状

2. turtle.penup()

turtle.penup()方法表示提起笔移动,但不绘制图形,主要用于另起一点绘制,可简写为 turtle.pu()。

案例 9.9 penup()方法示例代码如下。

```
import turtle
turtle.pencolor('red')              # 画笔颜色
turtle.setup(400,300)               # 设置画布在所在屏幕的位置
turtle.bk(100)                      # 画笔后退 100 像素
turtle.penup()                      # 提起笔,不绘制图形
turtle.right(90)                    # 顺时针旋转 90 度
turtle.forward(100)                 # 画笔前进 100 像素
turtle.mainloop()
```

执行上述代码,结果如图 9.9 所示。

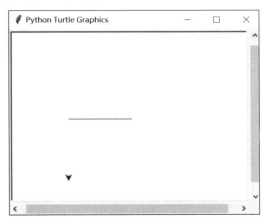

图 9.9 案例 9.9 执行结果

3. turtle.pendown()

turtle.pendown()方法表示下笔,之后开始绘制图画,与 penup()方法互补,可简写为 turtle.pd()。

案例 9.10 pendown()方法示例代码如下。

```
import turtle                       # 导入库
turtle.pencolor('green')           # 画笔颜色
```

```
turtle.pensize(10)                        # 画笔大小
turtle.setup(400,300)                     # 设置画布在所在屏幕的位置
turtle.bk(100)                            # 画笔后退 100 像素
turtle.penup()                            # 提笔
turtle.left(90)                           # 逆时针旋转 90 度
turtle.forward(100)                       # 画笔前进 100 像素
turtle.pendown()                          # 落笔,之后开始绘制图画
turtle.right(90)                          # 顺时针旋转 90 度
turtle.forward(100)                       # 画笔前进 100 像素
turtle.mainloop()                         # 启动事件循环
```

执行上述代码,结果如图 9.10 所示。

图 9.10   案例 9.10 执行结果

9.1.4   其他命令方法

turtle 库其他命令方法及说明如表 9.4 所示。

表 9.4   turtle 库其他命令方法及说明

方　　法	说　　明
turtle.mainloop()或 turtle.done()	启动事件循环,调用 tkinter 库的 mainloop()函数 必须是程序中的最后一个语句
turtle.mode(mode=None)	设置海龟模式("standard""logo"或"world")并执行重置。world 模式为用户定义的"世界坐标"。如果没有给出模式,则返回当前模式 表格见下
turtle.delay(delay=None)	设置或返回以毫秒为单位的绘图延迟
turtle.begin_poly()	开始记录多边形的顶点。当前的海龟位置是多边形的第 1 个顶点
turtle.end_poly()	停止记录多边形的顶点。以前的海龟位置为多边形的最后 1 个顶点,将与第 1 个顶点相连
turtle.get_poly()	返回最后记录的多边形

模式	初始海龟标题	正角度
standard	向右(东)	逆时针
logo	向上(北)	顺时针

9.2 随机数 random 库

random 模块实现了多种分布的伪随机数生成器。为什么称为伪随机数？人类使用算法等方式以一个基准构造一系列数字，这些数字的特征符合人们所理解的随机数。但是，因为它们都是通过算法得到的，所以一旦算法和种子都确定，那么产生的随机数序列也是确定的，我们称为伪随机数。

9.2.1 基本概念

random 库是使用随机数的 Python 标准库，采用梅森旋转（Mersenne Twister）算法生成伪随机数序列，主要用于生成随机数。

random 库主要包括以下 4 类函数：

（1）随机数种子函数；

（2）整数随机数函数；

（3）浮点数随机数函数；

（4）序列随机数函数。

9.2.2 随机数种子函数

随机数种子函数的基本语法格式如下。

```
random.seed(n)
```

说明：使用相同 n 时会产生相同的随机数。如果不设置随机种子（n），以系统当前时间为默认值。

案例 9.11 seed() 函数示例代码如下。

```
import random                    # 导入模块
random.seed(5)                   # 设置随机数种子,n = 5
print(random.random())           # 输出随机数
random.seed(5)                   # 再设置随机数种子,n = 5
print(random.random())           # 输出随机数
```

执行上述代码，结果如图 9.11 所示。

案例 9.12 当 seed(n) 函数参数为空时，示例代码如下。

```
import random                    # 导入模块
random.seed()                    # 设置随机数种子,n 为空
print(random.random())           # 输出随机数
random.seed()                    # n 为空
print(random.random())           # 再次输出
```

执行上述代码，结果如图 9.12 所示。

```
0.6229016948897019
0.6229016948897019

进程已结束,退出代码0
```

图 9.11 案例 9.11 执行结果

```
0.16480630850582023
0.5803006376641916

进程已结束,退出代码0
```

图 9.12 案例 9.12 执行结果

说明:如果参数 n 为空,每次输出的随机数都是不一样的。

9.2.3　整数随机数函数

整数随机数函数可以从规定范围中生成随机整数。

1. random. randint(n)

randint(a,b)函数的用途是产生[a,b]的随机整数(a 和 b 都可以取到,左闭右闭区间取值)。

案例 9.13　从 1～5 中取 4 个整数随机数,示例代码如下。

```
import random                    # 导入 random 库
for i in range(4):               # 循环 4 次
    n = random.randint(1,5)      # 在 1～5 取一个整数
    print(n)                     # 输出
```

执行上述代码,结果如图 9.13 所示。

说明:a 和 b 一定为 int 类型。

2. random. randrange(a)

random. randrange(a)函数的作用为产生[0,a)的随机整数(不包含 a,左闭右开区间取值)。a 必须为 int 类型。

案例 9.14　从 0～19 中取 4 个整数随机数,示例代码如下。

```
import random                    # 导入 random 库
for i in range(4):               # 循环 4 次
    nums = random.randrange(0,20)  # 在 0～19 取一个整数
    print(nums)                  # 输出
```

执行上述代码,结果如图 9.14 所示。

```
2
1
4
3

进程已结束,退出代码0
```

```
17
16
9
13

进程已结束,退出代码0
```

图 9.13　案例 9.13 执行结果　　　　图 9.14　案例 9.14 执行结果

3. random. randrange(m,n,[step])

random. randrange(m,n,[step])函数产生[m,n)的以 sept 为步长的随机整数。m 为一个 int 类型的数值,表示开始整数;n 为一个 int 类型的数值,表示结束整数;step 为一个 int 类型的数值,表示步长。

案例 9.15　使用 randrange(m,n,[step])函数在 1～10 取随机整数,示例代码如下。

```
import random                        # 导入 random 库
for i in range(4):                   # 循环 4 次
    nums = random.randrange(0,20,2)  # 产生[0,10)的以 2 为步长的随机整数
    print(nums)                      # 输出
```

执行上述代码,结果如图 9.15 所示。

说明:未指定步长参数 step 时,会从(m,n)区间中取随机整数。

图 9.15 案例 9.15 执行结果

9.2.4 浮点随机数函数

浮点随机数函数可以从规定范围中取出随机浮点数。

1. random. random()

在 Python 中,random. random()函数可生成[0.0,1.0)的随机浮点数。

案例 9.16 使用 random()函数获取随机浮点数,示例代码如下。

```python
import random                # 导入 random 库
m = random.random()          # 通过 random()函数获取[0.0,1.0)中的随机浮点数
print(m)                     # 输出
```

执行上述代码,结果如图 9.16 所示。

2. random. uniform()

random. uniform(a,b)函数可以产生一个[a,b]的随机浮点数。如果 a≤b,取值范围为[a,b]; b<a 时取值范围为[b,a]。

案例 9.17 从 1~7 中取一个随机浮点数,示例代码如下。

```python
import random                # 导入 random 库
nums = random.uniform(1,7)   # 生成一个[1,7]的随机浮点数
print(nums)                  # 输出
```

执行上述代码,结果如图 9.17 所示。

```
0.8529443676633938

进程已结束,退出代码0
```

```
4.322026120442487

进程已结束,退出代码0
```

图 9.16 案例 9.16 执行结果 图 9.17 案例 9.17 执行结果

9.2.5 序列随机数函数

在 random 库中,我们可以使用序列随机函数从目标序列类型中随机取出元素、打乱元素顺序。

1. random. choice()

random. choice()函数的用途为从目标序列类型中随机返回一个元素。

案例 9.18 从目标序列随机取一个元素,示例代码如下。

```python
import random                              # 导入 random 库
temp = ['linux','mac','windows']           # 创建列表
print(random.choice(temp))                 # 使用 choice()函数从列表随机返回一个元素
```

执行上述代码,结果如图 9.18 所示。

```
linux

进程已结束,退出代码0
```

图 9.18　案例 9.18 执行结果

2. random. shuffle()

random. shuffle()函数可以将序列中的所有元素打乱后进行随机排序。在 shuffle(sep)函数中不可以把随机排列的结果赋值给另外一个序列列表,只能在原序列列表的基础上进行操作。

案例 9.19　打乱目标序列后输出随机序列,示例代码如下。

```
import random                      # 导入库
list = [2,3,4,5,6,7,8,9]           # 创建列表
random.shuffle(list)              # 使用 shuffle()函数打乱列表中的元素
print("随机排序列表:",list)        # 输出
```

执行上述代码,结果如图 9.19 所示。

3. random. sample()

random. sample()函数的作用为从序列 sep 中随机抽取 n 个元素,并将 n 个元素以列表形式返回。

案例 9.20　从 1～9 中取 3 个元素,示例代码如下。

```
import random                      # 导入库
li1 = [1,2,3,4,5,6,7,8,9,0]        # 创建列表
nli = random.sample(li1,3)        # 使用 sample()函数从 li1 中随机取 3 个元素
print("随机排序列表:",nli)         # 输出
```

执行上述代码,结果如图 9.20 所示。

```
随机排序列表: [8, 2, 7, 9, 3, 5, 6, 4]

进程已结束,退出代码0
```

图 9.19　案例 9.19 执行结果

```
随机排序列表: [8, 3, 0]

进程已结束,退出代码0
```

图 9.20　案例 9.20 执行结果

说明:n 不能大于元素的个数,否则会出现错误。

9.3　图形界面工具 tkinter 库

tkinter 库是 Python 系统自带的标准图形用户界面(Graphical User Interface,GUI)库,具有一套常用的图形组件,它提供了一种能够更快实现 GUI 应用的原型系统,开发人员使用控件可以快速实现应用程序界面。

9.3.1　基本概念

tkinter 是 Python 默认的 GUI 库。tkinter 是 TK Interface 的缩写,意为 tkinter 库是 tkinter Tcl/Tk 的 Python 接口。它基于 Tk 工具包实现。在 Python 的 GUI 库中,Tk 可能不是最新、最好的 GUI 设计工具包,但它简单易用,可快速实现运行于多种平台的 GUI 应用程序。

tkinter 中 3 个主要概念为:

(1) 主窗口;

（2）窗口布局；

（3）控件。

9.3.2 创建 tkinter 的主窗口

设置 tkinter 窗口基本属性的函数及说明如表 9.5 所示。

表 9.5 常见 tkinter 库中窗口属性说明

函　　数	描　　述	适　用　于
title()	设置窗口标题	主窗口 Tk、子窗口 Toplevel
geometry()	设置窗口初始大小和位置	主窗口 Tk、子窗口 Toplevel
resizable()	设置窗口的宽和高是否可以改变	主窗口 Tk、子窗口 Toplevel
overrideredirect()	设置是否去除窗口边框	主窗口 Tk、子窗口 Toplevel
iconbitmap()	设置窗口图标	主窗口 Tk、子窗口 Toplevel
minsize()	设置窗口最小缩放的宽和高	主窗口 Tk、子窗口 Toplevel
maxsize()	设置窗口最大缩放的宽和高	主窗口 Tk、子窗口 Toplevel
state()	设置窗口启动时的状态	主窗口 Tk、子窗口 Toplevel
mainloop()	窗口进入消息事件循环	主窗口 Tk
wm_attributes()	设置 WM 属性(也可以写为 attributes())	主窗口 Tk、子窗口 Toplevel
winfo_x()	返回窗口左侧与屏幕左侧之间的距离	主窗口 Tk、子窗口 Toplevel
winfo_y()	返回窗口上侧与屏幕上侧之间的距离	主窗口 Tk、子窗口 Toplevel
transient()	设置为主窗口的临时窗口	子窗口 Toplevel
quit()	退出主窗口	主窗口 Tk
destroy()	摧毁(退出)控件	所有控件

在 Python 中，tkinter 库可以使用 Tk() 方法创建主窗口。

案例 9.21 使用 Tk() 方法创建主窗口，示例代码如下。

```
from tkinter import *          # 导入 tkinter 模块
root = Tk()                     # 创建 Tk 对象,即主窗口
root.geometry('300x300')        # 设置窗口大小
root.title('hello')             # 设置窗口标题
root.mainloop()                 # 启动事件循环
```

执行上述代码，结果如图 9.21 所示。

说明：GUI 程序并不需要特意地创建主窗口，在创建第 1 个控件时，如果还没有主窗口，Python 会自动调用 Tk() 方法创建一个主窗口。

9.3.3 常见控件布局方式

开发人员可以使用布局方式对控件进行辅助定位，进而对控件的放置。

1. place 布局方式

place 布局方式按照像素坐标摆放控件，十分精确，它要求的参数比较多，可以轻松胜任复杂的图形化界面。当 grid 布局方式不能完成控件布局任务时，可使

图 9.21 案例 9.21 执行结果

用 place 布局方式。

place()方法参数及说明如表 9.6 所示。

表 9.6　place()方法参数及说明

参　数	说　明
anchor	改变 place 布局控件的基准点,默认为'nw'(左上角),修改后其 x 参数和 y 参数的基准点随之改变
bordermode	可选参数有'inside''outside'和'ignore',默认为'inside'
relwidth	设置控件宽度,参数值为 0～1.0,意为宽度占父控件宽度的比例 若父控件宽度为 100,relwidth=0.5,则该控件宽度为 100×0.5=50 像素 (若与参数 width 冲突,两者会叠加)
relheight	设置控件高度,参数值为 0～1.0,意为高度占父控件高度的比例 若父控件高度为 100,relheight=0.5,则该控件高度为 100×0.5=50 像素 (若与参数 height 冲突,两者会叠加)
relx	设置控件基准点(左上角)横坐标位置,参数值为 0～1.0,意为横坐标占父控件宽度的比例 若父控件宽度为 100,relx=0.5,则该控件基准点横坐标为 100×0.5=50 像素 (若与参数 x 冲突,两者会叠加)
rely	设置控件基准点(左上角)纵坐标位置,参数值为 0～1.0,意为纵坐标占父控件高度的比例 若父控件高度为 100,rely=0.5,则该控件基准点纵坐标为 100×0.5=50 像素 (若与参数 y 冲突,两者会叠加)
width	设定控件的宽度(单位为像素)
height	设定控件的高度(单位为像素)
x	设定控件基准点(左上角)的横坐标位置(单位为像素)
y	设定控件基准点(左上角)的纵坐标位置(单位为像素)

案例 9.22　place 布局方式放置控件,示例代码如下。

```
import tkinter as tk                          # 导入库
root = tk.Tk()                                # 创建窗口
root.geometry("400x300")                      # 设置窗口大小
# 创建 label 标签
lab1 = tk.Label(root, text = "place 布局 1", font = ('微软雅黑', 15), width = 15, height = 2, bg = "green")
lab1.place(x = 30, y = 30)                    # 使用 place 放置控件
lab2 = tk.Label(root, text = "place 布局 2", font = ('微软雅黑', 15), width = 15, height = 2, bg = "yellow")
lab2.place(x = 60, y = 80)                    # 使用 place 放置控件
lab3 = tk.Label(root, text = "place 布局 3", font = ('微软雅黑', 15), width = 15, height = 2, bg = "lightgreen")
lab3.place(x = 120, y = 120)                  # 使用 place 放置控件
root.mainloop()                               # 启动事件循环
```

执行上述代码,结果如图 9.22 所示。

2. pack 相对布局

pack 布局方式是最简单的布局方式,但是功能有限,仅适用于摆放一批同样的控件,位置精度也一般。

pack()方法参数及说明如表 9.7 所示。

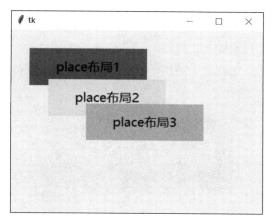

图 9.22　案例 9.22 执行结果

表 9.7　pack()方法参数及说明

参　数	说　明
expand	指定控件在容器中是否可以扩展,可以是布尔值、0/1 或 'no',默认为 0
fill	用于拉伸控件,可选的类型有 'none'(默认值,没有拉伸)、'x'(横向拉伸)、'y'(纵向拉伸)和 'both'(双向拉伸) 相关选项也可写为大写,如 X 或 Y,此时不是字符串
side	指定将控件放置相对于父控件在哪一边,可选项是 'left'(左)、'right'(右)、'top'(上)和 'bottom'(下),默认为 'top' 相关选项也可写为大写,如 LEFT,此时不是字符串
ipadx	水平的两个方向,控件内部额外添加空间,长度单位为像素
ipady	竖直的两个方向,控件内部额外添加空间,长度单位为像素
padx	水平的两个方向,控件外部额外添加空间,长度单位为像素
pady	竖直的两个方向,控件外部额外添加空间,长度单位为像素
in_	指定 pack(堆叠)控件放于哪一个父控件,默认为当前父控件

案例 9.23　pack 布局方式放置控件,示例代码如下。

```
from tkinter import *              # 导入库
root = Tk()                        # 创建窗口
root.geometry('400x300')           # 窗口大小
# bg 为背景颜色,fg 为字体颜色
# 创建 Label 标签
label1 = Label(root, text = 'one', font = ('微软雅黑', 20), bg = 'yellow', fg = 'black')
label2 = Label(root, text = 'two', font = ('微软雅黑', 20), bg = 'yellow', fg = 'black')
label3 = Label(root, text = 'three', font = ('微软雅黑', 20), bg = 'blue', fg = 'white')
label4 = Label(root, text = 'four', font = ('微软雅黑', 20), bg = 'blue', fg = 'white')
label5 = Label(root, text = 'five', font = ('微软雅黑', 20), bg = 'blue', fg = 'white')
label1.pack(side = LEFT, fill = Y)           # 使用 pack 布局方式
label2.pack(side = RIGHT, fill = Y)
label3.pack(side = TOP, expand = YES, fill = Y)
label4.pack(expand = YES, fill = BOTH)
label5.pack(anchor = E)
root.mainloop()                    # 启动事件循环
```

执行上述代码,结果如图 9.23 所示。

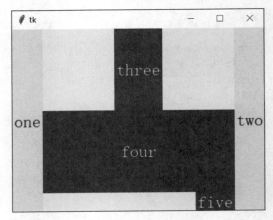

图 9.23 案例 9.23 执行结果

3. grid 表格布局

grid 布局方式是适用面最广、使用次数最多的控件布局方式,绝大部分 GUI 布局都可以用 grid 布局方式完成。grid 布局方式把窗口看作一个二维表格,每格(Cell)中都可以放置一个控件,可以快捷布局控件。

grid()方法参数及说明如表 9.8 所示。

表 9.8 grid()方法参数及说明

参 数	说 明
column	参数为一个非负整数,0 为第 1 列,代表控件从第 1 列开始布局
columnspan	参数为正整数,设置控件对象所占列数
row	参数为一个非负整数,0 为第 1 行,代表控件从第 1 行开始布局
rowspan	参数为正整数,设置控件对象所占行数
ipadx	水平的两个方向,控件内部额外添加空间,长度单位为像素
ipady	竖直的两个方向,控件内部额外添加空间,长度单位为像素
padx	水平的两个方向,控件外部额外添加空间,长度单位为像素
pady	竖直的两个方向,控件外部额外添加空间,长度单位为像素
sticky	控件在 grid 布局的网格中默认会居中显示,该参数可以改变其显示位置,可选参数有'n' 'w''s'和'e'(或 N、W、S、E)(组合起来也可以用,如'nw'或'NW')

案例 9.24 grid 布局方式放置控件,示例代码如下。

```
from tkinter import *                              # 导入库
root = Tk()                                         # 创建窗口
root.title('grid 表格布局')                          # 设置标题
root.geometry('400x400')                            # 设置窗口大小
# 创建 Frame 框架,使用 grid 表格布局方式
Frame(root, bg = 'yellow', width = 200, height = 200).grid(column = 0, row = 0)
Frame(root, bg = 'lightgreen', width = 200, height = 200).grid(column = 0, row = 1)
Frame(root, bg = 'black', width = 200, height = 200).grid(column = 1, row = 0)
Frame(root, bg = 'red', width = 200, height = 200).grid(column = 1, row = 1)
root.mainloop()                                     # 启动事件循环
```

执行上述代码,结果如图 9.24 所示。

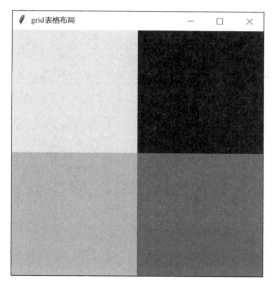

图 9.24　案例 9.24 执行结果

9.3.4　常见 tkinter 控件

tkinter（v8.6）库包含一个主窗口控件和 18 个基础控件，主要包括 Label（标签）、Canvas（画布）、Entry（输入）、Button（按钮）、Frame（框架）、Menu（菜单）等。本节将重点介绍 Label、Entry、Button、Frame 控件。

1. Label 控件

Label 是用于显示文本或图像的控件，也可以动态改变显示文本（Textvariable）。

Label()方法参数及说明如表 9.9 所示。

表 9.9　Label()方法参数及说明

参　　数	说　　明
anchor	如果控件的空间大于文本所需的空间，此参数可控制文本的位置，默认值为'center'。可选项有'e''s''w''n''nw''ne''sw''se''center'，分别代表右、下、左、上、左上、右上、左下、右下、中间（类似于东南西北）
background	可简写为'bg'，设置标签的背景颜色，可以是颜色字符串，也可以是 RGB 码
bitmap	将此参数设置为位图或图像对象，标签控件将显示该图形
borderwidth	可简写为'bd'，设置标签的边框宽度（单位为像素）
compound	指定控件是否应同时显示文本和位图/图像，如果是，位图/图像应放置在相对于文本的位置，可选项有'none''bottom''top''left''center''right'
disabledforeground	当控件状态为 disabled 时显示的前景颜色
font	设置字体及文字大小，可以是 font='宋体'，或者 font=('宋体',15)
foreground	可简写为'fg'，设置标签的前景颜色，可以是颜色字符串，也可以是 RGB 码
highlightbackground	指定控件没有获取焦点时高亮区域中显示的颜色
highlightcolor	指定当控件具有焦点时，在控件周围高亮矩形的颜色
highlightthickness	一个非负值，当具有焦点时围绕控件外部的高亮矩形的宽度（单位为像素）
image	设置标签控件要显示的图片
justify	指定多行文字之间的对齐方式，可选项有'left''center''right'

续表

参　数	说　明
padx	在控件内文本的左右两侧添加了额外的空间,默认值为1
pady	在控件内文本的上方和下方添加额外的空间,默认值为1

案例9.25　Label控件的应用,示例代码如下。

```
from tkinter import *                           # 导入 tkinter 库
root = Tk()                                      # 创建一个主窗口
root.title("Label 标签")                         # 创建标签
root.geometry('400x300')                         # 设置窗口大小
# 创建 Label 控件
lan = Label(root, text = "Python", bg = "black", fg = 'white', font = ('微软雅黑', 20), width = "12",
height = "4").pack()
# 参数说明:text 为文本, bg 为背景, fg 为字体颜色
# width 为长, height 为高, 注意这里的长和高是字符的长和高
root.mainloop()                                  # 启动事件循环
```

执行上述代码,结果如图9.25所示。

图9.25　案例9.25执行结果

2. Entry 控件

Entry控件用于单行的文本输入或显示单行文本。

案例9.26　Entry控件的应用,示例代码如下。

```
import tkinter as tk                            # 导入 tkinter 库
window = tk.Tk()                                # 创建主窗口对象
window.geometry('400x300')                      # 设置窗口大小与位置
window.title('登录')                            # 设置窗口标题
# 创建 Label 标签
tk.Label(window, text = 'ID', font = ('微软雅黑', 20)).grid(row = 0, column = 1)
tk.Label(window, text = 'Password', font = ('微软雅黑', 20)).grid(row = 1, column = 1)
# 关联一个 StringVar 类
var_usr_name = tk.StringVar()
var_usr_pwd = tk.StringVar()
# 使用 Entry 控件
tk.Entry(window, width = 25, textvariable = var_usr_name).grid(row = 0, column = 2)
tk.Entry(window, width = 25, textvariable = var_usr_pwd, show = '＃').grid(row = 1, column = 2)
window.mainloop()                               # 启动事件循环
```

执行上述代码,结果如图 9.26 所示。

图 9.26　案例 9.26 执行结果

3. Button 控件

Button 控件用于接收用户"单击(Press)按钮"的行为,接着会自动触发与按钮绑定的功能、方法或函数等。

Button()方法参数及说明如表 9.10 所示。

表 9.10　Button()方法参数及说明

参　　数	说　　明
command	指定一个与按钮关联的函数,单击后执行该函数
compound	指定控件是否应同时显示文本和位图/图像,如果是,位图/图像应放置在相对于文本的位置,可选项有 'none' 'bottom' 'top' 'left' 'center' 'right'
default	指定按钮默认的状态,可选项有 'normal' 'active' 'disabled'
height	指定按钮高度,单位为字符(显示文字)或像素(显示图片)
overrelief	指定按钮的替代样式,当鼠标指针位于控件上时显示
state	指定按钮状态,可选项有 'normal' 'active' 'disabled' 正常状态下,使用 'foreground' 和 'background' 参数值显示前景色和背景色;活动状态下,使用 'activeforeground' 和 'activebackground' 参数值显示前景色和背景色;禁用状态下,使用 'disabledforeground' 和 'background' 参数值显示前景色和背景色
width	指定按钮宽度,单位为字符(显示文字)或像素(显示图片)

案例 9.27　Button 控件的应用,示例代码如下。

```python
import tkinter as tk                          # 导入 tkinter 模块
window = tk.Tk()                              # 创建主窗口对象
window.geometry('400x300')                    # 设置窗口大小与位置
window.title('登录')                          # 设置窗口标题
# 创建 Label 标签
tk.Label(window, text = 'ID', font = ('微软雅黑', 20)).grid(row = 0, column = 1)
tk.Label(window, text = 'Password', font = ('微软雅黑', 20)).grid(row = 1, column = 1)
# 关联一个 StringVar 类
var_usr_name = tk.StringVar()
var_usr_pwd = tk.StringVar()
# 使用 Entry 控件
tk.Entry(window, width = 25, textvariable = var_usr_name).grid(row = 0, column = 2)
tk.Entry(window, width = 25, textvariable = var_usr_pwd, show = '￥').grid(row = 1, column = 2)
```

```
# 定义登录函数,绑定到 Button 按钮
def login():
    ID = var_usr_name.get()
    psw = var_usr_pwd.get()
    if ID and psw :
        print("Username: % s\nPassword: % s" % (ID,psw))
    else:
        print("please Enter Username and Password!")
# 摆放两个按钮,一个为"登录",一个为"取消"
tk.Button(window,compound = tk.LEFT,text = '登录',font = ('Microsoft Yahei',15),anchor = tk.E,
padx = 10,width = 8,command = login).grid(row = 2,column = 1)
tk.Button(window,compound = tk.LEFT,text = '取消',font = ('Microsoft Yahei',15),anchor = tk.E,
padx = 10,width = 8,command = window.quit).grid(row = 2,column = 2)
window.mainloop()          # 启动事件循环
```

执行上述代码,结果如图 9.27 所示。

图 9.27 案例 9.27 执行结果

4. Frame 控件

Frame 控件是一个形如矩形框的控件容器(Widget Container),用于把相关的控件放置到一起,让布局看起来更美观,与 gird 网格布局方式结合可以实现相对复杂的布局。

Frame()方法参数及说明如表 9.11 所示。

表 9.11 Frame()方法参数及说明

参　　数	说　　明
background	可简写为'bg',设置框架的背景颜色,可以是颜色字符串,也可以是 RGB 码
class	指定窗口的类,这个类将在查询选项数据库以获取窗口的其他选项时使用,以后也将用于其他目的,如绑定(此参数不可使用 configure widget 命令)
colormap	指定要用于窗口的颜色贴图(此参数不可使用 configure widget 命令)
container	布尔值,具体说明见 Frame 控件官方原文
height	设置框架的高度(单位为像素)
visual	在接受的任何窗体中指定新窗口的可视信息(此参数不可使用 configure widget 命令)
width	设置框架的宽度(单位为像素)

案例 9.28　Frame 控件的应用,示例代码如下。

```
from tkinter import *                          # 导入 tkinter 模块
root = Tk()                                     # 创建主窗口
root.title('主窗口')                            # 设置窗口标题
root.geometry('400x300')                        # 设置窗口大小及位置
frame = Frame(root,bg = 'lightgreen')           # 创建一个框架
frame.place(width = 200,height = 100,x = 50,y = 50)   # 放置框架
Label(frame,text = 'Frame框架',bg = 'green',fg = '#F0F0F0',font = ('微软雅黑',22),bd = 5).pack()
root.mainloop()                                 # 主窗口进入消息事件循环
```

执行上述代码,结果如图 9.28 所示。

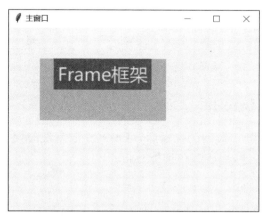

图 9.28 案例 9.28 执行结果

9.3.5 常见对话框

在图形用户界面中,对话框是人机交流的一种方式。对话框是一种特殊的视窗,用来在用户界面中向用户显示信息,或者在需要时获得用户的输入响应。

tkinter 为了提供了 3 种标准对话框模块,它们分别是:

(1) messagebox(消息对话框);

(2) filedialog(文件对话框);

(3) colorchooser(颜色对话框)。

消息对话框主要用于界面提示成功(showinfo)、失败(showerror)、警告(showwarning)等相关信息,下面主要介绍 messagebox(消息对话框)的 3 种消息框的使用。

案例 9.29 消息对话框(messagebox)的应用,示例代码如下。

```
import tkinter                          # 导入库
import tkinter.messagebox               # 导入 messagebox
root = tkinter.Tk()                     # 创建主窗口
root.title('messagebox')                # 创建标题
root.geometry('300x150')                # 窗体大小
root.resizable(False,False)             # 固定大小
# 定义绑定函数
def HH():
    tkinter.messagebox.showinfo('提示','Hello')
```

```
        tkinter.messagebox.showwarning('警告', '你正在访问危险网站')
        tkinter.messagebox.showerror('错误', '出错了')
tkinter.Button(root, text = 'click', command = HH).pack()
root.mainloop()                              # 启动时间循环函数
```

执行上述代码,结果如图 9.29 所示。

图 9.29　案例 9.29 执行结果

9.4　时间工具 time 库

time 库是 Python 中处理时间的标准库,可提供获取系统时间并格式化输出功能,还可以提供系统级精确计时功能,用于程序性能分析。

9.4.1　time 库概述

time 库主要包括 3 类函数:时间获取、时间格式化、程序计时。

导入 time 库的方式有以下 4 种。

(1) import time(将整个 time 库导入)。

(2) import time as…(将模块换个别名,如 tt,则为 import time as tt)。

(3) from time import < b >(将 time 库中的特定函数导入)。

(4) from time import *(将整个 time 库中的全部函数导入)。

9.4.2　时间处理函数

下面对时间处理函数 time. time( )、time. gmtime( )、time. ctime( )进行介绍。

1. time. time( )

time. time( )函数返回一个浮点数,是从 1970 年 1 月 1 日 0 点 0 分开始到当前时刻为止的以秒为单位的浮点数。

案例 9.30　time. time( )函数的应用,示例代码如下。

```
import time                                  # 导入 time 库
print(time.time())                           # 输出当前时间戳
```

```
1660980113.8344412

进程已结束,退出代码0
```

图 9.30　案例 9.30 执行
　　　　　结果

执行上述代码,结果如图 9.30 所示。

2. time. gmtime( )

time. gmtime( )函数返回计算机程序可以处理的 struct_time 元组,用来给其他程序提供时间参数。

struct_time 元组中元素的含义和取值如表 9.12 所示。

表 9.12 struct_time 元组中元素的含义和取值

元 素	含 义
tm_year	年
tm_mon	月
tm_mday	日
tm_mhour	时
tm_min	分
tm_sec	秒
tm_wday	一周中的第几日
tm_yday	一年中的第几日
tm_isdst	夏令时

案例 9.31 time.gmtime() 函数的应用,示例代码如下。

```
import time              # 导入 time 库
print(time.gmtime())     # 输出当前时间,以 struct_time 格式输出
```

执行上述代码,结果如图 9.31 所示。

```
time.struct_time(tm_year=2022, tm_mon=8, tm_mday=21, tm_hour=6, tm_min=27, tm_sec=23, tm_wday=6, tm_yday=233,
tm_isdst=0)

进程已结束,退出代码0
```

图 9.31 案例 9.31 执行结果

3. time.ctime()

time.ctime() 函数获取当前的时间并以易读方式表示,返回字符串。

案例 9.32 time.ctime() 函数的应用,示例代码如下。

```
import time              # 导入 time 库
print(time.ctime())      # 输出当前时间戳
```

执行上述代码,结果如图 9.32 所示。

```
Sat Aug 20 16:15:56 2022

进程已结束,退出代码0
```

图 9.32 案例 9.32 执行结果

9.4.3 时间格式化函数

在 time 库中,我们可以通过时间格式化函数对时间进行格式化输出。

time 库中常用的时间格式控制符及其说明如表 9.13 所示。

表 9.13 时间格式控制符及其说明

时间格式控制符	说 明
%Y	4 位数的年份,取值范围为 0001～9999,如 1900
%m	月份(01～12),如 10
%d	月中的一天(01～31),如 25
%B	本地完整的月份名称
%b	本地简化的月份名称,如 Jan
%A	本地完整的周日期,如 Monday
%a	本地简化的周日期,如 Mon、Sun

时间格式控制符	说　　明
%H	24 小时制小时数
%I	12 小时制小时数
%P	上/下午,取值为 AM 或 PM
%M	分钟数(00～59)
%S	秒数(00～59)

1. time. strftime(tpl,ts)

strftime(tpl,ts)函数将时间格式输出为字符串,与 strptime()函数互补。tpl 为格式化模板字符串,用来定义输出效果;ts 为 tuple 类型,是计算机内部时间类型变量,即 gmtime()函数输出的 struct_time。

案例 9.33　time. strftime(tpl,ts)函数的应用,示例代码如下。

```
import time                                            # 导入库
mday = time.gmtime()                                   # gmtime()函数输出 struct_time 形式
print(time.strftime("%Y-%m-%d %H:%M:%S",mday))         # 进行输出
```

```
2022-08-20 09:06:10

进程已结束,退出代码0
```

图 9.33　案例 9.33 执行结果

执行上述代码,结果如图 9.33 所示。

2. time. strptime(str,tpl)

strptime(str,tpl)函数主要将创建 str 格式的字符串输出为 struct_time 格式。str 为字符串形式的时间值;tpl 为格式化模板字符串,用来定义输出效果。

案例 9.34　time. strptime(str,tpl)函数的应用,示例代码如下。

```
import time                                            # 导入库
tstr1 = '2022-7-24 02:29:55'                           # 创建字符串时间值
m = time.strptime(tstr1,'%Y-%m-%d %H:%M:%S')           # 使用 time.strptime()函数定义输出效果
print(m)                                               # 输出
```

执行上述代码,结果如图 9.34 所示。

```
time.struct_time(tm_year=2022, tm_mon=7, tm_mday=24, tm_hour=2, tm_min=29, tm_sec=55, tm_wday=6, tm_yday=205,
tm_isdst=-1)

进程已结束,退出代码0
```

图 9.34　案例 9.34 执行结果

9.4.4　计时函数

time 库提供系统级精确计时器的计时功能,可以用来分析程序性能,也可让程序暂停运行时间。

1. time. perf_counter()

time. perf_counter()函数返回一个 CPU 级别的精确时间计数值,单位为秒,由于时间起点不确定,所以需要连续调用才有意义。

案例 9.35　time. perf_counter()函数的应用,示例代码如下。

```
import time                      # 导入 time 库
start = time.perf_counter()      # 记录当前时间
end = time.perf_counter()
print(end - start)               # 输出 start 到 end 所用时间
```

执行上述代码,结果如图 9.35 所示。

2. time. sleep(s)

time. sleep(s)函数可以让计算机休眠,参数 s 为休眠时间,单位为秒,可以是浮点数。

案例 9.36 time. sleep(s)函数的应用,示例代码如下。

```
import time                      # 导入 time 库
start = time.time()              # 使用 time.time()方法
end = time.time()
print(end - start)               # 记录 start 到 end 所用时间
# 对比
import time                      # 导入 time 库
start = time.time()
time.sleep(2)                    # sleep(2)让计算机休眠 2s
end = time.time()
print(end - start)               # 记录 start 到 end 所用时间
```

执行上述代码,结果如图 9.36 所示。

```
1.000000000001e-06

进程已结束,退出代码0
```

图 9.35　案例 9.35 执行结果

```
0.0
2.002263069152832

进程已结束,退出代码0
```

图 9.36　案例 9.36 执行结果

9.5　课业任务

扫一扫

视频讲解

课业任务 9.1　使用 turtle 库编写彩虹桶

【能力测试点】

turtle 库的应用。

【任务实现步骤】

(1) 打开 PyCharm,新建一个 Python 文件,本课业任务以"任务 9.1"命名。

(2) 任务需求:导入 turtle 库,设置绘画速度为最快,背景颜色为黑色,接着定义 6 条不同颜色的边,使用画笔运动函数进行绘画,代码如下。

```
import turtle as t                              # 导入 turtle 库
t.speed(0)                                      # 设置绘画速度最快
t.bgcolor("black")                              # 背景色为黑色
sides = 6                                       # 6 条边
# 设置颜色
colors = ["red", "yellow", "green", "blue", "orange", "purple"]
for x in range(240):
    t.pencolor(colors[x % sides])               # 设置颜色
    t.forward(x * 3 / sides + x)                # 前面长度
```

```
        t.left(360 / sides + 1)              # 设置旋转角度,+1是为了出现螺旋效果
        t.width(x * sides / 180)             # 设置线条宽度
t.done()                                     # 启动事件循环
print("end")
```

运行程序,结果如图 9.37 所示。

图 9.37　课业任务 9.1 运行结果

扫一扫

视频讲解

课业任务 9.2　使用 turtle＋random 库制作雪花

【能力测试点】

turtle 库的绘画函数;time 库中的 sleep() 函数。

【任务实现步骤】

(1) 打开 PyCharm,新建一个 Python 文件,本课业任务以"任务 9.2"命名。

(2) 任务需求:分别导入 turtle 和 time 库,定义一个绘制雪花函数,在函数中结合画笔运动和控制函数,最后启动主程序,代码如下。

```
import turtle                                # 导入库
import time
from turtle import *
def snowflake(l, d):
```

```
screen = turtle.Screen()                    # 打开程序后,可以全屏
screen.bgcolor("lightgreen")                # 背景颜色
turtle.tracer(0, 0)                         # 图形一次性绘画
if d > 0:
    for i in range(6):
        speed(0)                            # 设置绘画速度为最快
        color("white")                      # 雪花颜色
        width(5)                            # 宽度
        forward(l)                          # 画笔向前移动 1 像素
        snowflake(l // 3, d - 1)            # 调用自身函数
        backward(l)                         # 画笔向后移动 1 像素
        left(60)                            # 逆时针旋转 60 度
if __name__ == "__main__":                  # 启动主程序
    snowflake(180, 5)                       # 调用函数
    time.sleep(10)                          # 让程序休眠 10 秒
```

运行程序,结果如图 9.38 所示。

图 9.38　课业任务 9.2 运行结果

课业任务 9.3　使用 tkinter 库编写简单登录页面
【能力测试点】

tkinter 库常见函数的应用。

扫一扫

视频讲解

【任务实现步骤】

（1）打开 PyCharm，新建一个 Python 文件，本课业任务以"任务 9.3"命名。

（2）任务需求：导入 tkinter 库，创建窗口大小和标题，导入 Python 登录 Logo，设置账号、密码标签，使用 Entry 控件设置输入框，定义登录函数（与 Login Button 按钮绑定），设置"登录"与"取消"按钮，最后启动主程序，代码如下。

```python
import tkinter as tk                          # 导入 tkinter 库
root = tk.Tk()                                 # 创建主窗口对象
root.geometry('400x300')                       # 设置窗口大小与位置
root.title('Login')                            # 设置窗口标题
logo = tk.PhotoImage(file = "Python_logo.png")
# 创建 Label 标签
tk.Label(root, justify = tk.LEFT, image = logo).grid(row = 0, column = 0, rowspan = 3)
tk.Label(root, text = '账号', font = ('微软雅黑', 15)).grid(row = 0, column = 1)
tk.Label(root, text = '密码', font = ('微软雅黑', 15)).grid(row = 1, column = 1)
# 关联一个 StringVar 类
var_usr_name = tk.StringVar()
var_usr_pwd = tk.StringVar()
# 使用 Entry 控件
tk.Entry(root, width = 20, textvariable = var_usr_name).grid(row = 0, column = 2)
tk.Entry(root, width = 20, textvariable = var_usr_pwd, show = ' * ').grid(row = 1, column = 2)
# 定义登录函数，绑定到 Button 按钮
def login():
    ID = var_usr_name.get()
    psw = var_usr_pwd.get()
    if ID and psw :
        print("Username: % s\nPassword: % s" % (ID, psw))
    else:
        print("please Enter Username and Password!")
    print('登录成功')
# 摆放两个按钮，一个为"登录"，另一个为"取消"
tk.Button(root, compound = tk.LEFT, text = 'Login', font = ('Microsoft Yahei', 11), anchor = tk.E,
padx = 10, width = 8, command = login).grid(row = 2, column = 1)
tk.Button(root, compound = tk.LEFT, text = 'cancel', font = ('Microsoft Yahei', 11), anchor = tk.E,
padx = 10, width = 8, command = root.quit).grid(row = 2, column = 2)
root.mainloop()                                # 启动事件循环
```

运行程序，结果如图 9.39 所示。

图 9.39　课业任务 9.3 运行结果

课业任务 9.4　使用 turtle＋time 库编写一个电子钟
【能力测试点】

turtle 库的常见函数；time 库的常见函数。

【任务实现步骤】

（1）打开 PyCharm，新建一个 Python 文件，本课业任务以"任务 9.4"命名。

（2）任务需求：分别导入 tkinter 和 time 库，标题设置为电子钟，设置 Label 标签摆放时钟时间，定义时钟函数（实时），启动主程序，代码如下。

```python
import tkinter as tk                          # 导入库
import time                                    # 导入 time 库
window = tk.Tk()                               # 创建窗口
window.title('电子钟')                          # 设置标题
time_text = tk.Label(window, text = '', fg = 'red', font = ('华文仿宋', 80))
time_text.pack()
# 定义时钟函数
def taketime():
    str_time = time.strftime("%T")             # 获取当前的时间转换为字符串
    time_text.configure(text = str_time)       # 重新设置标签文本,实现刷新文本效果
    window.after(1000, taketime)               # 每隔一秒调用 taketime()函数获取时间
taketime()                                     # 调用函数
window.mainloop()                              # 启动事件循环
```

运行程序，结果如图 9.40 所示。

图 9.40　课业任务 9.4 运行结果

扫一扫

视频讲解

课业任务 9.5　使用 turtle＋time 库编写五角星

【能力测试点】

turtle 库的常见函数；time 库的常见函数。

【任务实现步骤】

（1）打开 PyCharm，新建一个 Python 文件，本课业任务以"任务 9.5"命名。

（2）任务需求：导入绘图工具库，定义画笔大小和颜色分别为 5 和黄色，填充颜色设置为红色，在 for 循环中使用画笔运动函数进行绘画，代码如下。

```python
import turtle                                  # 导入库
from turtle import *                           # 导入 turtle 库
pensize(5)                                     # 画笔大小(像素)
pencolor('red')                                # 画笔颜色(颜色名称或 RGB 值)
color('yellow', 'red')                         # 画笔颜色为黄色,填充颜色为红色
begin_fill()                                   # 填充颜色开始语句
for i in range(5):                             # 循环语句
    forward(200)                               # 画笔向前移动 200 像素
    right(144)                                 # 顺时针旋转 144 度
end_fill()                                     # 填充颜色结束语句
turtle.mainloop()                             # 启动事件循环
```

运行程序,结果如图 9.41 所示。

图 9.41　课业任务 9.5 运行结果

习题 9

1. 选择题

(1) 下列函数中返回结果为字符串的是(　　)。

    A. time. time()　　　　　　　　　　　B. time. gmtime()

    C. time. localtime()　　　　　　　　　D. time. ctime()

(2) 下列不是 tkinter 库的控件布局方式的是(　　)。

    A. pack 方式　　　　　　　　　　　　B. grid 方式

    C. place 方式　　　　　　　　　　　　D. messagebox 方式

(3) 下列关于 tkinter 库中 pack 布局的描述错误的是(　　)。

    A. 位置十分精确　　　B. 简单操作　　　C. 适合少量的组件程序

(4) 下列选项中为 time 库中让计算机休眠的是(　　)。

    A. sleep(s)　　　　B. time()　　　　C. ctime()　　　　D. perf_counter()

(5) 下列关于 time 库的用途正确的是(　　)。

    A. 计算机时间的表达

    B. 获取系统时间并格式化输出功能

    C. 提供系统级精确计时功能,用于程序性能分析

(6) 下列关于 turtle 库的描述中错误的是(　　)。

    A. turtle 库主要用于图像绘制

    B. turtle. penup()可简写为 turtle. pu()

    C. turtle. forward(d)函数作用是正方向移动 d 像素

    D. turtle. left(degree)函数的作用是向左移动 degree 度

(7) 下列关于 turtle 库中 circle()函数的描述错误的是(　　)。

    A. circle(100)中 100 代表直径

    B. circle(100,90)中 90 为圆心角

    C. circle()函数的主要用途是画圆

(8) 下列关于 random 库的描述中错误的是(　　)。

    A. uniform(a,b)函数产生一个 a~b 的随机整数

    B. shuffle(sep)函数随机打乱序列 sep 中元素

    C. randint(a,b)函数在 a~b 随机产生一个整数

    D. random. choice(sep)函数中的 sep 不能为空

2．填空题

（1）turtle库中的函数可用于_____。

（2）turtle库中使画笔向前移动的函数是_____。

（3）在random库中，随机数种子相同时，每次运行程序得到的随机数_____（相同/不相同）。

（4）在tkinter库中，常用的3种控件布局方式是_____、_____、_____。

（5）time库中让程序休眠的函数是_____。

（6）time库的time.time()函数返回的数据类型是_____。

图9.42 太阳花

3．编程题

（1）运用turtle库的基本操作用法，绘制一朵太阳花，如图9.42所示。

（2）使用time库的time()函数测试1～100求和的时间。

（3）使用random库编写一个随机点名脚本。

第10章

第 三 方 库

Python 语言的成功得益于第三方库的支持,第三方库能够帮助程序迅速实现需要的功能,提高程序的运行效率。本章将详细介绍第三方库的安装、PyInstaller 打包工具、jieba 分词工具、wordcloud 词云工具、数据的爬取以及数据的可视化,并通过 6 个综合课业任务对如何安装第三方库和爬取数据进行实例演示,以便让程序使用得更方便。

【教学目标】
- 了解使用 pip 方式安装第三方库
- 了解安装第三方库的注意事项
- 熟练掌握第三方库的安装
- 掌握 PyInstaller 打包工具的安装和使用
- 熟练掌握 jieba 分词工具的应用
- 熟练掌握 wordcloud 词云工具的应用
- 掌握数据的爬取与数据可视化的实现

【课业任务】
王小明想使用 Django+百度翻译 API 开发一个智能语音识别与翻译平台,Django 是一个开放源代码的 Web 应用框架,由 Python 写成。在学习完 Python 课程的标准库知识后,需要熟悉 Python 第三方库的安装和使用,并使用第三方库实现数据的爬取和数据可视化,现通过 6 个课业任务来完成。

课业任务 10.1　安装第三方库
课业任务 10.2　Tushare 的注册
课业任务 10.3　部署依赖环境
课业任务 10.4　爬取股票基本信息数据
课业任务 10.5　爬取日线行情数据
课业任务 10.6　实现数据可视化

10.1　第三方库的安装方法

10.1.1　安装第三方库的前提

pip 是最简单、快捷的 Python 第三方库的在线安装工具,可安装 95% 以上的第三方库。使用 pip 安装第三方库时,pip 默认从 Python 包索引库(Python Package Index,PyPI)下载需要的文件(www.pypi.org),能从 PyPI 中检索到的第三方库均可使用 pip 安装。

1. 确认 Python 已安装并添加至环境变量

使用 pip 安装第三方库,需要在 Windows 系统的命令行操作,首先需要确保 Python.exe 可以在命令行运行。在命令行执行命令检查 Python 的版本号,如图 10.1 所示。

```
C:\WINDOWS\system32\cmd.exe
Microsoft Windows [Version 10.0.19043.1826]
(c) Microsoft Corporation。保留所有权利。

C:\Users\zzh13>python --version
Python 3.7.5

C:\Users\zzh13>
```

图 10.1 确定 Python 版本号

2. 确认 pip 已安装

在命令行执行如图 10.2 所示的命令查看 pip 版本号,确认 pip 可用。

```
C:\Users\zzh13>pip --version
pip 19.2.3 from c:\users\zzh13\appdata\local\programs\python\pyth
on37\lib\site-packages\pip (python 3.7)
```

图 10.2 查看 pip 版本号

Python 会默认安装 pip 工具,通过执行如图 10.3 所示的命令确认安装 pip,并将其升级到最新版本。

```
C:\Users\zzh13>python -m pip install --upgrade pip
Collecting pip
  Downloading https://files.pythonhosted.org/packages/1f/2c/d9626
f045e7b49a6225c6b09257861f24da78f4e5f23af2ddbdf852c99b8/pip-22.2.
2-py3-none-any.whl (2.0MB)
    |                              | 2.0MB 103kB/s
Installing collected packages: pip
  Found existing installation: pip 19.2.3
    Uninstalling pip-19.2.3:
      Successfully uninstalled pip-19.2.3
Successfully installed pip-22.2.2
```

图 10.3 将 pip 升级到最新版本

10.1.2 使用 pip 安装第三方库

在 Windows 操作系统下使用 pip 安装第三方库是最稳定、最快速的方式,pip 安装 Python 第三方库的命令格式如下。

```
pip install 库名称
pip install 库名称 == 版本名
```

1. 安装最新版第三方库

以 pyparsing 库为例,使用如图 10.4 所示的命令安装 pyparsing 库,所安装的第三方库 为最新版库。

```
C:\Users\zzh13>pip install pyparsing
Collecting pyparsing
  Downloading pyparsing-3.0.9-py3-none-any.whl (98 kB)
    ----------------------- 98.3/98.3 kB 434.0 kB/s eta 0:00:00
Installing collected packages: pyparsing
Successfully installed pyparsing-3.0.9
```

图 10.4 安装最新版 pyparsing 库

2. 指定版本安装第三方库

以 pyparsing 库为例,使用如图 10.5 所示的命令指定安装 3.0.0 版本的 pyparsing 第三方库。

```
C:\Users\zzh13>pip install pyparsing==3.0
Collecting pyparsing==3.0
  Downloading pyparsing-3.0.0-py3-none-any.whl (95 kB)
  ---------------------- 96.0/96.0 kB 685.7 kB/s eta 0:00:00
Installing collected packages: pyparsing
Successfully installed pyparsing-3.0.0
```

图 10.5　安装 3.0.0 版本的 pyparsing 库

3. 使用 pip 安装第三方库注意事项

部分第三方库在安装过程中需要使用 Microsoft Visual C++生成工具,以便生成适用于当前系统的第三方库。如果系统中没有 Microsoft Visual C++生成工具,会导致第三方库安装失败。因此,安装部分第三方库之前需要先安装 Microsoft Visual C++生成工具。安装第三方库过程中需要保证网络通畅且稳定。

4. 管理第三方库

卸载第三方库的命令格式如下,以卸载 pyparsing 库为例,如图 10.6 所示。

```
pip uninstall 库名称
```

```
C:\Users\zzh13>pip uninstall pyparsing
Found existing installation: pyparsing 3.0.0
Uninstalling pyparsing-3.0.0:
  Would remove:
    c:\users\zzh13\appdata\local\programs\python\python37\lib\sit
e-packages\pyparsing-3.0.0.dist-info\*
    c:\users\zzh13\appdata\local\programs\python\python37\lib\sit
e-packages\pyparsing\*
Proceed (Y/n)? y
  Successfully uninstalled pyparsing-3.0.0
```

图 10.6　卸载 pyparsing 库

升级第三方库的命令格式如下,以升级 pyparsing 库为例,如图 10.7 所示。

```
pip install -- upgrade 库名称
```

查看已安装的第三方库,如图 10.8 所示。

```
C:\Users\zzh13>pip install --upgrade pyparsing
Requirement already satisfied: pyparsing in c:\users\zzh13\appdat
a\local\programs\python\python37\lib\site-packages (3.0.0)
Collecting pyparsing
  Downloading pyparsing-3.0.9-py3-none-any.whl (98 kB)
  ---------------------- 98.3/98.3 kB 808.2 kB/s eta 0:00:00
Installing collected packages: pyparsing
  Attempting uninstall: pyparsing
    Found existing installation: pyparsing 3.0.0
    Uninstalling pyparsing-3.0.0:
      Successfully uninstalled pyparsing-3.0.0
Successfully installed pyparsing-3.0.9
```

```
C:\Users\zzh13>pip list
Package     Version
----------  -------
pip         22.2.2
pyparsing   3.0.9
setuptools  41.2.0
```

图 10.7　升级 pyparsing 库　　　　　　　　　　图 10.8　查看已安装的第三方

10.2 文本处理库

10.2.1 文本处理库简介

文本处理主要指读写 PDF、Microsoft Excel、Microsoft Word、HTML 和 XML 等常见文件,常用的文本处理库有 Pdfminer、Openpyxl、Python-docx 和 BeautifulSoup 4。

10.2.2 常用的文本处理库

1. Openpyxl

Openpyxl 是一个用于处理 Microsoft Excel 文件的 Python 库,支持 Excel 的 .xls、.xlsx、.xlsm、.xltx 和 .xltm 等格式文件,并可处理 Excel 文件中的工作表、表单和数据单元。安装 Openpyxl 库的命令如下。

```
pip install openpyxl
```

2. Python-docx

Python-docx 是一个用于处理 Microsoft Word 文件的 Python 库,可对 Word 文件的常见样式进行编程,包括字符样式、段落样式、表格样式、页面样式等;并可对 Word 文件中的文本、图像等内容执行添加和修改操作。安装 Python-docx 库的命令如下。

```
pip install python-docx
```

3. BeautifulSoup 4

BeautifulSoup 4 也称为 Beautiful Soup 或 BS 4,它是一个用于从 HTML 或 XML 文件中提取数据的 Python 库。安装 BeautifulSoup4 库的命令如下。

```
pip install beautifulsoup4
```

10.3 用户图形界面库

10.3.1 用户图形界面库简介

用户图形界面库用于为 Python 提供图形用户界面实现功能,常用的用户图形界面库有 PyQt 5、wxPython 和 PyGObject。

10.3.2 常用的用户图形界面库

1. PyQt 5

PyQt 库包含用于设计用户图形界面的 GUI 工具包和用户图形界面设计器 Qt Designer,还包括网络套接字、线程、Unicode、正则表达式、SQL 数据库、SVG、OpenGL、XML、功能齐全的 Web 浏览器、帮助系统、多媒体框架以及丰富的 GUI 小部件等。安装 PyQt 5 库的命令如下。

```
pip install PyQt5
```

2. wxPython

wxPython 库是一个跨平台 GUI 开发框架，允许 Python 程序员简单、轻松地创建功能强大的图形用户界面程序。wxPython 库包装了用 C++语言编写的 wxWidgets 库的 GUI 组件,支持 Microsoft Windows、Mac OS 以及具有 GTK2 或 GTK3 库的 Linux 或其他类似 UNIX 的系统。安装 wxPython 库的命令如下。

```
pip install wxPython
```

3. PyGObject

PyGObject 是一个使用 GTK＋开发的 Python 库,它为基于 GObject 的库(如 GTK、GStreamer、WebKitGTK、Glib、GIO 等)提供 Python 接口。PyGObject 可用于 Python 2.7＋、Python 3.5＋、PyPy 和 PyPy 3,支持 Linux、Windows 和 Mac OS 等系统。安装 PyGObject 库的命令如下。

```
pip install PyGObject
```

10.4　数据分析库

10.4.1　数据分析库简介

数据分析主要指对数据执行各种科学或工程计算。常用的数据分析库有 NumPy、SciPy 和 Pandas。

10.4.2　常用的数据分析库

1. NumPy

NumPy 库使用 Python 进行科学计算的基本软件包,其主要功能包括：强大的 N 维数组对象；复杂的(广播)功能；集成 C/C++和 Fortran 代码的工具；线性代数函数、傅里叶变换函数和随机函数。NumPy 可以用作通用数据的高效多维容器,可以定义任意数据类型。安装 NumPy 库的命令如下。

```
pip install numPy
```

2. SciPy

SciPy 是在 NumPy 的基础上实现的 Python 工具包,提供专门为科学计算和工程计算设计的库函数,主要包括聚类算法、物理和数学常数、快速傅里叶变换函数、积分和常微分方程求解器、插值和平滑样条函数、线性代数函数、N 维图像处理函数、正交距离回归函数、优化和寻根函数、信号处理函数、稀疏矩阵函数、空间数据结构和算法以及统计分布等模块。安装 SciPy 库的命令如下。

```
pip install scipy
```

3. Pandas

Pandas 是一个遵循 BSD 许可的开源库,为 Python 编程语言提供高性能、易于使用的数据结构和数据分析工具。Pandas 适用于处理下列数据：与 SQL 或 Excel 表类似的，具有异构列的表格数据；有序和无序的时间序列数据；带行列标签的任意矩阵数据，包括同构或异构类型数据；任何其他形式的观测或统计数据集。安装 Pandas 库的命令如下。

```
pip install pandas
```

10.5　数据可视化库

10.5.1　数据可视化库简介

数据可视化主要指使用易于理解的图形展示数据。常用的数据可视化库有 Matplotlib、Seaborn 和 Mayavi。

10.5.2　常用的数据可视化库

1. Matplotlib

Matplotlib 是一个 Python 二维绘图库，可用于 Python 脚本、Python 命令行、IPython 命令行、Jupyter Notebook 和 Web 应用程序服务器等。使用 Matplotlib 库，只需几行代码就可以生成图表，如直方图、功率谱、条形图、误差图和散点图等。安装 Matplotlib 库的命令如下。

```
pip install matplotlib
```

2. Seaborn

Seaborn 是一个用于绘制统计图形 Python 库，它基于 Matplotlib，并与 Pandas 库紧密集成。安装 Seaborn 库的命令如下。

```
pip install seaborn
```

3. Mayavi

Mayavi 库提供三维数据和三维绘图功能，它既可作为独立的应用程序使用，也可作为 Python 库使用。安装 Mayavi 库的命令如下。

```
pip install mayavi
```

10.6　网络爬虫库

10.6.1　网络爬虫库简介

网络爬虫用于执行 HTTP 访问，获取 HTML 页面。常用的 Python 网络爬虫库有 Requests、Scrapy 和 Pyspider。

10.6.2　常用的网络爬虫库

1. Requests

Requests 是基于 Python 的 urllib3 实现的一个网络爬虫库。Requests 支持 Python 2.6、2.7 以及 3.3 以上版本。安装 Requests 库的命令如下。

```
pip install requests
```

2. Scrapy

Scrapy 库是一个用 Python 实现的用于获取网站代码并提取结构化数据的应用程序框架。Scrapy 库包含了网络爬虫系统应具备的基本功能,还可作为框架进行扩展,实现数据挖掘、网络监控和自动化测试等多种应用。安装 Scrapy 库的命令如下。

```
pip install scrapy
```

3. Pyspider

Pyspider 是一个强大的 Web 页面爬取系统,其主要功能包括:用 Python 编写脚本,支持 Python 2 和 Python 3;提供 WebUI,包括脚本编辑器、任务监视器、项目管理器和结果查看器;支持 MySQL、MongoDB、Redis、SQLite、Elasticsearch、PostgreSQL(SQLAlchemy)等数据库;支持 RabbitMQ、Beanstalk、Redis 和 Kombu 作为消息队列;任务优先级、失败重爬、定时爬网、周期性重复爬网、分布式架构、抓取 JavaScript 页面等。安装 Pyspider 库的命令如下。

```
pip install pyspider
```

10.7　PyInstaller 打包工具

10.7.1　PyInstaller 库概述

PyInstaller 是一个打包工具,可将 Python 应用程序及其所有依赖项封装为一个包。用户无须安装 Python 解释器或其他任何模块,即可运行 PyInstaller 打包生成的应用程序。PyInstaller 支持 Python 2.7 和 Python 3.4+,并捆绑了主要的第三方 Python 库,包括 NumPy、PyQt、Django、wxPython 等。PyInstaller 已针对 Windows、Mac OS X 和 Linux 系统进行了测试,但不是交叉编译器。要制作运行于特定系统的应用程序,需要在该系统中运行 PyInstaller。

10.7.2　安装 PyInstaller 库

在 Windows 环境中,PyInstaller 需要 Windows XP 或更高版本,同时需要安装两个模块:PyWin32(或 Pypiwin32)和 Pefile。PyInstaller 推荐同时安装 pip-Win。安装 PyInstaller 库的命令如下。

```
pip install pyinstaller
```

10.7.3　使用 PyInstaller 库

1. 基本命令格式

PyInstaller 在命令行执行,其基本命令格式如下,常用命令选项如表 10.1 所示。

```
pyinstaller [options] script [script …] | specfile
```

其中,options 为命令选项,可省略;script 为将要打包的 Python 程序文件名,多个文件名之间用空格分隔;specfile 为规格文件,其扩展名为.spec,它实际上是一个可执行的 Python 程序,PyInstaller 通过执行规格文件打包应用程序。

表 10.1 PyInstaller 常用命令选项

参 数	说 明
-h 或--help	显示 PyInstaller 帮助信息,包含各命令选项的用法
-v 或--version	显示 PyInstaller 版本信息
--distpath DIR	将打包生成文件的存放路径设置为 DIR,默认为当前目录下的 dist 子目录
--workpath WORKPATH	将工作路径设置为 WORKPATH,默认为当前目录下的 build 子目录。PyInstaller 会在工作路径中写入 log 或 pyz 等临时文件
--clean	在打包开始前清除 PyInstaller 的缓存和临时文件
-D 或--onedir	将打包生成的所有文件放在一个文件夹中,这是默认打包方式
-F 或--onefile	将打包生成的所有文件封装为一个 EXE 文件
--specpath DIR	将存放生成的规格文件的路径设置为 DIR,默认为当前目录
-n NAME 或--name NAME	将 NAME 设置为打包生成的应用程序和规格文件的名称,默认为打包的第 1 个 Python 程序文件名
--key KEY	将 KEY 作为加密的密码字符串

2. 打包到文件夹

将需要打包的 Python 应用程序(如 hello.py)复制到一个文件夹(如 C:\hello)中,然后在该文件夹中执行如下命令。

```
pyinstaller hello.py
```

执行命令前的文件夹如图 10.9 所示,执行上述命令,结果如图 10.10 所示。

图 10.9 执行命令前的文件夹   图 10.10 执行命令后的文件夹

3. 打包为一个可执行文件

在 PyInstaller 命令中使用--F 或-onefile 选项,可将 Python 应用程序及其所有依赖打包为一个可执行文件,示例代码如下。

```
pyinstaller -- onefile hello.py
```

执行上述代码,结果如图 10.11 所示。

4. 加密 Python 代码

在 PyInstaller 命令中可使用--key 选项对打包生成的 Python 代码进行加密,示例代码如下。

图 10.11　打包为可执行文件

```
pyinstaller -- key' hello20220903'hello.py
```

执行上述代码,结果如图 10.12 所示。

```
hello.spec ×
1    # -*- mode: python ; coding: utf-8 -*-
2
3
4    block_cipher = pyi_crypto.PyiBlockCipher(key="'hello20220903'")
5
6
```

图 10.12　加密 Python 代码

10.8　jieba 分词工具

10.8.1　jieba 库概述

jieba 库是一个优秀的 Python 中文分词库,支持 Python 2 和 Python 3。jieba 库的主要特点如下。

(1) 支持 3 种分词模式:精确模式、全模式和搜索引擎模式。

(2) 支持繁体中文分词。

(3) 支持自定义词典。

(4) MIT 授权协议。

10.8.2　安装 jieba 库

安装 jieba 库的命令如下。

```
pip install jieba
```

10.8.3　使用分词功能

jieba 库支持 3 种分词模式。

(1) 精确模式:将句子精确地按顺序切分为词语,适合文本分析。

(2) 全模式:把句子中所有可以成词的词语都切分出来,但是不能解决歧义。

(3) 搜索引擎模式:在精确模式的基础上,对长词再次切分,提高召回率,适用于搜索引擎分词。

jieba 库提供了 4 个分词函数：cut(str,cut_all,HMM)、cut_for_search(str,HMM)、lcut(str,cut_all,HMM)、lcut_for_search(str,HMM)。

注意：

（1）参数 str 为需要分词的字符串，str 可以是 Unicode、UTF-8 或 GBK 字符串；

（2）参数 cut_all=False 时采用精确模式分词，cut_all=True 时采用全模式分词；

（3）参数 HMM=True 时使用隐马尔可夫模型（Hidden Markov Model，HMM），为 False 时不使用。

说明：

（1）cut()和 lcut()函数采用精确模式或全模式进行分词；

（2）cut_for_search()和 lcut_for_search()函数采用搜索引擎模式进行分词；

（3）cut()和 cut_for_search()函数返回一个可迭代的 generator 对象；

（4）lcut()和 lcut_for_search()函数返回一个 list 对象。

jieba 库 3 种分词模式实现代码如下。

```
import jieba                              # 导入 jieba 库
str = 'jieba库是一个优秀的 Python 中文分词库'    # 定义字符串
result = jieba.cut(str)                    # 默认使用精确模式
print(', '.join(result))                   # 用逗号连接各个词语,再输出
result = jieba.cut(str,cut_all = True)      # 使用全模式
print(', '.join(result))
result = jieba.cut_for_search(str)         # 使用搜索引擎模式
print(', '.join(result))
```

运行程序，结果如图 10.13 所示。

```
jieba, 库是, 一个, 优秀, 的, Python, 中文, 分, 词库
jieba, 库, 是, 一个, 优秀, 的, Python, 中文, 分词, 词库
jieba, 库是, 一个, 优秀, 的, Python, 中文, 分, 词库
```

图 10.13　jieba 分词的运行结果

10.9　wordcloud 词云工具

10.9.1　wordcloud 库概述

词云是一种可视化的数据展示方法，它根据词语在文本中的出现频率设置词语在词云中的大小、颜色和显示层次，让人在一瞥之间了解关键词和数据的重点。

10.9.2　安装 wordcloud 库

wordcloud 库需要 pillow 库和 NumPy 库的支持，如果未安装这两个库，安装程序可自动安装。如果要将词云输出到文件，还要安装 Matplotlib 库。安装 wordcloud 库的命令如下。

```
pip install wordcloud
```

10.9.3 wordcloud 库函数

wordcloud 库的核心是 WordCloud 类,该类封装了所有功能。通常先调用 WordCloud()函数创建一个 WordCloud 对象,然后调用对象的 generate()函数生成词云。WordCloud()函数的参数及说明如表 10.2 所示。

表 10.2 WordCloud()函数的参数及说明

参 数	说 明
font_path	字符串,指定字体文件(可包含完整路径),默认为 None。处理中文词云时需要指定正确的中文字体文件,才能在词云中正确显示汉字
width	整数,指定画布的宽度,默认为 400
height	整数,指定画布的高度,默认为 200
mask	指定用于绘制词云图形形状的掩码,默认为 None。掩码为 NumPy 库中的 ndarray 对象
min_font_size	整数,设置词云中文字的最小字号,默认为 4
max_font_size	整数,设置词云中文字的最大字号,默认为 None,根据高度自动调节
font_step	整数,设置字号的增长间隔,默认为 1
max_words	整数,设置词云中词语的最大数量,默认为 200
stopwords	字符串集合,设置排除词列表,默认为 None。排除词列表中的词语不会出现在词云之中
background_color	颜色值,设置词云的背景颜色,默认为"black"

WordCloud 对象的常用方法有以下两种。

(1) generate(text):将字符串 text 中的文本生成词云,返回一个 WordCloud 对象。text 应为英文的自然文本,即文本中的词语按常用的空格、逗号等分隔。中文文本应先分词(如使用 jieba 库),然后将其使用空格或逗号连接成字符串。

(2) to_file(filename):将词云写入图像文件。

1. 生成英文词云

对于英文文本,可直接调用 generate()函数生成词云,示例代码如下。

```
import wordcloud                                    # 导入 wordcloud 库
text = 'Love warms more than a thousand fires'      # 编写文本文件,用于后续生成词云
# 设置图片属性,将字符串 text 中的文本生成词云
cloud = wordcloud.WordCloud(background_color = 'white').generate(text)
cloud.to_file('english_cloud.jpg')                  # 将词云写入图像文件
```

运行程序,结果如图 10.14 所示。

2. 生成中文词云

对于中文文本,应先分词(如使用 jieba 库),然后使用空格或逗号将其连接成字符串,再调用 generate()函数生成词云,示例代码如下。

```
import wordcloud                     # 导入 wordcloud 库
import jieba                         # 导入 jieba 库
# 使用 jieba.lcut()函数进行分词
str = jieba.lcut('.夏天的飞鸟,飞到我的窗前唱歌,又飞去了')
text = ''.join(str)
```

```
# 设置图片属性,将字符串 text 中的文本生成词云
cloud = wordcloud.WordCloud(font_path = 'simsun.ttc',
                background_color = 'white').generate(text)
cloud.to_file('chinese_cloud.jpg')
```

运行程序,结果如图 10.15 所示。

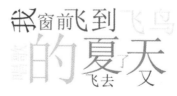

图 10.14　生成英文词云　　　　　　图 10.15　生成中文词云

10.10　课业任务

课业任务 10.1　安装第三方库

【能力测试点】

pip 命令安装模块;在 PyCharm 中安装模块。

【任务实现步骤】

1) 通过 pip 命令安装模块

(1) 按 Win＋R 快捷键,在弹出的"运行"对话框中输入 cmd,单击"确定"按钮,进入 DOS 界面,如图 10.16 所示。

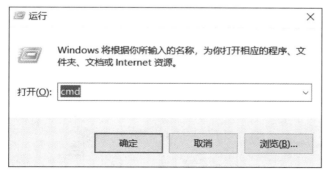

图 10.16　进入 DOS 界面

(2) 本课业任务以安装 Django 第三方库为例,在 DOS 界面中输入 pip install django,执行该命令安装 Django 库,如图 10.17 所示。

2) 在 PyCharm 中安装模块

(1) 运行 PyCharm,执行"文件"→"设置"菜单命令,如图 10.18 所示。

(2) 在弹出的"设置"对话框中展开"项目:test2",在列表中单击"Python 解释器",接着单击＋按钮进行安装,如图 10.19 所示。

(3) 在弹出的"可用软件包"对话框中输入模块名 Django,按 Enter 键,在搜索结果中选择要安装的模块,然后单击"安装软件包"按钮,如图 10.20 所示。

```
C:\Users\zzh13>pip install django
Collecting django
  Downloading Django-3.2.15-py3-none-any.whl (7.9 MB)
                                    7.9/7.9 MB 57.2 kB/s et
a 0:00:00
Collecting asgiref<4,>=3.3.2
  Downloading asgiref-3.5.2-py3-none-any.whl (22 kB)
Requirement already satisfied: pytz in c:\users\zzh13\appdata\local\p
rograms\python\python37\lib\site-packages (from django) (2022.2.1)
Collecting sqlparse>=0.2.2
  Downloading sqlparse-0.4.2-py3-none-any.whl (42 kB)
                                    42.3/42.3 kB 97.8 kB/s
eta 0:00:00
Requirement already satisfied: typing-extensions in c:\users\zzh13\ap
pdata\local\programs\python\python37\lib\site-packages (from asgiref<
4,>=3.3.2->django) (4.3.0)
Installing collected packages: sqlparse, asgiref, django
Successfully installed asgiref-3.5.2 django-3.2.15 sqlparse-0.4.2
```

图 10.17 成功安装 Django 第三方库

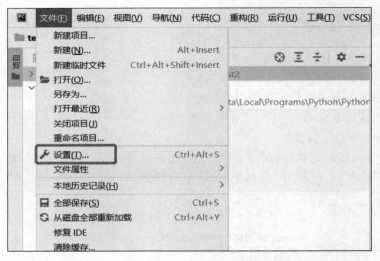

图 10.18 打开设置选项

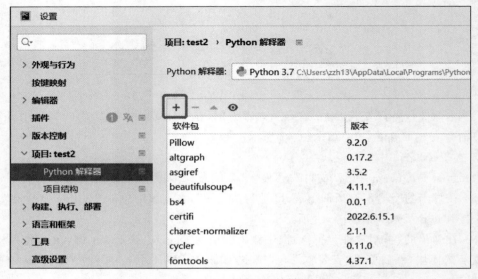

图 10.19 "设置"对话框

图 10.20 安装 Django 第三方库

扫一扫

视频讲解

课业任务 10.2 Tushare 的注册
【能力测试点】
注册 Tushare；获取 TOKEN 值。
【任务实现步骤】
（1）在浏览器地址栏中输入 https://www.tushare.pro/，进入 Tushare 大数据开放社区，如图 10.21 所示。
（2）如图 10.22 所示，根据提示填写相关信息，完成用户注册。
（3）完善个人资料（需要完善个人资料才能获得足够的积分进行数据的获取），如图 10.23 所示。
（4）查看接口 TOKEN，此 TOKEN 将作为数据挖掘的重要凭证，如图 10.24 所示。

课业任务 10.3 部署依赖环境
【能力测试点】
安装 Tushare 包，并查看 Python 依赖包。
【任务实现步骤】
（1）按 Win+R 快捷键，在弹出的"运行"对话框中输入 cmd，单击"确定"按钮，进入 DOS 界面。
（2）在 DOS 界面中输入 pip install tushare，执行该命令安装 Tushare 包，如图 10.25 所示。
（3）如图 10.26 所示，在 DOS 界面中输入 pip list，查看已安装的第三方库，Tushare 包含了获取数据的部分第三方库。

扫一扫

视频讲解

图 10.21　Tushare 大数据开放社区

图 10.22　用户注册

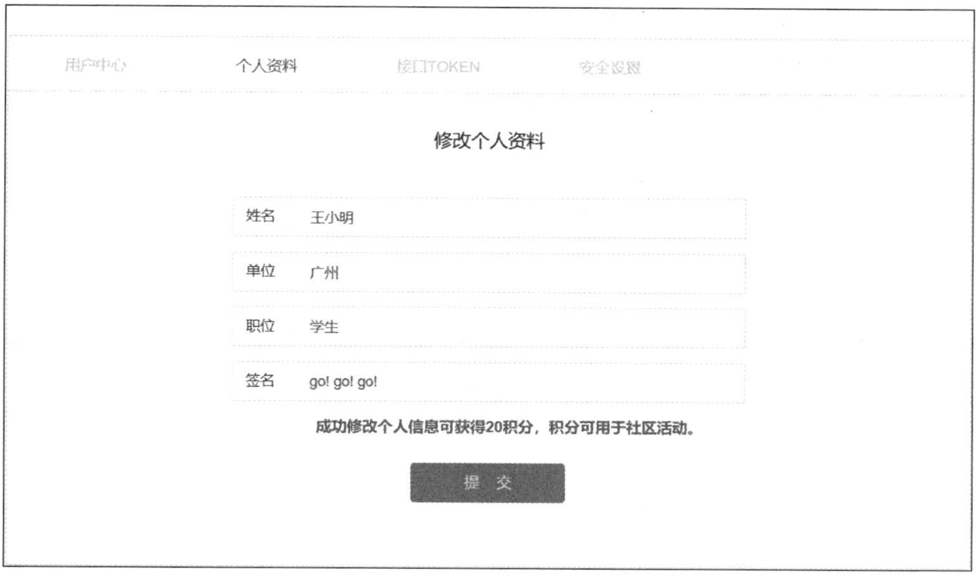

图 10.23　完善个人资料

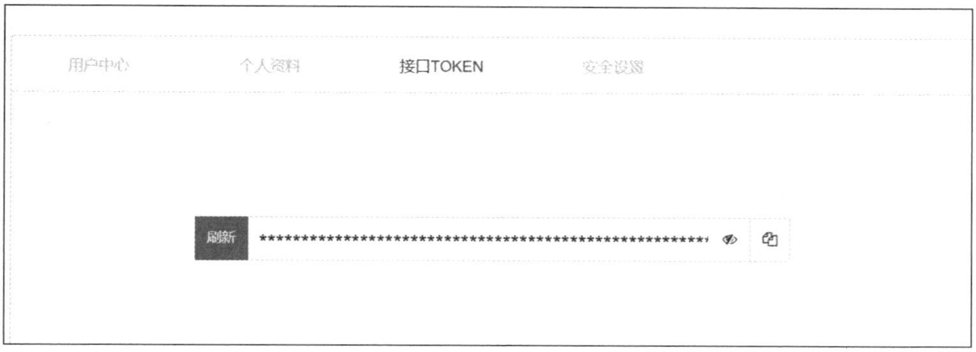

图 10.24　查看接口 TOKEN

```
C:\Users\zzh13>pip install tushare
Collecting tushare
  Downloading https://files.pythonhosted.org/packages/49/49/f8c8
348ee79f77e9c3b1eec60be32ac8868954d32bcc3866fc2baf860c16/tushare
-1.2.85-py3-none-any.whl (130kB)
    |                              | 133kB 344kB/s
Collecting lxml (from tushare)
  Downloading https://files.pythonhosted.org/packages/5b/2a/b29c
a0616397e6d5608255cd0f635a6786892fec898eb65fe8aa4347e9c0/lxml-4.
9.1-cp37-cp37m-win_amd64.whl (3.6MB)
    |                              | 3.6MB 17kB/s
Collecting simplejson (from tushare)
```

图 10.25　Tushare 包成功安装

```
C:\Users\zzh13>pip list
Package           Version
----------------- ----------
beautifulsoup4    4.11.1
bs4               0.0.1
certifi           2022.6.15.1
charset-normalizer 2.1.1
idna              3.3
lxml              4.9.1
numpy             1.21.6
pandas            1.3.5
pip               22.2.2
python-dateutil   2.8.2
pytz              2022.2.1
requests          2.28.1
setuptools        41.2.0
simplejson        3.17.6
six               1.16.0
soupsieve         2.3.2.post1
tushare           1.2.85
urllib3           1.26.12
websocket-client  0.57.0
```

图 10.26　查看第三方库

课业任务 10.4　爬取股票基本信息数据

说明:本课业任务为 2022 年度省级大学生创新创业训练计划项目《基于机器学习的金融数据分析挖掘及应用》(S202212668008)的核心功能。

【能力测试点】

Tushare、Pandas、NumPy 库和 tock_basic 接口应用。

【任务实现步骤】

(1) 打开 PyCharm,新建一个 Python 文件,本课业任务以"任务 10.4"命名。

(2) 任务需求:获取基础信息数据,包括股票代码、名称等,代码如下。

```python
import tushare as ts                        # 导入 Tushare 库
import pandas as pd                          # 导入 Pandas 库
from pandas import DataFrame, Series         # 从 Pandas 库导入 DataFrame, Series
import numpy as np                           # 导入 NumPy 库
# 填入个人 TOKEN
pro = ts.pro_api('692869ca8410dd0cf1f0b01b7d81194f92d7c7651e9e8e8821d688dd')
# 查询当前所有正常上市交易的股票列表,输入参数:交易所,上市状态
# 输出参数:TS 代码,股票代码,地域,所属行业,上市日期
data = pro.stock_basic(exchange = '',
                       list_status = 'L',
                       fields = 'ts_code,symbol,name,area,industry,list_date')
print(data)                                  # 输出结果
```

(3) 运行上述程序,爬取的股票基本信息数据如图 10.27 所示。

	ts_code	symbol	name	area	industry	list_date
0	000001.SZ	000001	平安银行	深圳	银行	19910403
1	000002.SZ	000002	万科A	深圳	全国地产	19910129
2	000004.SZ	000004	ST国华	深圳	软件服务	19910114
3	000005.SZ	000005	ST星源	深圳	环境保护	19901210
4	000006.SZ	000006	深振业A	深圳	区域地产	19920427
...	...	...	...	...	...	...
4904	871981.BJ	871981	晶赛科技	None	None	20211115
4905	872925.BJ	872925	锦好医疗	None	None	20211025
4906	873169.BJ	873169	七丰精工	None	None	20220415
4907	873223.BJ	873223	荣亿精密	None	None	20220609
4908	689009.SH	689009	九号公司-WD	北京	摩托车	20201029

[4909 rows x 6 columns]

进程已结束,退出代码0

图 10.27　股票基本信息数据

课业任务 10.5　爬取日线行情数据

说明:本课业任务为 2022 年度省级大学生创新创业训练计划项目《基于机器学习的金融数据分析挖掘及应用》(S202212668008)的核心功能。

【能力测试点】

Tushare、Pandas、NumPy 库和 daily 接口应用。

【任务实现步骤】

(1) 打开 PyCharm,新建一个 Python 文件,本课业任务以"任务 10.5"命名。

(2) 任务需求:导入相应的第三方库,爬取当前正常上市交易的股票的日线行情数据,代码如下。

```
import tushare as ts                          # 导入 Tushare 库
import pandas as pd                           # 导入 Pandas 库
from pandas import DataFrame, Series          # 从 Pandas 库导入 DataFrame, Series
import numpy as np                            # 导入 NumPy 库
# 填入个人 TOKEN
pro = ts.pro_api('692869ca8410dd0cf1f0b01b7d81194f92d7c7651e9e8e8821d688dd')
# 查询当前所有正常上市交易的股票列表,输入参数:股票代码,开始日期,结束日期
df = pro.daily(ts_code = '000001.SZ',
               start_date = '20200101',
               end_date = '20220101')
print(data)                                   # 输出结果
```

（3）运行上述程序,爬取的日线行情数据如图 10.28 所示。

```
        ts_code trade_date   open  ...  pct_chg       vol        amount
0     000001.SZ   20211231  16.86  ...  -2.0214  1750760.89  2899617.148
1     000001.SZ   20211230  16.76  ...   0.4179   796663.60  1342374.249
2     000001.SZ   20211229  17.16  ...  -2.4461  1469373.98  2480534.592
3     000001.SZ   20211228  17.22  ...  -0.2904  1126638.91  1934461.075
4     000001.SZ   20211227  17.33  ...  -0.5199   731118.99  1260455.319
..          ...        ...    ...  ...      ...         ...          ...
481   000001.SZ   20200108  17.00  ...  -2.8571   847824.12  1423608.811
482   000001.SZ   20200107  17.13  ...   0.4687   728607.56  1247047.135
483   000001.SZ   20200106  17.01  ...  -0.6403   862083.50  1477930.193
484   000001.SZ   20200103  16.94  ...   1.8376  1116194.81  1914495.474
485   000001.SZ   20200102  16.65  ...   2.5532  1530231.87  2571196.482

[486 rows x 11 columns]

进程已结束,退出代码0
```

图 10.28　日线行情数据

课业任务 10.6　实现数据可视化

说明：本课业任务为 2022 年度省级大学生创新创业训练计划项目《基于机器学习的金融数据分析挖掘及应用》(S202212668008)的核心功能。

【能力测试点】

Tushare、Pandas、NumPy、Matplotlib 库与 tock_basic 接口,以及数据可视化的应用。

【任务实现步骤】

（1）打开 PyCharm,新建一个 Python 文件,本课业任务以"任务 10.6"命名。

（2）进入 DOS 界面,输入 pip install matplotlib,执行该命令安装 Matplotlib 第三方库,如图 10.29 所示。

```
C:\Users\zzh13>pip install matplotlib
Collecting matplotlib
  Downloading matplotlib-3.5.3-cp37-cp37m-win_amd64.whl (7.2 MB)
                                        7.2/7.2 MB 5.7 MB/s eta 0:00:00
Requirement already satisfied: python-dateutil>=2.7 in c:\users\zzh13
\appdata\local\programs\python\python37\lib\site-packages (from matpl
otlib) (2.8.2)
Collecting packaging>=20.0
  Downloading packaging-21.3-py3-none-any.whl (40 kB)
                                        40.8/40.8 kB ? eta 0:00:00
Collecting cycler>=0.10
  Downloading cycler-0.11.0-py3-none-any.whl (6.4 kB)
Requirement already satisfied: numpy>=1.17 in c:\users\zzh13\appdata\
local\programs\python\python37\lib\site-packages (from matplotlib) (1
.21.6)
```

图 10.29　安装 Matplotlib 库

扫一扫

视频讲解

（3）任务需求：使用 Tushare 库获取某股票的历史行情数据，并绘制该股票历史数据的 5 日均线和 30 日均线，代码如下。

```
import tushare as ts                          # 导入 Tushare 库
import pandas as pd                           # 导入 Pandas 库
from pandas import DataFrame,Series           # 从 Pandas 库导入 DataFrame,Series
import numpy as np                            # 导入 NumPy 库
import matplotlib                             # 导入 Matplotlib 库
import matplotlib.pyplot as plt               # 导入 Matplotlib 库中的 plot
# 填入个人 TOKEN
pro = ts.pro_api('692869ca8410dd0cf1f0b01b7d81194f92d7c7651e9e8e8821d688dd')
# 查询当前所有正常上市交易的股票列表,输入参数:交易所,上市状态
# 输出参数:TS 代码,股票代码,地域,所属行业,上市日期
df = pro.daily(ts_code = '000001.SZ',
               start_date = '20200101',
               end_date = '20220101')
df['trade_date'] = pd.to_datetime(df['trade_date'])
df.set_index('trade_date', inplace = True)    # 将 trade_date 设置为行索引
df = df[::-1]                                  # 将数据按时间正序排列
ma5 = df['close'].rolling(5).mean()           # 5 日均线
ma30 = df['close'].rolling(30).mean()         # 30 日均线
plt.plot(ma5[30::])                           # 绘制 5 日均线图
plt.plot(ma30[30::])                          # 绘制 30 日均线图
plt.show()                                    # 展示图像
```

（4）运行程序，得到可视化图像，如图 10.30 所示。

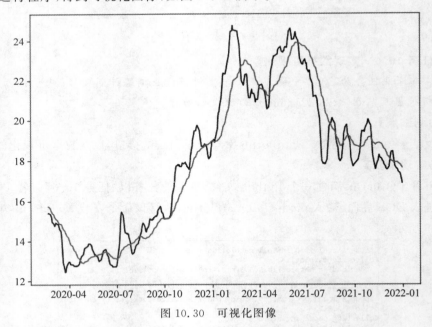

图 10.30　可视化图像

习题 10

1. 选择题

（1）Python-docx 是一个用于处理 Microsoft Word 文件的 Python 库，可对 Word 文件

的常见样式进行编程,下列选项中属于 Python-docx 处理的样式的是(　　)。

    A. 字符样式　　　　B. 段落样式　　　　C. 表格样式　　　　D. 页面样式

（2）下列选项中不是 Python 的 Web 框架的是(　　)。

    A. Django　　　　B. Flask　　　　C. Web2py　　　　D. PyGame

（3）下列选项中属于 jieba 库的特点的是(　　)。

    A. 支持 3 种分词模式　　　　　　B. 支持繁体中文分词

    C. 支持自定义词典　　　　　　　D. MIT 授权协议

（4）下列选项中,Flask 依赖的外部库是(　　)。

    A. Jinja2　　　　B. Werkzeug　　　　C. Requests　　　　D. Mayavi

（5）下列第三方库中不是网络爬虫库的是(　　)。

    A. Requests　　　　B. Scrapy　　　　C. Pyspider　　　　D. PyInstaller

2. 填空题

（1）在 Python 3 环境中,pip 和_____的作用是相同的。

（2）常见的文本处理库有 _____、_____、_____。

（3）Scrapy 是一个用_____实现的用于获取网站代码并提取结构化数据的应用程序框架。

（4）PyGame 是一个简单的_____功能库,它是一个免费的开源 Python 库,用于创建基于 SDL 库的多媒体应用程序。

（5）jieba 库的 3 种分词模式是_____、_____、_____。

3. 编程题

（1）使用 jieba 库提取《西游记》中的关键字。

（2）使用 wordcloud 库创建一个 Python 程序,统计《西游记》人物出现次数,并生成人物词云。

第11章

智能语音识别与翻译平台

本平台主要使用 Python 中的 Django 框架以及百度语音识别接口和百度翻译接口的调用,成功实现语音转文字并翻译为中文(英文)的功能。

【教学目标】

- 熟悉项目的开发流程
- 熟练使用 Django 框架
- 熟练调用百度语音识别接口和百度翻译接口

【课业任务】

王小明想使用 Django+百度翻译 API 开发一个智能语音识别与翻译平台,本章通过 5个课业任务完成平台前后端搭建、系统环境的安装以及运行和调试整个平台。

课业任务 11.1 项目后端搭建

课业任务 11.2 项目前端搭建

课业任务 11.3 系统环境的搭建

课业任务 11.4 运行智能语音识别与翻译平台

课业任务 11.5 项目功能测试

11.1 项目背景

翻译和语言有所不同,语言是人们进行交流的工具,而翻译则是达到互相理解和交流的渠道,是人与人文化沟通的桥梁。目前,随着翻译的需求量日益增多和国际交流事业的推动,中英文的交流成为经济发展不可或缺的一个重要环节。当前翻译需求量远远大于专业翻译的消化量,翻译人员的素质不理想,以及中英文之间存在着差异,在进行翻译过程中经常出现误解或翻译不准确的问题。因此,本章使用 Django 框架搭建一个智能识别翻译平台,加强人与人之间的交流,提高翻译的准确性,为中英文交流搭建桥梁。

11.2 开发环境

本平台的运行环境具体如下。

(1) 操作系统:Windows 10 及以上;

(2) 开发工具:PyCharm、Sublime Text 3、Visual Studio Code 等;

(3) 第三方库:Django、hashlib、pyttsx 3 等;

(4) 百度 API:申请语音识别业务接口、文本朗读业务接口、翻译业务接口;

（5）浏览器：Edge 浏览器、Google Chrome 浏览器等。

11.3　项目总体结构

11.3.1　业务流程图

项目业务流程图如图 11.1 所示。

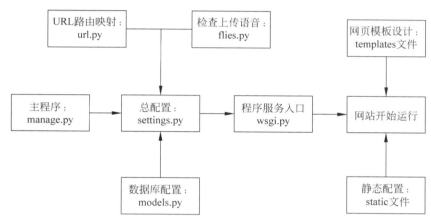

图 11.1　业务流程图

11.3.2　项目的主要构成

1. 前端

（1）Home.html：展示网站页面显示基本模板和实现调用项目外部 static 文件中的 CSS、JS、SCSS、HTML 等配置文件。

（2）404.html：当用户访问死链接或不存在的界面时，服务器返回错误页面。

2. 后端

（1）views.py：负责与后端算法对接的功能函数，为 URL 模板的连接器。通俗地说，就是通过 views.py 找到相应的函数模板，然后在 Web 服务器显示出来。

（2）urls.py：负责提供一个访问地址，一个网页定位符，展现出相对应的网页。

（3）settings.py：包含项目的配置文件，其中包括共有配置和自定义配置文件。

（4）wsgi.py：用于启动应用程序，它遵守 WSGI 协议并负责网络通信部分的实现。

（5）manage.py：主要用于启动主程序、创建应用和完成数据库的迁移等。

3. 内部采用 MVT 模式

（1）models.py：负责与数据库进行数据处理。

（2）views.py：负责接收请求，然后进行处理，返回应答。

（3）template：负责产生 HTML 页面。

11.3.3　关键技术介绍

本项目前端通过 HTML、JavaScript 等根据所需功能完善网站页面，以 Django 框架搭建 Web 端；后端调用百度 API 语音识别业务接口、中英文翻译业务接口、文本朗读业务接口。

1. Python

Python 是一种解释型的、面向对象的、带有动态语义的高级程序设计语言,Python 提供了高效的高级数据结构,还能简单、有效地面向对象编程,Python 在通用应用程序、自动化插件、Web、网络爬虫、数据可视化分析、云计算、大数据和网络编程等领域有着极为广泛的应用。

2. Django 框架

Django 是用 Python 语言编写的开源 Web 开发框架,它遵循 MVT 设计模式。Django 的主要目的是简便、快速地搭建网站。它非常强调代码复用,多个组件可以很方便地以"插件"形式服务于整个框架,Django 有很多功能强大的第三方插件,具有很强的可扩展性。

3. 百度 API

百度 API 是百度面向开发者推出的服务接口,主要目的是提供应用程序与开发人员访问一组例程的能力,而又无须访问源码,或理解内部工作机制的细节,其中的模块功能很全,为人工智能的研究提供了一个快捷方式。但是,百度 API 的调用是有限制的,不能无限调用,本平台调用了百度语音识别接口、百度中英文翻译接口、百度文本朗读接口,实现了一个智能识别语音翻译,致力于帮助用户跨越语言鸿沟,更加高效、快捷、方便地沟通。

4. HTML

HTML 也称为超文本标记语言,是一种标记语言。它包括一系列标签,通过 HTML 标签对网页中的文本、图片、声音等内容进行描述,使分散的 Internet 资源连接为一个逻辑整体,本平台使用 HTML 进行编写前端展示页面,HTML 功能非常强大,主要特点如下。

(1) 简易性:超文本标记语言版本升级采用超集方式,更加灵活方便。

(2) 可扩展性:超文本标记语言采取子类元素的方式,为系统扩展带来保证。

(3) 通用性:允许网页制作人建立文本与图片相结合的复杂页面,这些页面可以被网上任何人浏览到。

5. JavaScript

JavaScript 简称 JS,是一种具有函数优先的轻量级、解释型或即时编译型的编程语言,它是基于原型编程、多范式的动态脚本语言,并且支持面向对象、命令式和声明式的风格,常见的部署环境是浏览器。JavaScript 内嵌于 HTML 网页中,通过浏览器内置的 JavaScript 引擎进行解释执行,把一个原本只用来显示的页面转换为支持用户交互的页面程序。

扫一扫

视频讲解

11.4　课业任务

课业任务 11.1　项目后端搭建

【能力测试点】

Python 程序设计基础;第三方库 Django、requests、hashlib、pyttsx 3 等的使用;百度 API 语音识别业务接口、文本朗读业务接口、翻译业务接口的传入。

【任务实现步骤】

本任务使用 Django 框架搭建智能语音识别与翻译平台的后端,包括识别、翻译、朗读百度 API 的调用以及平台的所有逻辑。

(1) 视图文件 views. py 的编写。中英文翻译接口传入的参数如图 11.2 所示。

```
请求参数：
    q=apple
    from=en
    to=zh
    appid=2015063000000001 (请替换为您的appid)
    salt=1435660288 (随机码)
    平台分配的密钥：12345678

生成签名sign：
Step1. 拼接字符串1：
拼接appid=2015063000000001+q=apple+salt=1435660288+密钥=12345678得到字符串1："2015063000000001apple143566028812345678"
Step2. 计算签名：(对字符串1做MD5加密)
sign=MD5(2015063000000001apple143566028812345678)，得到sign=f89f9594663708c1605f3d736d01d2d4
```

图 11.2　传入的参数

中英文翻译接口核心代码如下。

```
def translate(text):
    #根据申请接口的 appid 和 secretKey
    appid = '20220826001320772'
    secretKey = 'C0jtrN2cmdIzVqIA_nsD'
    #百度翻译接口 pid 文档编写(接入接口)
    URL = '/api/trans/vip/translate'
    #翻译样式
    start_text = 'auto'
    trans_text = 'zh'
    #salt(盐)为一个随机码
    salt = random.randint(669516, 996615)
    T = text
    #下面是生成签名 sign,使用哈希 MD5 进行编码
    sign = appid + T + str(salt) + secretKey
    sign = hashlib.md5(sign.encode()).hexdigest()
    #根据百度 API 文档对 URL 进行拼接
    URL = URL + '?appid = ' + appid + '&q = ' + urllib.parse.quote(T) + '&from = ' + start_
text + '&to = ' + trans_text + '&salt = ' + str(
    salt) + '&sign = ' + sign
    #使用 try...except...finally 语句对异常进行处理
    try:
        #请求百度翻译 api 接口
        clt = http.client.HTTPConnection('api.fanyi.baidu.com')
        clt.request('GET', URL)
        reply = clt.getresponse()
        result_all = reply.read().decode("utf - 8")
        result = json.loads(result_all)
        #返回 json 值
        print(result)
        ans1 = result['trans_result'][0]['dst']
        return ans1

    except Exception as error:
        print (error)
    finally:
        if clt:
            clt.close()
```

（2）编写路由文件 urls.py。在 URL 请求和处理该请求的 views.py 函数之间建立一

个对应关系,url.py 的核心代码如下。

```
#在全局中对 URL 进行分发
urlpatterns = [
    path('admin/', admin.site.urls),
    re_path(r'^Home/', include( 'Home.urls', namespace = "Home") ),
    re_path(r'^path/', include('path.urls', namespace = "path")),
    re_path(r'^nlpapi/', include('nlpapi.urls', namespace = "nlpapi")),
    re_path('^voice/(?P<path>. * )',serve,{"document_root":MEDIA_ROOT}),
    re_path(r'^onto/', include('ontology.urls', namespace = "ontology")),
    re_path(r'^phrase/', include('phrase.urls', namespace = "phrase")),
    re_path(r'^corpus/', include( 'corpus.urls', namespace = "corpus") ),
    re_path(r'^uapi/', include('utils.urls', namespace = "uapi")),
    re_path(r'^lexicon/', include('lexicon.urls', namespace = "lexicon")),
    re_path(r'^event/', include('event.urls', namespace = "event")),
    re_path(r'^txtproc/', include( 'txtproc.urls', namespace = "txtproc") ),
```

(3) 编写 settings.py 文件。settings.py 文件用于配置和管理 Django 项目的管理运维信息,核心代码如下。

```
#调试模式,创建工程后初始值为 True
DEBUG = True
# ALLOWED_HOSTS 用来设置允许哪些主机访问 Django 后台站点
# * 为匹配符,代表所有
#允许所有域名或 IP 访问
ALLOWED_HOSTS = [' * ']
sys.path.insert(0,os.path.join(BASE_DIR,'apps'))
#默认只有前 6 个 App,Django 在启动时,是按 list 的顺序进行顺序加载的
INSTALLED_APPS = [
    'django.contrib.admin',           #内置的后台管理系统
    'django.contrib.auth',            #内置的用户认证系统
    'django.contrib.contenttypes',    #记录项目中所有 model 元数据
    'django.contrib.sessions',        #用于标识当前访问网站的用户身份,记录相关用户信息
    'django.contrib.messages',        #massage 提示功能
    'django.contrib.staticfiles',     #查找静态资源路径
    'uploadvoice'                     #uploadvoice 为自己的 App
]

#中间件 MIDDLEWARE 配置,自己定义的中间件都要加在这个里面
#这里为系统默认配置
MIDDLEWARE = [
    'django.middleware.common.CommonMiddleware',
    'django.contrib.auth.middleware.AuthenticationMiddleware',
    'django.contrib.sessions.middleware.SessionMiddleware',
    'django.middleware.security.SecurityMiddleware',
    'django.contrib.messages.middleware.MessageMiddleware',
    'django.middleware.clickjacking.XFrameOptionsMiddleware',
]
#配置 urls.py(路由)的路径
ROOT_URLCONF = 'aitrans.urls'
```

```
#模板引擎信息配置
TEMPLATES = [
    {
        #定义模板引擎,用于识别模板里面的变量和指令
        'BACKEND': 'django.template.backends.django.DjangoTemplates',
        #设置模板路径
        'DIRS': [os.path.join(BASE_DIR,'templates')],
        #是否在 App 中查找模板文件,这里选择 True
        'APP_DIRS': True,
        #用于 RequestContext 上下文的调用函数
        'OPTIONS': {
            'context_processors': [
                #前 4 个都是系统默认设置
                'django.template.context_processors.debug',
                'django.template.context_processors.request',
                'django.contrib.auth.context_processors.auth',
                'django.contrib.messages.context_processors.messages',
                'django.template.context_processors.media',
            ],
            'builtins':['django.templatetags.static'],
        },
    },
]
WSGI_APPLICATION = 'aitrans.wsgi.application'
# Database——系统默认分配的数据库部分
# 如果要使用其他数据库,请查看 Django 官方文档
DATABASES = {
    'default': {
        'ENGINE': 'django.db.backends.sqlite3',
        'NAME': os.path.join(BASE_DIR, 'db.sqlite3'),
    }
}
```

（4）编写 wsgi.py 文件。wsgi 为 Web 服务器网关接口,实际上就是一种协议,它遵守 WSGI 协议并负责网络通信部分的实现。wsgi.py 文件代码如下。

```
import os              #导入 os 模块
from django.core.wsgi import get_wsgi_application
os.environ.setdefault('DJANGO_SETTINGS_MODULE', 'aitrans.settings')
application = get_wsgi_application()
```

（5）编写主程序文件 manage.py,代码如下。

```
import sys
import os
#定义 main()函数
def main():
    #调用 settings.py
    os.environ.setdefault('DJANGO_SETTINGS_MODULE', 'aitrans.settings')
    #处理异常捕获
    try:
        from django.core.management import execute_from_command_line
    except ImportError as exc:
        raise ImportError(
```

```
            "Couldn't import Django. Are you sure it's installed and "
            "available on your PYTHONPATH environment variable? Did you "
            "forget to activate a virtual environment?"
        ) from exc
    execute_from_command_line(sys.argv)
#启动主程序
if __name__ == '__main__':
    main()
```

课业任务 11.2　项目前端搭建

【能力测试点】

HTML、JavaScript 等技术的应用。

【任务实现步骤】

本任务使用 HTML 和 JavaScript 等搭建智能语音识别与翻译平台的前端页面,包括 Home.html、reply.py 前端网页模板的编写以及错误页面 404.html 的编写。

(1) 编写 Home.html 文件。Home.html 用来调用项目外部 static 文件中的 CSS、JS、SCSS、HTML 等配置文件,核心代码如下。

```html
                <!-- Profile dropdown -->
                < div class = "ml - 3 relative">
                    < div >
                        < button type = "button" class = "max - w - xs bg - white rounded - full flex
items - center text - sm focus:outline - none focus:ring - 2 focus:ring - offset - 2 focus:ring -
cyan - 500 lg:p - 2 lg:rounded - md lg:hover:bg - gray - 50" id = "user - menu - button" aria -
expanded = "false" aria - haspopup = "true">
                            < img class = "h - 8 w - 8 rounded - full" src = "https://api.multiavatar.
com/BinxBond.png
    " alt = "">
                            < span class = "hidden ml - 3 text - gray - 700 text - sm font - medium lg:block">
< span class = "sr - only">Open user menu for </span>小 H </span>
                            <!-- Heroicon name: solid/chevron - down -->
                            < svg class = "hidden flex - shrink - 0 ml - 1 h - 5 w - 5 text - gray - 400 lg:
block" xmlns = "http://www.w3.org/2000/svg" viewBox = "0 0 20 20" fill = "currentColor" aria -
hidden = "true">
                                < path fill - rule = "evenodd" d = "M5.293 7.293a1 1 0 011.414 0L10 10.
586l3.293 - 3.293a1 1 0 111.414 1.414l - 4 4a1 1 0 01 - 1.414 0l - 4 - 4a1 1 0 010 - 1.414z" clip
- rule = "evenodd"></path>
                            </svg>
                        </button>
                    </div>
                </div>
            < main class = "flex - 1 pb - 8">
            <!-- Page header -->
            < div class = "mt - 8">
                < div class = "max - w - 6xl mx - auto px - 4 sm:px - 6 lg:px - 8" style = " padding:
100px 0;">
```

```html
            <h2 class="max-w-6xl mx-auto mt-8 px-4 text-2xl leading-6 font-medium
text-white sm:px-6 lg:px-8" style="font-family: ui-sans-serif, system-ui, -apple-
system, BlinkMacSystemFont, Segoe UI, Roboto, Helvetica Neue, Arial, Noto Sans, sans-serif, apple
color emoji, segoe ui emoji, Segoe UI Symbol, noto color emoji; font-family: fangsong; font-
size: 2.2em;">让机器理解人类语言已经从梦想变成了现实。而让计算机听懂人的语言,这就依赖
于人机交互的重要技术——语音识别技术</h2>
        <!-- Activity list (smallest breakpoint only) -->
        <div class="shadow sm:hidden">
            <ul role="list" class="mt-2 divide-y divide-gray-200 overflow-hidden
shadow sm:hidden">
                <li>
                    <a href="#" class="block px-4 py-4 bg-white hover:bg-gray-50">
                        <span class="flex items-center space-x-4">
                            <span class="flex-1 flex space-x-2 truncate">
                                <!-- Heroicon name: solid/cash -->
                                <svg class="flex-shrink-0 h-5 w-5 text-gray-
400" xmlns="http://www.w3.org/2000/svg" viewBox="0 0 20 20" fill="currentColor" aria-
hidden="true">
                                    <path fill-rule="evenodd" d="M4 4a2 2 0 00-2 2v4a2
2 0 002 2V6h10a2 2 0 00-2-2H4zm2 6a2 2 0 012-2h8a2 2 0 012 2v4a2 2 0 01-2 2H8a2 2 0 01-2-2-
2v-4zm6 4a2 2 0 100-4 2 2 0 000 4z" clip-rule="evenodd"></path>
                                </svg>
                                <span class="flex flex-col text-gray-500 text-sm
truncate">
                                    <span class="truncate">Payment to Molly Sanders
</span>
                                    <span><span class="text-gray-900 font-medium">
$20,000</span> USD</span>
                                    <time datetime="2020-07-11">July 11, 2020
</time>
                                </span>
                            </span>
                            <!-- Heroicon name: solid/chevron-right -->
                            <svg class="flex-shrink-0 h-5 w-5 text-gray-400" xmlns=
"http://www.w3.org/2000/svg" viewBox="0 0 20 20" fill="currentColor" aria-hidden="true">
                                <path fill-rule="evenodd" d="M7.293 14.707a1 1 0 010-1.
414L10.586 10 7.293 6.707a1 1 0 011.414-1.414l4 4a1 1 0 010 1.414l-4 4a1 1 0 01-1.414 0z"
clip-rule="evenodd"></path>
                            </svg>
                        </span>
                    </a>
                </li>
                <!-- More transactions... -->
            </ul>
            <nav class="bg-white px-4 py-3 flex items-center justify-between border-t border
-gray-200" aria-label="Pagination">
                <div class="flex-1 flex justify-between">
                    <a href="#" class="relative inline-flex items-center px-4 py-2 border
border-gray-300 text-sm font-medium rounded-md text-gray-700 bg-white hover:text-
gray-500"> Previous </a>
                    <a href="#" class="ml-3 relative inline-flex items-center px-4 py-2
border border-gray-300 text-sm font-medium rounded-md text-gray-700 bg-white hover:
text-gray-500"> Next </a>
                </div>
            </nav>
```

```
    </div>
    <!-- Activity table (small breakpoint and up) -->
<div class = "invoice p - 3 mb - 3 no - border invoice - rev" style = "margin - top:100px">
<div class = "card">
    <div class = "card - title p - 3" style = "text - align: center;"> function </div>
        <div class = "card - header d - flex p - 0">
            <ul class = "nav nav - pills p - 2">
                <li class = "nav - item btn glass"><a class = "nav - link active" href =
"#tab_1" data - toggle = "tab"> Voice File </a></li>
                    <li class = "nav - item btn glass"><a class = "nav - link" href =
"#tab_2" data - toggle = "tab"> identification Text </a></li>
                        <li class = "nav - item btn glass"><a class = "nav - link" href =
"#tab_3" data - toggle = "tab"> Translation and reading </a></li>
                    </ul>
```

(2) 编写 reply.html 文件,展示单击按钮时发生错误的提示框,核心代码如下。

```
//单击"识别"按钮时
    $ ("#parse_text_btn").click(function(){
        var audiopath = $ .trim( $ ("#audiopath").val());
        //如果上传的文件路径为空
        if(audiopath != ''){
            var csrftoken = $ ('input[name = "csrfmiddlewaretoken"]').val();
            //加载文本
            $ Ajax({method:"POST", url:'/v2v/parse/', formdata:{"uploadpath":audiopath},
csrftoken:csrftoken, callback:GLOBALS.parsecallback})
        }else{
            //弹出提示框
            alert("Please upload voice");
        }
    });
    });
    //单击"翻译"按钮时,若发现识别文本框为空,则弹出提示框
    $ ("#trans_btn").click(function(){
        var parse_text = $ .trim( $ ("textarea[name = 'parse_text']").val());
        #如果识别文本框为空,则弹出提示框
        if( parse_text == ''){
            alert("Identify Text is empty! !");
            return false;
        }
```

(3) 编写错误视图文件 404.html。当网站访问到死链接或不存在的网址时,Web 服务器便会把这个页面展示出来。核心代码如下。

```
<!DOCTYPE html>
<html lang = "en">
<head>
    <meta charset = "utf - 8">
    <title> Title </title>
</head>
<body>
    {你访问的页面不存在!!!请重新访问}
</body>
</html>
```

课业任务 11.3　系统环境的搭建

【任务实现步骤】

本任务为 Python 第三方库 Django、NumPy、pyttsx 3 的安装以及虚拟环境的创建。

（1）在浏览器中进入 Anaconda 官网 https：//www. anaconda. com/，下载 Anaconda，如图 11.3 所示。

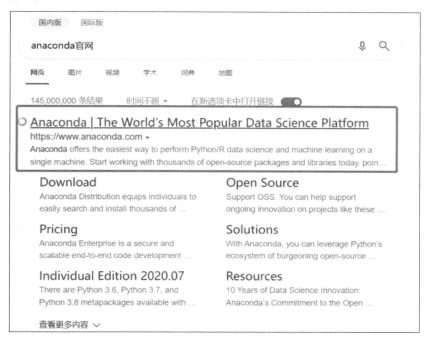

图 11.3　下载 Anaconda

（2）安装 Python 3.6 虚拟环境。下载 Anaconda 完成后，首先在命令行输入 cd"源码所在路径"，进入源码所在文件路径，然后输入 conda create --name"py36"python＝3.6，如图 11.4 所示。

```
D:\>cd "D:\project2\AI Identify\RGZN"

D:\project2\AI Identify\RGZN>conda create --name"py36" python=3.6_
```

图 11.4　创建 py36 虚拟环境

（3）激活 py36 虚拟环境。在命令行中输入 conda activate py36，如图 11.5 所示。

（4）安装 Django 框架。进入 py36 虚拟环境后，输入 pip install Django，进行安装 Django 框架。需要注意的是，一定要安装 3.0 以上的版本 Django 框架，如图 11.6 所示。

```
D:\project2\AI Identify\RGZN>conda activate py36

(py36) D:\project2\AI Identify\RGZN>_
```

图 11.5　激活 py36 虚拟环境

```
(py36) D:\project2\AI Identify\RGZN>pip install django
Collecting django
 Using cached Django-3.2.15-py3-none-any.whl (7.9 MB)
Requirement already satisfied: sqlparse>=0.2.2 in c:\users
)
```

图 11.6　安装 Django 框架

（5）安装 NumPy 第三方库。在 py36 虚拟环境下，输入 pip install numpy，安装 NumPy 第三方库，如图 11.7 所示。

图 11.7　安装 NumPy 库

（6）安装 pyttsx 3 第三方库。在 py36 虚拟环境下，输入 pip install pyttsx3，安装 pyttsx 3 第三方库，如图 11.8 所示。

图 11.8　安装 pyttsx3 库

课业任务 11.4　运行智能语音识别与翻译平台

【任务实现步骤】

进入源码路径，启动 py36 虚拟环境，运行主程序文件 manage.py。

（1）在命令行中输入 cd　"D:\AI Identify\RGZN"进入源码路径，如图 11.9 所示。

（2）进入激活的 py36 环境。进入源码路径后，在命令行中输入 conda activate py36，如图 11.10 所示。

图 11.9　进入源码路径　　　　　　　图 11.10　进入激活的 py36 环境

（3）运行 manage.py 文件。进入 py36 环境后，在命令行中输入 python manage.py runserver 启动主程序，如图 11.11 所示。

图 11.11　运行主程序

（4）在浏览器中访问 127.0.0.1：8000，进入网站，如图 11.12 所示。

图 11.12　访问网站效果

课业任务 11.5 项目功能测试

【任务实现步骤】

1. 上传功能

测试 Upload audio 功能(上传中文或英文音频),效果如图 11.13 所示。

扫一扫

视频讲解

图 11.13 上传功能

2. 识别功能

测试识别语音功能(INENTIFICATION TEXT),效果如图 11.14 所示。

图 11.14 识别功能

3. 翻译功能

测试网站翻译(TRANSLATION AND READING)功能,效果如图 11.15 所示。

图 11.15 翻译功能

11.5 相关问题解惑

11.5.1 NumPy 版本问题

报错:in a future version of numpy, it will be understood as (type,(1,))。

原因:当前的 NumPy 版本过高。

解决方法：降低 NumPy 的版本。进入 py36 环境,首先在命令行中输入 pip uninstall numpy 卸载之前的 NumPy 版本,接着在命令行中输入 pip install numpy=1.16.2(版本需要低于 1.19.0),如图 11.16 和图 11.17 所示。

图 11.16　卸载 NumPy 库 　　　　　　　　图 11.17　安装 NumPy 1.16.2 版本

11.5.2　文件路径问题

问题：进行功能测试时,发现网站显示的都是文件,这是因为 CSS 文件无法正常显示。

原因：settings.py 文件中的路径设置错误。

解决方法：在 settings.py 文件的 STATICFILES_DIRS 下更改路径为 static 所在源码的工作路径,如图 11.18 所示。

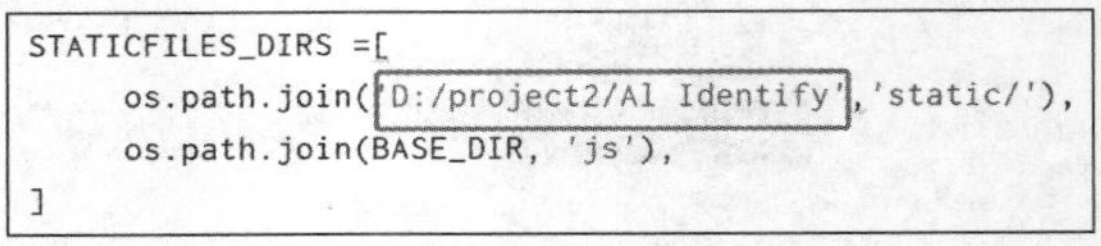

```
STATICFILES_DIRS =[
    os.path.join('D:/project2/AI Identify','static/'),
    os.path.join(BASE_DIR, 'js'),
]
```

图 11.18　解决文件路径报错

11.5.3　虚拟环境的问题

报错：launch _ map：" Dict [asyncio. Task [object], threading. Thread]" = { }, SyntaxError：invalid syntax。

原因：虚拟环境为 Python 3.5 以下版本,该语法在 Python 3.5 以下版本无法使用。

解决方法：升级虚拟环境版本。创建 3.6 版本 Python 虚拟环境,如图 11.19 所示。

图 11.19　创建 py36 虚拟环境

11.5.4　识别英文语音不准确的问题

报错：语音识别结果不准确,如图 11.20 所示。

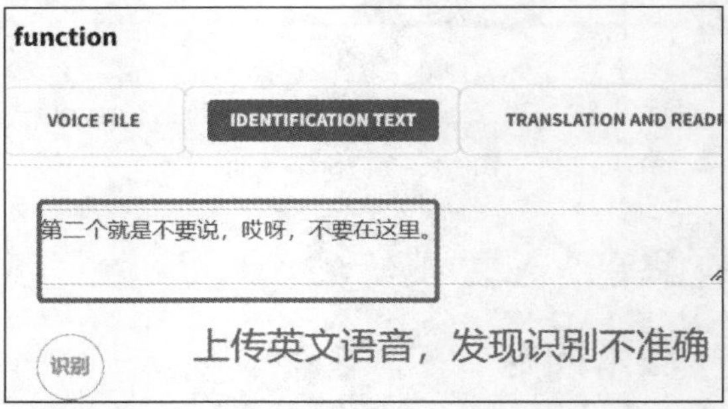

图 11.20　语音识别结果不准确

原因：在 views.py 文件中默认 DEV_PID=1537,表示识别普通话,所以识别出来的结

果会偏差。

解决方法：进行 views.py 文件中把 DEV_PID 参数改为 1737,1737 代表识别英文,如图 11.21 所示。

```
#可以根据百度识别接口填写 DEV_PID的值
#1537代表识别普通话
#1737代表识别英文
DEV_PID = 1737
```

图 11.21　修改 DEV_PID 参数为 1737

图书资源支持

感谢您一直以来对清华版图书的支持和爱护。为了配合本书的使用,本书提供配套的资源,有需求的读者请扫描下方的"书圈"微信公众号二维码,在图书专区下载,也可以拨打电话或发送电子邮件咨询。

如果您在使用本书的过程中遇到了什么问题,或者有相关图书出版计划,也请您发邮件告诉我们,以便我们更好地为您服务。

我们的联系方式:

地　　址:北京市海淀区双清路学研大厦 A 座 714

邮　　编:100084

电　　话:010-83470236　010-83470237

客服邮箱:2301891038@qq.com

QQ:2301891038(请写明您的单位和姓名)

资源下载:关注公众号"书圈"下载配套资源。

资源下载、样书申请

书圈

图书案例

清华计算机学堂

观看课程直播